新能源科学系列丛书

新能源科学与工程专业课程实验教程

主　编　王誉霖　王碧钰　赵玉龙

U0218075

天津大学出版社
TIANJIN UNIVERSITY PRESS

内容提要

本实验教程在总结多年实验教学经验的基础上,基于天津商业大学制冷与空调实验教学示范中心的实验教学体系编写而成,是该中心建设的系列教材之一。

本教材编入了新能源科学与工程专业目前所涉及的大部分专业课的实验,包括新能源热利用原理与技术、能量储存原理与技术、生物质能源转换与利用、氢能及燃料电池技术等课程的实验。

本教材在结构安排上既便于实验教学与课程理论教学同步进行,也适合实验课程单独设置的教学模式;在内容上较详细地论述了各实验的实验目的、实验内容、实验原理、实验方法和实验步骤,对参加实验的人员提出了实验要求并点明实验中应注意的事项,给出了针对课程和实验的思考题,并提出了对实验报告的要求。

本教材不仅便于学生在实验课上使用,也便于学生理解各专业课之间的关系,将各专业课更系统地有机结合起来。

图书在版编目（CIP）数据

新能源科学与工程专业课程实验教程 / 王誉霖, 王碧钰, 赵玉龙主编. -- 天津：天津大学出版社,
2023.10
　（新能源科学系列丛书）
　ISBN 978-7-5618-7593-3

　Ⅰ.①新… Ⅱ.①王… ②王… ③赵… Ⅲ.①新能源
－高等学校－教学参考资料 Ⅳ.①TK01

中国国家版本馆CIP数据核字（2023）第168343号

出版发行	天津大学出版社
地　　址	天津市卫津路92号天津大学内（邮编：300072）
电　　话	发行部：022-27403647
网　　址	www.tjupress.com.cn
印　　刷	北京虎彩文化传播有限公司
经　　销	全国各地新华书店
开　　本	787mm×1092mm　1/16
印　　张	21.25
字　　数	580千
版　　次	2023年10月第1版
印　　次	2023年10月第1次
定　　价	72.00元

编 委 会

前　　言

国家"双碳"目标的提出,使越来越多的人关注到能源紧缺和环境污染等资源环境问题。为缓解资源与环境的双重压力,我国对新能源领域的发展尤为重视,培养新能源领域的专业人才是顺应时代发展的应有之义。全国设置新能源领域专业的学校有很多,在国家相关专业教学指导委员会制定的教学大纲的指导下,各学校根据自身的办学特色,在理论课教学过程中除选用一些国家级"十一五"或"十二五"规划教材外,还选用一些自编的特色教材,而在实验教学方面则是根据各学校的实验设备和条件设置一定的实验课,各学校并无统一的实验教学大纲和教学方案,更无统一的实验教材。在这样的背景下,我们在"高等学校本科教学质量与教学改革工程"建设思想指导下,组织编写了这本《新能源科学与工程专业课程实验教程》,本书对太阳能、氢能、生物质能等新能源进行了介绍。本实验教程的出版,一方面总结了天津商业大学多年来在新能源实验教学方面的经验,使实验教学内容和体系更加完善;另一方面也有助于对设有相关专业的学校起到辐射和示范作用。

实验教学是实践教学的重要内容之一,是专业人才培养过程中的重要教学环节。低碳能源技术、多能互补能源系统技术及燃料电池技术等相关专业课在新能源领域相关专业人才培养的课程体系中占有重要的地位,这类课程的实验教学在理论知识与方法的传授、工程应用与创新能力的培养过程中起着重要作用。

《新能源科学与工程专业课程实验教程》主要对应于流体力学、工程热力学、传热学、能源化学、新能源热利用原理与技术、电子技术、氢能及燃料电池技术、能源低碳技术等与专业密切相关的课程。本实验教程并没有按课程进行实验项目的安排,而是按专业方向和专业技能安排实验项目,各实验项目相对独立,共同形成一个较完整的实验体系。

为便于学生在实验前进行预习,增强每个实验过程的系统性,各实验项目的阐述采用了较为统一的内容构架,包括实验目的、实验内容、实验原理、实验步骤、注意事项、思考题等。为了强化实验教学和相关理论知识的联系,加强实验教学的效果,每个实验项目都设置了与实验内容和方法相关的思考题,以供学生在完成实验后对实验内容和方法进行认真思考,从而巩固实验成果。

本教材由天津商业大学王誉霖、王碧钰和河北工业大学赵玉龙担任主编,主要参编人员有河北工业大学葛明慧和天津商业大学代宝民、陶俊宇,其他参与编写的人员还有解海卫、苏新军、王雅博、杨文哲、李雪强、杨庆忠、李星泊、赵祎佳、孙昱楠、王铁营、王志明、王晓华、穆兰、王梅梅、郭璐娜、陈淼、李婉晴、苏红、武文竹、李晓凤、于柏、侯淑萍。此外,天津商业大学制冷系研究生许浩楷、王慧旋、李再鑫和葛亚东也参与了本教材的部分编写工作。全书由王誉霖、赵玉龙统稿。

在本教材的编写过程中,编者参阅了其他兄弟院校的同类教材、资料及文献,并得到了许多同行专家、教授的支持和帮助,同时得到国家自然科学基金(52176084)和国家重点研发计划(2022YFE0207600)的资助,在此一并表示衷心感谢。

由于编者水平有限,教材中存在缺点和错误在所难免,敬请广大师生、读者提出宝贵意见,以求进一步改进。

编者

2023 年 3 月

目　　录

第 1 章　测量的基本知识及常见测量仪表

1.1　测量的基本概念

测量是用实验的方法,把被测量与选定的测量单位进行比较,求取两者的比值,从而得出被测量(比值乘以单位)。测量方法是实现被测量与测量单位的比较,并给出比值的方法。按照获得测量参数(比值)的方法,测量方法可分为以下两大类。

1. 直接测量法

通过实测数据(仪表读数)直接得到被测量,不需要进行函数关系的再运算的测量方法称为直接测量法。例如,用直尺测量长度,用压力表测量容器内介质压力,用玻璃温度计测量介质温度等。直接测量法按照直接获取数据(被测量)的方法,又可分为如下几种:

(1)直读法,即用度量标准直接比较或由仪表直接读出;

(2)差值法,即用仪表测出两个量之差便可得到所要求的量,如用热电偶测温差、差压计测压差等;

(3)代替法,即用已知量代替被测量,当两者对仪表的影响相同时,则被测量等于已知量,如用光学高温计测温度;

(4)零值法,即被测量的作用完全被一个已知标准量的作用所抵消,以至于净结果为零,这样被测量就等于已知标准量,如用电位差计测量热电势等。

2. 间接测量法

利用被测量与直接可测量之间存在的函数关系,通过直接测量值计算出被测量,这种方法称为间接测量法,如从力矩与转速的直接测量结果求功率等。

1.2　测量仪表的组成、分类和质量指标

1.2.1　仪表的组成和分类

1. 仪表的组成

仪表的种类繁多,其原理和结构各异,但按其基本功能,它一般可分为以下三个基本部分:

(1)感受件,直接与被测对象相联系,感受被测量的变化,并将感受到的被测量的变化转换成相应的信号输出,如热电偶把对象的被测温度转换成热电势信号输出;

(2)显示件,仪表通过它向观察者反映被测量的变化,根据显示件的显示方式,显示件可分为模拟式、数字式和屏幕式显示三种;

(3)传送件,连接感受件与显示件,其在测量中的作用是将感受件输出的信号,根据显示件的要求(如放大或转换等),传输给显示件。

2. 仪表的分类

根据仪表的功用,仪表的分类有多种形式:按热工过程的被测参数,有压力仪表、流量仪表、温度仪表、湿度仪表等;按仪表的显示功能,有指示仪表、记录仪、积算仪、调节仪表等;按仪表的精度等级,有标准表、一级范型表、二级范型表、实验室用表、工程用表等。

1.2.2 仪表的质量指标

仪表的质量指标指仪表的固有品质,主要包括评价仪表计量性能、操作性能、可靠性和经济性等方面的指标。从使用角度来看,首先要了解仪表计量性能方面的指标,主要如下。

1. 准确度

仪表的准确度是指仪表指示值接近被测量真实值的程度,通常用误差的大小来表示。若仪表的指示值为 x ,被测参数的真实值为 μ ,则

绝对误差为

$$\delta = x - \mu \tag{1.2-1}$$

相对误差为

$$\gamma = \frac{x - \mu}{|\mu|} \times 100\% = \frac{\delta}{|\mu|} \times 100\% \approx \frac{\delta}{|x|} \times 100\% \tag{1.2-2}$$

上述两种表示方法中,相对误差更能说明仪表指示值的准确程度。例如,在温度测量中得到两组测量结果 $(1\,650 \pm 5)$ ℃、(100 ± 5) ℃,虽然它们的绝对误差均为 ±5 ℃,但相对误差却分别为 ±0.3% 和 ±5%,说明后者的准确度比前者低得多。

但在实际中,仪表基本误差的大小一般用最大引用误差来表示,即在仪表量程范围内各指示值中最大绝对误差 $\delta_{\max}$ 的绝对值与量程 A 之比(以百分数表示),即

$$\gamma_{\max} = \pm \frac{|\delta_{\max}|}{A} \times 100\% \tag{1.2-3}$$

式中:仪表量程 A 为仪表测量上限与测量下限之差。

仪表最大引用误差去掉百分号后余下的数字称为仪表的准确度等级。工业仪表准确度等级的国家标准系列有 0.1、0.2、0.5、1.0、1.5、2.5、4.0 共七个等级。仪表刻度盘上应标明该仪表的准确度等级。关于仪表准确度等级的概念,在实际应用中应注意以下两点。

(1)仪表绝对误差与被测参数的大小无关,仅取决于其准确度等级和量程。这说明准确度等级相同的仪表,量程越大,其绝对误差也越大。所以,在选择仪表时,在满足被测量数值范围的条件下,应选用量程小的仪表,并使测量值在满刻度的三分之二处。例如,有两个准确度等级为 1.0 级的温度表,一个量程为 0~50 ℃,另一个量程为 0~100 ℃,用这两个温度表进行测量时,如果读数都是 40 ℃,则两个温度表的测量误差分别为

$$\Delta t_1 = \pm(50 - 0) \times 1\% = \pm 0.5 \text{ ℃}$$

$$\Delta t_2 = \pm(100 - 0) \times 1\% = \pm 1 \text{ ℃}$$

(2)仪表的准确度等级仅指仪表本身的误差大小,而并非其测量精度。测量精度除取决于仪表的准确度外,还受到所使用的测量方法和测试条件偏离正常工作条件时造成误差等的影响。

2. 灵敏度

仪表的灵敏度是指仪表对被测参数变化的敏感程度。其值等于在仪表达到稳态后,输出增量与输入增量之比,即仪表"输入-输出"特性的斜率。若仪表具有线性特性,则量程各处的灵敏度为常数。

3. 分辨率

仪表的分辨率是指引起仪表指示值可察觉的最小变动所需的输入信号的变化,也称灵敏限或鉴别阈。输入信号变化不致引起仪表指示值可察觉的最小变动的有限区间与量程之比的百分数,称为仪表的不灵敏区或死区。

4. 重复性

重复性是指在同一工作条件下,多次按同一方向使输入信号做全量程变化时,对应于同一输入信号值,仪表输出值的一致程度。重复性的好坏以重复性误差来表示,它是在全量程范围内对应于同一输入值时,输出的最大值和最小值之差与量程之比的百分数。重复性还可以用来表示仪表在一个相当长的时间内,维持其输出特性恒定不变的性能。因此,从这个意义来讲,仪表的重复性和稳定性的意义是相同的。

5. 线性度

对于理论上具有线性"输入-输出"特性曲线的仪表,由于各种原因,实际特性曲线往往偏离线性关系,它们之间最大偏差的绝对值与量程之比的百分数称为线性度。

6. 动态特性

动态特性是指仪表对随时间变化的被测量的响应特性。动态特性好的仪表,其输出量随时间变化的曲线与被测量随相同时间变化的曲线一致或比较接近。一般仪表的固有频率越高,时间常数越小,其动态特性越好。

1.3　测量的误差分析及实验数据的处理

测量的目的是求出被测量的真实值 μ。然而,在测量中由于各种因素的影响,无论怎样小心,使用的测量仪表有多么精确,测量方法有多么完善,最后得到的测量结果总是与被测量的真实值 μ 不同。换言之,测量结果不可避免地存在误差。这个误差可以用绝对误差 δ 或相对误差 γ 来表示。造成测量误差的主要原因概括起来有以下四个方面。

(1)测量装置误差,包括标准器、仪表、附件等在测量中所造成的误差。该误差取决于测量装置的制造工艺、结构完善程度、安装是否符合要求等因素。

(2)环境误差,指测量装置的实际工作条件偏离其规定的工作条件而产生的误差,如测量环境下的温度、压力、湿度等与仪表所规定的工作条件不一致而引起的附加误差。

(3)方法误差,指采用不完善的测量方法而造成的误差,如测量中使用新的、不成熟的测量方法或近似的测量方法等都会引起方法误差。

(4)人员误差,指由测量者主观因素所引起的误差,如测量人员操作不当、读数错误等引起的误差。

1.3.1　直接测量误差的分析与处理

从测量误差的来源可以看出,有些误差(如环境误差)在测量中是客观存在的,单次测量没有规律性,因而不能消除;而有些误差(如方法误差、测量装置误差等)是固定不变或有规律的,因而可以消除。因此,误差按其性质及特点,可分为随机误差、粗大误差和系统误差三类。

1. 随机误差(偶然误差)

在相同条件(同一观测者、同一台测量器具、相同的环境条件等)下多次测量同一被测量时,绝对值和符号不可预知地变化着的误差称为随机误差。它是由测量过程中大量彼此独立的微小因素对测量的综合影响造成的,在测量中是始终存在的,难以消除;对于单个测量值来说,误差的大小和正负都是不确定的,但对于一系列重复测量值来说,误差的分布服从统计规律。假设在一定的条件下,对某个恒定的被测量 μ 进行 n 次等精度的重复测量,在消除系统误差和粗大误差的影响后,得到一列测量值 $x_1,x_2,\cdots,x_i,\cdots,x_n$,可以证明,此时被测量真值的最佳估计值 $\hat{\mu}$ 就是各测量值的算术平均值 $\bar{x}$,即

$$\hat{\mu} = \bar{x} = \frac{1}{n}(x_1 + x_2 + \cdots + x_i + \cdots + x_n) = \frac{1}{n}\sum_{i=1}^{n} x_i \tag{1.3-1}$$

当 $n \to +\infty$ 时,测量值的随机误差服从正态分布,此时测量值的标准误差 σ 为

$$\sigma = \sqrt{\frac{1}{n}\sum_{i=1}^{n}(x_i - \mu)^2} \quad (n \to +\infty) \tag{1.3-2}$$

但是,在实际中测量次数 n 总是有限的,同时被测量的真实值 μ 不知道,故常用 $\bar{x}$ 值来代替它,所以可推导得测量值的标准误差 σ 的估计值 S 为

$$S = \sqrt{\frac{\sum_{i=1}^{n}(x_i - \bar{x})^2}{n-1}} = \sqrt{\frac{\sum_{i=1}^{n} v_i^2}{n-1}} \quad (n足够大) \tag{1.3-3}$$

式中: $v_i = (x_i - \bar{x})$ 称为残差或剩余误差;$(n-1)$ 称为自由度。

式(1.3-3)称为贝塞尔公式。

由于测量中最后的结果以算术平均值 $\bar{x}$ 来表示,可以证明,算术平均值 $\bar{x}$ 的标准误差的估计值 $S_{\bar{x}}$ 为

$$S_{\bar{x}} = \frac{S}{\sqrt{n}} = \sqrt{\frac{1}{n(n-1)}\sum_{i=1}^{n}(x_i - \bar{x})^2} \tag{1.3-4}$$

最后的测量结果可以表示为

$$X = \bar{x} \pm 3S_{\bar{x}} = \bar{x} \pm 3\frac{S}{\sqrt{n}} \tag{1.3-5}$$

如果测量次数非常少(如 $n<10$),此时的测量结果可表示为

$$X = \bar{x} \pm t(\alpha,v)S_{\bar{x}} = \bar{x} \pm t(\alpha,v)\frac{S}{\sqrt{n}} \tag{1.3-6}$$

式中：$t(\alpha, \nu)$ 为 t 分布的置信系数，可根据其显著性水平 α 和自由度 ν 由表 1.3.1 确定。

表 1.3.1　t 分布的置信系数 $t(\alpha, \nu)$ 数值表

$\nu = n - 1$	$\alpha = 1 - p$		$\nu = n - 1$	$\alpha = 1 - p$	
	0.05	0.01		0.05	0.01
1	12.71	63.70	14	2.14	2.98
2	4.30	9.92	15	2.13	2.95
3	3.18	5.84	16	2.12	2.92
4	2.77	4.60	17	2.11	2.90
5	2.57	4.03	18	2.10	2.88
6	2.45	3.71	19	2.09	2.86
7	2.36	3.50	20	2.09	2.84
8	2.31	3.36	25	2.06	2.79
9	2.26	3.25	30	2.04	2.75
10	2.23	3.17	40	2.02	2.70
11	2.20	3.11	60	2.00	2.66
12	2.18	3.06	120	1.98	2.62
13	2.16	3.01	$+\infty$	1.96	2.58

2. 粗大误差（疏失误差）

在测量中，由于测量人员的粗心大意（如读数错误、记录或运算错误）以及在测量中操作不小心而使该次测量失效的误差称为粗大误差；或者说，明显歪曲测量结果的误差称为粗大误差。含有粗大误差的测量值称为坏值。当多次重复测量中含有坏值时，舍弃坏值后，测量值才符合实际情况；但应注意不要轻易地舍弃被怀疑的实验数据。坏值的舍弃与否可以简单地按下列原则确定。

（1）拉依达准则，即对于大量的重复测量值，如果其中某一测量值残差 $v_i = (x_i - \bar{x})$ 的绝对值大于该测量列的标准误差 σ 的 3 倍，即

$$|v_i| = |x_i - \bar{x}| > 3\sigma \approx 3S \quad (n \to +\infty) \tag{1.3-7}$$

那么可以认为该测量值存在粗大误差。

按上述准则剔除坏值后，应重新计算剔除坏值后测量列的算术平均值 $\bar{x}$ 和标准误差估计值 S，再进行判断，直至余下测量值中无坏值存在为止。

（2）格拉布斯准则，即将重复测量值按大小顺序重新排列，如 $x_1 \leqslant x_2 \leqslant \cdots \leqslant x_n$，用式（1.3-8）计算首尾测量值的格拉布斯准则数 T_i：

$$T_i = \frac{|v_i|}{S} = \frac{|x_i - \bar{x}|}{S} \quad (i = 1 \text{ 或 } n, n \text{ 有限}) \tag{1.3-8}$$

然后根据子样容量 n 和所选取的判断显著性水平 α（α 一般可取 0.05 或 0.01），从表 1.3.2 中查得相应的格拉布斯准则临界值 $T(n, \alpha)$。若 $T_i \geqslant T(n, \alpha)$，则可认为 x_i 为坏值，应剔

除,且每次只能剔除一个测量值。若 T_1 和 T_n 都大于或等于 $T(n,\alpha)$,则应先剔除 T_i 大者,再重新计算 $\bar{x}$ 和 S,这时子样容量只有 $(n-1)$,再进行判断,直至余下的测量值中再未发现坏值为止。

表 1.3.2　格拉布斯准则临界值 $T(n,\alpha)$ 表

n	α		n	α	
	0.05	0.01		0.05	0.01
3	1.153	1.155	17	2.475	2.785
4	1.463	1.492	18	2.504	2.821
5	1.672	1.749	19	2.532	2.854
6	1.822	1.944	20	2.557	2.884
7	1.938	2.097	21	2.580	2.912
8	2.032	2.221	22	2.603	2.939
9	2.110	2.323	23	2.624	2.963
10	2.176	2.410	24	2.644	2.987
11	2.234	2.485	25	2.663	3.009
12	2.285	2.550	30	2.745	3.103
13	2.331	2.607	35	2.811	3.178
14	2.371	2.659	40	2.866	3.240
15	2.409	2.705	45	2.914	3.292
16	2.443	2.747	50	2.956	3.336

3. 系统误差

系统误差是指在同一条件下,多次重复测量同一被测量时,误差的大小和符号保持不变(称为恒值系统误差)或按预定方式变化(称为变值系统误差)。例如,仪表机构设计原理上的缺点、仪表的不正确安装和调整、采用近似的测量方法、测量人员习惯上读数偏高或偏低、测量条件偏离仪表规定工作条件等都会造成系统误差。

对于恒值系统误差,可以通过校验仪表,求得与该误差数值相等、符号相反的校正值,再加到测量值上来消除。对于变值系统误差,可以通过实验方法找出产生该误差的原因及变化规律,并改善测量条件来加以消除,也可以通过理论计算或在仪表上附加补偿装置加以校正。对于一些尚未被充分认识的未定系统误差,只能先估计它的一个范围和方向(正负),然后将测量结果与平均估计误差值(这个值在数值上等于该误差范围上、下限的代数平均值)相加来对测量结果进行校正。

4. 测量结果的一般处理步骤

对于一列 n 次的等精度直接测量值,其数据处理过程如下:

(1)使用系统误差的处理方法,设法消除或减小系统误差对测量结果的影响;

(2)在消除系统误差后,求 n 次测量值的算术平均值 $\bar{x}=\dfrac{1}{n}\sum\limits_{i=1}^{n}x_i$;

（3）求出对应的每一测量值的剩余误差 $v_i = (x_i - \bar{x})$，并用式 $\sum\limits_{i=1}^{n} v_i = 0$ 校核 v_i 计算结果的正确性；

（4）求测量值标准误差的估计值 S；

（5）用粗大误差判别准则判断测量列中的坏值并剔除它；

（6）重复过程（2）至（5），直至测量列中没有坏值为止，然后算出 $\bar{x}$ 和 $S_{\bar{x}}$。

测量结果可以表示为

$$X = \bar{x} \pm 3S_{\bar{x}} \quad （n\text{ 足够大}） \tag{1.3-9}$$

$$X = \bar{x} \pm t(\alpha, \nu)S_{\bar{x}} \quad （n\text{ 较小}） \tag{1.3-10}$$

5. 直接测量中的误差综合

在测量中，当只存在系统误差或只有随机误差时，可以使用上述方法对测量结果进行处理，判断测量结果的可靠程度。但是，当测量中同时存在系统误差和随机误差（实际情况也往往如此）时，要想准确地对它们进行综合是不容易的，一般可以采用以下方法进行估计。

在求得系统误差 ε 和标准误差估计值 S、$S_{\bar{x}}$ 后，从保守观点出发，其总误差的表示如下：

①对单次测量，总误差为 $\pm(\varepsilon + 3S)$；

②对平均值，总误差为 $\pm(\varepsilon + 3S_{\bar{x}})$。

但是，系统误差和随机误差的最大值并不一定同时出现，显然上述总误差的估计偏大，故有时也可采用几何合成方法：

①对单次测量，总误差为 $\pm\sqrt{\varepsilon^2 + (3S)^2}$；

②对平均值，总误差为 $\pm\sqrt{\varepsilon^2 + (3S_{\bar{x}})^2}$。

1.3.2　间接测量误差的处理

前面简要地介绍了直接测量误差的分析及处理方法。但是，在很多情况下，由于被测对象的特点，对被测量的直接测量可能有困难，或者根本不能进行，或者直接测量精度太低而满足不了工程要求，此时就必须采用间接测量。间接测量的函数关系一般可以表示为

$$y = f(x_1, x_2, \cdots, x_m) \tag{1.3-11}$$

式中：y 为被测量值；$x_1, x_2, \cdots, x_m$ 分别为直接可测量的独立量（相互独立）。

假设各直接可测量 $x_1, x_2, \cdots, x_m$ 的测量次数均为 n，相应的算术平均值分别为 $\bar{x}_1, \bar{x}_2, \cdots, \bar{x}_m$，可以证明，间接测量结果的最佳估计值为

$$\bar{y} = f(\bar{x}_1, \bar{x}_2, \cdots, \bar{x}_m) \tag{1.3-12}$$

间接测量的误差，不仅与直接测量中的误差有关，而且还与函数关系的形式有关。对于间接测量中的恒值系统误差，若各直接测量值（设测量次数均为 n）的系统误差的均值分别为 $\bar{\varepsilon}_1, \bar{\varepsilon}_2, \cdots, \bar{\varepsilon}_m$，被测量 y 的系统误差 $\Delta\bar{y}$ 的计算公式为

$$\Delta\bar{y} = \sum_{j=1}^{m} \frac{\partial f}{\partial \bar{x}_j}\bar{\varepsilon}_j \quad 或 \quad \frac{\Delta\bar{y}}{\bar{y}} = \sum_{j=1}^{m} \frac{\partial \ln f}{\partial \bar{x}_j}\bar{\varepsilon}_j \tag{1.3-13}$$

式中：$\dfrac{\partial f}{\partial \bar{x}_j}$ 为函数 $f(\bar{x}_1, \bar{x}_2, \cdots, \bar{x}_m)$ 关于第 j 个自变量 $\bar{x}_j$ 的偏导数，称为误差传递系数。

式（1.3-13）称为间接测量系统误差的传递公式。

对于间接测量中的随机误差，若各直接测量值的标准误差为 σ_{x_j}，则间接测量的标准误差 σ_y 可表示为

$$\sigma_y = \sqrt{\sum_{j=1}^{m}\left(\frac{\partial f}{\partial x_j}\right)^2 \sigma_{x_j}^2} \quad \text{或} \quad \frac{\sigma_y}{\overline{y}} = \sqrt{\sum_{j=1}^{m}\left(\frac{\partial f}{\partial x_j}\right)^2 \left(\frac{\sigma_{x_j}}{\overline{y}}\right)^2} \tag{1.3-14}$$

式（1.3-14）称为间接测量随机误差的传递公式。

误差传递系数 $\dfrac{\partial f}{\partial x_j}$ 表示该测量误差对间接测量误差的影响。

第2章 常用测量仪表简介

在各种实验中,经常要对工质在设备中的状态以及过程和循环中的参数等进行测量。例如,要想知道气体的状态,就必须测量它的基本状态参数——温度、压力和比体积(或密度),对于水蒸气有时还需要测定其干度;要想了解热工过程的换热强弱或传热量的大小,就要测定传热介质的流速和流量。此外,各种热机的工作情况以功率和效率来表示,因此基本热工量有温度、压力、流速、流量、湿度、干度、热量与功率等。本章扼要介绍实验中的一些测量问题——一些基本量的测量原理和方法,以及有关常用仪器仪表的工作原理、选择与使用要点,以便在本书后面的各项实验中加以引用。

2.1 温度测量仪表

温度是表征物体冷热程度的物理量,是工业生产过程中的重要参数之一。在实际中,温度的各种测量大都是利用物体的某些物理化学性质(如物体的膨胀率、电阻率、热电势、辐射强度和颜色等)与温度具有一定关系的原理实现的。当温度不同时,上述各参量中的一个或几个随之发生变化,测出这些参量的变化,就可间接地知道被测物体的温度。测量温度的仪表称为温度计。根据所选的测温物质和作用原理,温度计的分类见表2.1.1,本节仅对在实验中常用的几种温度计进行简要介绍。

表 2.1.1 温度计的分类

温度计类型		测温范围/℃	作用原理	适用场合
接触式	膨胀式温度计 玻璃温度计	−200~600	液体或固体受热膨胀	生产过程和实验室中各种介质温度的就地测量
	双金属温度计	−185~620		
	压力式温度计 液体式		封闭在固定容积中的液体、气体或某种液体的饱和蒸气受热体积膨胀或压力变化	生产过程中较远距离的非腐蚀性液体或气体的温度测量
	气体式	−80~400		
	蒸气式			
	电阻温度计 铂电阻	−258~900	导体或半导体受热电阻变化	用于测量液体、气体、蒸气的中、低温度,能远距离传送
	铜电阻	−200~150		
	热敏电阻	−50~300		
	热电偶温度计 铂铑30-铂铑6	0~1 800	热电偶的热电势与温度有关	用于测量液体、气体、蒸气的中、高温度,能远距离传送
	铂铑10-铂	0~1 600		
	镍铬-镍硅	−50~1 200		
	镍铬-考铜	−50~800		
	铜-康铜	−200~400		

续表

温度计类型			测温范围/℃	作用原理	适用场合
非接触式	辐射式温度计	光学式	600~2 000	物体热辐射与温度有关	用于火焰、钢水等不能直接测量的高温场合
		全辐射式			
		比色式			

2.1.1　玻璃温度计

玻璃温度计是基于玻璃感温包内的测温物质（如水银、酒精、甲苯、煤油等）受热膨胀、遇冷收缩的原理来进行温度测量的,主要由感温包、毛细管、刻度标尺及安全包（避免温度过高时工作液胀破温度计而设的膨胀腔）所组成,其结构如图 2.1.1 所示。

1.按刻度标尺形式分类

玻璃温度计按刻度标尺形式可分为棒式、内标式和外标式三种。

1）棒式玻璃温度计

棒式玻璃温度计由厚壁毛细管制成,温度标尺直接刻在毛细管的外表面上。为满足不同的测温方位,其外形有直形、90° 角形、135° 角形等,如图 2.1.2 所示。

2）内标式玻璃温度计

内标式玻璃温度计由薄壁毛细管制成,温度标尺另外刻在乳白色的玻璃板上,并用金属丝捆在毛细管后面,外面再用玻璃外壳封罩,如图 2.1.3 所示。这种形式的标尺刻度清晰,读数较棒式方便,但标尺与毛细管易错位,故测量精度不如棒式高。

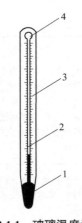

图 2.1.1　玻璃温度计
1—感温包;2—毛细管;
3—刻度标尺;4—安全包

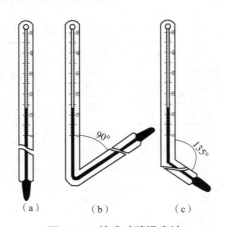

图 2.1.2　棒式玻璃温度计
（a）直形　（b）90° 角形　（c）135° 角形

图 2.1.3　内标式
玻璃温度计

3）外标式玻璃温度计

外标式玻璃温度计是将连有感温包的玻璃毛细管直接固定在外标尺板上的温度计,通常用来测量室温。

2. 按用途分类

玻璃温度计按用途可分为标准温度计、实验室用温度计、工业用温度计和特殊用途温度计等四类。

1）标准温度计

标准水银温度计是最常用的标准温度计。标准水银温度计有一等和二等两种。通常一等标准水银温度计用于检定和校验实验室用温度计，也可用于实验室精密测量。这种温度计都是成套生产的，每套有若干支，每一支温度计的温度间隔都很小，并有零位标记。例如，一等标准水银温度计有 9 支一套（0~100 ℃ 范围最小分度值为 0.05 ℃，其余范围为 0.1 ℃）和 13 支一套（最小分度值均为 0.05 ℃）两种；二等标准水银温度计为 7 支一套，最小分度值为 0.1 ℃，它是工厂中常用的标准器具。

2）实验室用温度计

实验室用温度计的最小分度值一般为 0.1 ℃，测温范围为-30~300 ℃。与标准水银温度计相似，其也分为若干支，适合科研单位使用。

3）工业用温度计

工业用温度计一般价格便宜、精度较低。测温时，为了防止玻璃温度计被碰断，并使其可靠地固定在测温设备上，在玻璃管外面通常罩有金属保护套管，在玻璃感温包与金属套管之间填有良导热物质，以减小温度计测温的惰性。这种温度计的结构有直形、90° 角形、135° 角形三种。

4）特殊用途温度计

可调电接点玻璃温度计是一种常用的特殊用途温度计，它内部有两条金属丝，一条为铂丝，另一条为钨丝（带有螺旋状的铂丝引线），如图 2.1.4 所示。其用温度计顶端的磁钢旋动温度计内的螺杆，以调整电接点的整定值。当温度升高到整定值时，两条金属丝借助水银柱的导电性形成闭合回路，并通过两引线使受控继电器等动作，从而达到自动控制的目的。热工实验中经常使用的恒温器就是用这种可调电接点温度计来控温的。

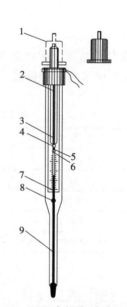

图 2.1.4　可调电接点玻璃温度计

1—磁钢；2—指示铁；3—螺杆；4—钨丝引出端；
5—螺旋状铂丝；6—钨丝；7—水银；
8—铂丝引出端；9—金属丝；

2.1.2　压力式温度计

压力式温度计一般由感温包、毛细管和弹性压力表组成，其中毛细管的一端与感温包相连，另一端与弹性压力表的弹簧管相接，感温包、毛细管和弹簧管内均充满感温介质（氮气、水银、二甲苯、乙醇、甘油，以及低沸点液体，如氯甲烷、氯乙烷等），如图 2.1.5 所示。测量时，感温包放置在被测介质中，当被测介质温度发生变化时，感温包内的感温介质受热而使压力发生变化——温度升高，压力增大；温度降低，压力减小。压力的变化经毛细管传递给弹簧管,使弹簧管变形,从而使弹性压力表动作,并在其温度标尺上给出被测温度示值。

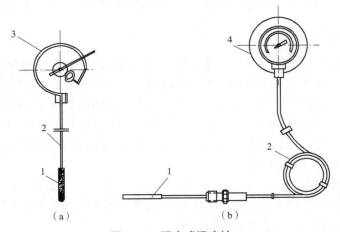

图 2.1.5　压力式温度计

(a)结构原理　(b)外形

1—感温包;2—毛细管;3—弹簧管;4—表头

压力式温度计按功能可分为指示式、记录式、报警式(带电接点)和调节式等各种类型;按感温介质可分为气体式、蒸气式和液体式三种,它们的特性见表 2.1.2。

表 2.1.2　按感温介质分类的三种压力式温度计的特性

性能	气体式	蒸气式	液体式
测量范围/℃	−100~600	−20~200	−40~200
精度等级	1.5,2.5	1.5,2.5	1.0,2.5
时间常数/s	80	30	40
感温介质	氮气、氢气、氦气等	氯甲烷、氯乙烷、丙酮等	水银、二甲苯、乙醇、甘油等
常用毛细管最大长度/m	60	60	20

2.1.3　热电偶温度计

热电偶温度计由热电偶、电测仪表和连接导线组成,广泛用于测量 100~1 600 ℃ 范围内的温度,采用特殊材料制成的热电偶还可以测量更高或更低的温度。热电偶结构简单,性能稳定,准确可靠,输出信号为电信号,便于远传或信号转换,动态响应快,制造方便,这些优点使热电偶温度计在热工实验中的应用最为广泛。

1. 工作原理

两种不同的金属导线 A、B 焊接成的闭合回路称为热电偶,如图 2.1.6 所示。

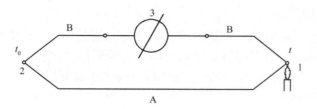

图 2.1.6　热电偶的工作原理

1—热端；2—冷端；3—毫伏表

导线 A 和 B 称为热电极，两个焊接点中感受被测温度 t 的一端称为测量端，即热端；而温度为 t_0 的另一端称为参考端，即冷端。当热电偶的热端和冷端的温度不同时，在闭合回路内将产生一定大小的电动势 $E_{AB}(t, t_0)$，这种物理现象称为热电效应，产生的电动势称为热电势，其值与组成热电偶的金属导线材料的性质、热端和冷端的温度差有关，而与热电极的长度、直径无关。在测量中，若使热电偶的一个焊接点温度（冷端）t_0 保持不变，则热电偶所产生的热电势 $E_{AB}(t, t_0)$ 只和热端温度 t 有关，因此测出热电势的大小，就可以求得温度 t 的数值，这就是用热电偶测量温度的工作原理。

目前，国内外应用较为普遍的热电偶种类不多。我国工业上最常用的、已标准化的热电偶有铂铑-铂、镍铬-镍硅、镍铬-考铜及铜-康铜等，有关它们的技术数据可参考相关资料。

通常，热电偶的分度表是以冷端温度 t_0=0 ℃来编制的，当环境温度变化使 $t_0 \neq 0$ ℃时，必须采取措施使冷端温度修正到 0 ℃，这一工作称为冷端温度补偿。热电偶冷端温度补偿的方法主要有冰点槽法、计算法和补偿电桥法等。

当热电偶与电测仪表相距较远时，为节约价格较贵的热电极材料，通常在热电偶与电测仪表之间使用价廉且在 0~100 ℃范围内热电性能与热电极材料相近的导线连接，该导线称为补偿导线。标准热电偶配用的补偿导线的型号和性能可参考相关资料。

2. 热电势的测量方法

热电偶把被测温度变换为热电势信号，因此可通过各种电测仪表来测量热电势值以显示温度。目前广泛使用的测量热电势的仪表有动圈式仪表、电位差计和数字电压表等。

1）动圈式仪表

动圈式仪表的基本原理是载流导体在恒磁场中的受力大小与导体中的电流强度存在比例关系（安培定律），其本质上是一种测量微安级电流的磁电式仪表。如图 2.1.7 所示，动圈 6 是用具有绝缘层的细铜线绕制成的矩形框，用张丝 7 支撑（张丝还兼作导流丝），置于一对永久磁钢 8 形成的磁场中。当热电偶产生的热电势 $E(t, t_0)$——毫伏信号加在动圈上时，便有电流 I 流过动圈，其大小为

$$I = \frac{E(t,t_0)}{R_{总}} = \frac{E(t,t_0)}{R_{内} + R_{外}} \tag{2.1-1}$$

$$R_{外} = R_{热} + R_{补} + R_{冷} + R_{铜} + R_{调}$$

式中：$R_{总}$ 为总电阻（Ω）；$R_{内}$ 为表内电阻（Ω）；$R_{外}$ 为表外电阻（Ω），一般 $R_{外}$ =15 Ω；$R_{热}$ 为热电偶电阻（Ω）；$R_{补}$ 为补偿导线电阻（Ω）；$R_{冷}$ 为冷端补偿器等效电阻（Ω）；$R_{铜}$ 为连接铜导线电

阻(Ω);$R_调$为调整电阻(Ω)。

　　根据载流线圈在磁场中受力的原理,动圈在电磁力矩的作用下产生转动,动圈的偏转使张丝扭转,从而产生抵抗动圈转动的力矩,当两个力矩平衡时,线圈就停在某一位置上。由于动圈的位置与输入的毫伏信号相对应,当面板直接刻成温度标尺时,装在动圈上的指针9就指示出被测介质的温度值。

　　2)电位差计

　　电位差计测量电势的工作原理是用一个已知的标准电压与被测电势(电压)相比较,当两者之差为零时,被测电势(电压)就等于已知的标准电压。这种测量方法亦称为补偿法或零值法。产生标准直流电压的常用线路有分压线路和桥式线路两种。

　　实验室中常采用的直流分压线路的手动电位差计工作原理如图2.1.8所示。图中标准电池 E_n、标准电阻 R_n 及检流计 G 组成的回路是用来校准工作电流 I_1 的。测量前,先校准工作电流。校准工作电流时,将切换开关 K 接向"标准",调整 R_n 以改变工作电流 I_1,直至 $I_1 R_n = E_n$ 时,检流计 G 指针指零。因为标准电池的电势 E_n 是恒定的,用锰铜丝绕制的标准电阻的值 R_n 也是不变的,所以当检流计 G 指针指零时,I_1 就符合规定值,这个操作过程通常称为"工作电流标准化"。然后将切换开关 K 接向"测量",调整滑线电阻中 B 点的位置,使检流计 G 指针指零,此时 B 点的位置就指出被测电势(电压)的大小。

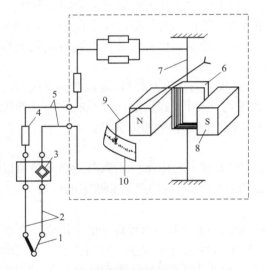

图 2.1.7　XCZ-101 动圈式温度指示仪工作原理

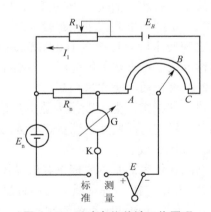

图 2.1.8　手动电位差计工作原理

1—热电偶;2—补偿导线;3—冷端补偿电桥;4—外接电阻;5—铜导线;
6—动圈;7—张丝;8—磁钢;9—指示指针;10—刻度面板

　　由于标准电池及标准电阻的准确度都很高,加上应用了高灵敏度的检流计,所以该电位差计有较高的测量准确度。常用标准电池在 20 ℃时的电势为 1.018 6 V(准确度达 ±0.01%)。

　　3)数字电压表

　　数字电压表主要由测量电路、放大器、模数转换器(A/D 转换器)、线性化器、计数器和数字显示器等组成,如图 2.1.9 所示。来自感温件(热电偶或热电阻)的温度信号,通过测量电路和放大器后经 A/D 转换器将连续变化的模拟量转换成二进制或十进制的数字量,然后进入线性化器。线性化器的作用是将热电偶的非线性热电关系补偿为线性关系。线性化后输出的电压信号与被测温度成正比,并由数字显示器直接显示出被测温度值。

图 2.1.9　数字电压表原理框图

2.1.4　电阻温度计

电阻温度计由热电阻、显示仪表和连接导线组成,一般用于测量-200~500 ℃的温度。它具有结构简单、精度高、输出信号为电信号、便于远传、可实现多点切换、使用方便等优点。

1. 工作原理

热电阻的测温原理是金属(导体)或半导体的电阻值随温度变化而变化,用显示仪表测出热电阻的电阻值,从而得出与电阻值相应的温度值。虽然大多数金属的电阻随温度变化而变化,然而并不是所有的金属都能作为测量温度的热电阻,因为对用来制造热电阻的金属丝材料有严格的要求,具体如下:

(1)电阻温度系数和电阻率要大,热容量要小;

(2)在整个测温范围内应具有稳定的物理和化学性质,并有良好的复制性;

(3)电阻值随温度的变化最好为线性关系等。

经过选择,现在工业上标准化生产的热电阻主要有铂电阻、铜电阻和镍电阻等,其技术性能见表 2.1.3,铂热电阻的构造如图 2.1.10 所示。

表 2.1.3　工业用热电阻的技术性能

热电阻名称	代号	分度号	R_0		R_{100}/R_0		测温范围/℃	基本误差	
			公称值/Ω	允许误差/Ω	名义值	允许误差		温度范围/℃	允许值/℃
铜热电阻	WZC	Cu50	50	± 0.05	1.428	± 0.002	-50~150	-50~150	± (0.3+6 × 10⁻³t)
		Cu100	100	± 0.1					
铂热电阻	WZP (IEC)	Pt10	10 (0~850 ℃)	A 级:± 0.006	1.385	± 0.001	-200~850	-200(A) ~ 850(B)	± (0.15+2 × 10⁻³t)
				B 级:± 0.012					
		Pt100	100 (-200~850 ℃)	A 级:± 0.006					± (0.3+5 × 10⁻³t)
				B 级:± 0.012					
镍热电阻	WZN	Ni100	100	± 0.1	1.617	± 0.003	-60~180	-60~0	± (0.2+2 × 10⁻³t)
		Ni300	300	± 0.3					
		Ni500	500	± 0.5				0~180	± (0.2+1 × 10⁻³t)

注:R_0 和 R_{100} 分别为 0 ℃和 100 ℃时的电阻值;t 为温度(℃)。

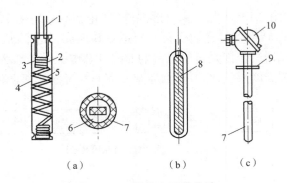

图 2.1.10　铂热电阻的构造

1—银引出线；2—铂丝；3—锯齿形云母骨架；4—保护云母片；5—银绑带；
6—铂电阻片断面；7—保护套管；8—微型铂热电阻；9—连接法兰；10—接线盒

将半导体热敏电阻作为感温元件来测量温度日趋广泛。它具有电阻温度系数大、测温灵敏度高、电阻率大、体积小（可制成珠形或片状，珠形尺寸一般只有 $\phi 0.2 \sim 0.5\,\text{mm}$ ）等优点；但性能不稳定、互换性差、精度低，因此目前还应用得不多。

2. 热电阻阻值的测量方法

目前常用于热电阻阻值的测量方法有电位差计法和电桥法。下面仅介绍适用于热工实验中精密测温的电位差计法。

用手动电位差计测量热电阻阻值原理图如图 2.1.11 所示。测量用到的装置包括电池 E、可变电阻 R_p、标准电阻 R_n、热电阻 R_t、开关 K、切换开关 S、电位差计 P 和毫安表等。工作时，先合上开关 K，用 R_p 调节通过 R_n 及 R_t 的工作电流 I（为防止 I 过大而造成 R_t 发热，从而引起测量误差，通常 $I \leqslant 3\,\text{mA}$）；再使切换开关 S 先后接向 R_n 及 R_t，并分别由电位差计 P 读得它们的端电压 U_n 和 U_t，即 $R_t = R_n U_t / U_n$，因为 R_n 为已知值，故可得 R_t。若 $R_n = 100\,\Omega$，$I = 1\,\text{mA}$，则 U_t 的读数即代表 R_t，可直接用数字电压表读数，十分方便。

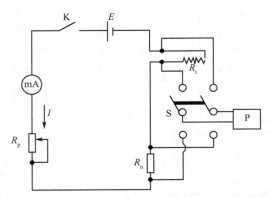

图 2.1.11　用手动电位差计测量热电阻阻值原理图

2.2　压力测量仪表

压力是工质热力状态的主要参数之一,其定义是单位面积上垂直作用的力,单位为 N/m^2 或 Pa(帕),也可用 bar(巴)表示。工程上使用的压力单位还有 mmHg(毫米汞柱)、mmH_2O(毫米水柱)、atm(标准大气压)和 at(或 kgf/cm^2)(工程大气压)等,它们之间的换算关系为

$$1 \, Pa = 1 \, N/m^2 = 10^{-5} \, bar = 7.501 \times 10^{-3} \, mmHg = 0.102 \, mmH_2O = 9.869 \times 10^{-6} \, atm$$
$$= 1.019 \times 10^{-5} \, at = 1.019 \times 10^{-5} \, kgf/cm^2$$

在热工实验中,需要测量压力的场合很多,所使用的压力计的测量原理大都是将被测压力与当地大气压力进行比较,然后用弹性元件的弹力或液柱的重力等来平衡两者的差值,通过弹性元件的位移或液柱的高度来反映被测压力的大小(表压力)。因此,若按测压工作原理,压力表可分为液柱式压力表、弹性式压力表、电气式压力表和活塞式压力表等,它们的主要技术性能见表 2.2.1。本书主要对液柱式压力表和弹性式压力表进行介绍。

表 2.2.1　测压仪表类型及其主要技术性能

类型	测量范围/Pa	精度	优缺点	主要范围
液柱式压力表	$0 \sim 2.66 \times 10^5$	0.5、1.0、1.5	结构简单、使用方便,但测量范围窄,只能测量低压或微压,易损坏	用来测量低压及真空度,或用作压力标准计量仪表
弹性式压力表	$-10^5 \sim 10^9$	0.2、0.25、0.35、0.5、1.0、1.5、2.5	测量范围广、结构简单、使用方便、价格便宜,可制成电气远传式,广泛使用	用来测量压力及真空度,可就地指示,也可集中控制,具有记录、发信报警、远传性能
电气式压力表	$7 \times 10^2 \sim 5 \times 10^8$	0.2~1.5	测量范围广,便于远传和集中控制	用于压力需要远传和集中控制的场合
活塞式压力表	$-10^5 \sim 2.5 \times 10^8$	一等:0.02 二等:0.05 三等:0.2	测量精度高,但结构复杂、价格较贵	用于检定精密压力表和普通压力表

2.2.1　液柱式压力表

液柱式压力表是利用液柱高度产生的压力和被测压力相平衡的原理制成的测压仪表。其结构形式有 U 形管压力计、单管式压力计和斜管式微压计三种。

1.U 形管压力计

如图 2.2.1 所示, U 形管压力计是将一根内径为 6~10 mm 的管子(多数为玻璃管)弯成 U 形,或将两根平行的玻璃管用橡皮管、塑料管等连通起来,然后将其垂直固定在平板上,两管之间装有刻度标尺,刻度零点在标尺的中央。根据被测压力的大小,管子内充灌水、汞、四氯化碳等封液,并使液面与刻度零点相一致。

测量压力时, U 形管一端接被测介质,另一端通大气。根据流体静力学原理,通入 U 形管的压差或压力与液柱高度差 h 有如下关系:

$$\Delta p = p_1 - p_2 = h(\rho_1 - \rho_2)g = (h_1 + h_2)(\rho_1 - \rho_2)g \tag{2.2-1}$$

式中：ρ_1、ρ_2 分别为 U 形管中所充封液的密度和封液上面的介质密度；h 为两肘管中封液的高度差，$h = h_1 + h_2$；g 为重力加速度。

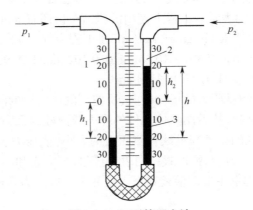

图 2.2.1　U 形管压力计

1,2—肘管；3—封液

2. 单管式压力计

U 形管压力计需要读两个液面高度，读数很不方便。通常把 U 形管的一边肘管换成大截面容器，成为单管式压力计，如图 2.2.2 所示。由于容器截面积 A 比肘管截面积 f 大 500 倍以上，在测量时，容器中的液面可以认为保持不变，因而只需要读一个数，读数的绝对误差只有 U 形管压力计的一半，它的误差不超过读数的 0.2%。被测压差 Δp 可表示为

$$\Delta p = p_1 - p_2 \approx h_2(\rho_1 - \rho_2)g \tag{2.2-2}$$

3. 斜管式微压计

斜管式微压计是单管式压力计的改型，即单管倾斜了一个角度，以使液柱高度放大，常用来测量微小的压力和压差，如图 2.2.3 所示。在大多数情况下，斜管式微压计的两边面积比 $f/A = 1/1\,000 \sim 1/700$，所以宽容器中的液面变化可以忽略不计。被测压差可用下式计算：

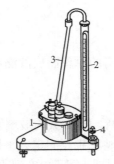

图 2.2.2　实验室用单管式压力计

1—宽容器；2—带标尺的肘管；
3—连通管；4—水准泡

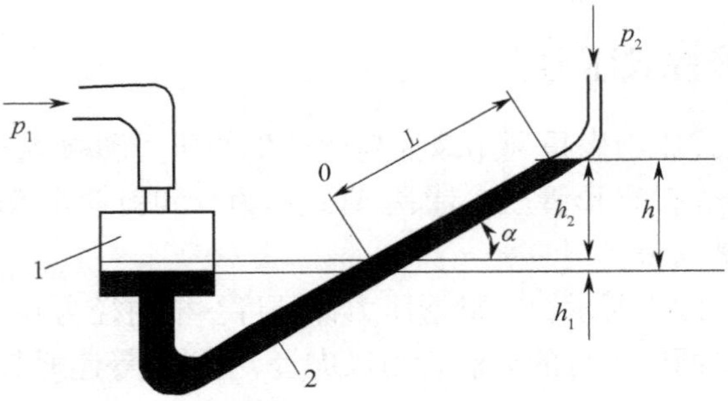

图 2.2.3　斜管式微压计

1—宽容器；2—倾斜肘管

$$\Delta p = p_1 - p_2 = (h_1 + h_2)(\rho_1 - \rho_2)g$$

$$= L\left(\sin\alpha + \frac{d^2}{D^2}\right)\rho_1 g = KL \tag{2.2-3}$$

式中：d、D 分别为斜管内径和宽容器内径；L 为斜管上的读数；α 为斜管的倾角，α 不得小于 $5°$；K 为系数，$K = \left(\sin\alpha + \dfrac{d^2}{D^2}\right)\rho_1 g$。

在实际中，可变倾角的斜管式微压计的封液为酒精，它在支架上对应于不同的倾角 α 处刻有 0.1、0.2、0.3、0.4、0.6、0.8 等数字，它们就是对应倾角 α 的系数 K 值。测量结果以 Pa 为单位，所用封液密度应符合仪表规定的数值。

2.2.2　弹性式压力表

弹性式压力表是根据弹性元件受压后产生的变形与压力大小有确定关系的原理制成的。它适用的压力范围广（0~10^3 MPa）、结构简单，故获得了广泛的应用。

目前常见的测压用弹性元件有金属膜片式（包括膜盒式）、波纹管式和弹簧管式三类，它们常用铍青铜、磷青铜、不锈钢等材料制成。

在热工实验中，常用的弹性式压力表一般为弹簧管压力表，它主要由弹簧管、齿轮传动放大机构、指针、刻度盘和外壳等组成，如图 2.2.4 所示。其中，弯成圆弧形（约为 $270°$）的弹簧管 1 是测压元件，它的截面是扁圆形的。此管的 A 端固定在压力表基座上，B 端为封闭的自由端。当固定端通被测压力时，弹簧管因承受内压，截面由扁圆形向圆形过渡，刚度增大，使 B 端向外移动，然后通过齿轮传动与放大机构（拉杆 2、扇形齿轮 3 和中心齿轮 4）带动指针 5 在刻度盘 6 上指示出被测压力的数值。

弹簧管压力表可做成压力表、真空表和真空压力表三种。在选择压力表时，必须注意测量的最高压力在正常情况下不应超过仪表刻度的三分之二，同时应注意选取合适的压力表精度等级。

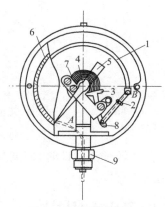

图 2.2.4　弹簧管压力表

1—弹簧管；2—拉杆；3—扇形齿轮；
4—中心齿轮；5—指针；6—刻度盘；
7—游丝；8—调整螺丝；9—接头

2.3　流量测量仪表

流体的流量是指单位时间内流过某一截面的流体的量，称为瞬时流量。在某一时间间隔内流过某一截面的流体的量称为流过的总量。显然，流过的总量可以用该段时间内瞬时流量对时间的积分得到，所以总量常称为积分流量或累计流量。总量除以得到总量的时间间隔称为该段时间内的平均流量。

流体的流量可以用单位时间内流过的质量表示，称为质量流量；也可以用单位时间内流过的体积表示，称为体积流量。

按流量计的作用原理，目前常用的流量仪表可分为面积式、差压式、速度式和容积式等四类。

2.3.1　面积式流量计（恒压降变截面流量计）

面积式流量计的基本原理是在测量时节流元件前后的压差保持恒定,节流处的流通截面将随流量而发生变化,通过测量通流面积即可得出流量。因此,这类流量计也称为恒压降变截面流量计,其中使用最广泛的为转子流量计。

转子流量计由一段垂直安装并向上渐扩的圆锥形管和在圆锥形管内随被测介质流量大小而上下浮动的浮子组成,如图 2.3.1 所示。当被测介质流过浮子与管壁之间的环形通流面积时,由于节流作用,在浮子上下产生压差 Δp,此压差作用在浮子上,浮子承受向上的力。

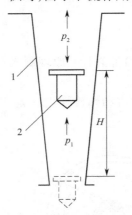

当此力与被测介质对浮子的浮力之和等于浮子重力时,浮子处于力平衡状态,浮子就稳定于圆锥形管的一定位置上。由于测量过程中浮子的重力和流体对浮子的浮力是不变的,故在稳定的情况下,浮子受到的压差始终是恒定的。当流量增大时,压差增加,浮子上升,浮子与管壁之间的环形通流面积增大,压差又减小,直至浮子上下的压差恢复到原来的数值,这时浮子平衡于较上部新的位置上,因此可用浮子在圆锥形管中的位置来指示流量。

流体的体积流量 q_V 与浮子高度 H 之间的关系式为

$$q_V \approx \alpha C H \sqrt{\frac{2gV_f}{A_f}} \cdot \sqrt{\frac{\rho_f - \rho}{\rho}} \qquad (2.3\text{-}1)$$

图 2.3.1　转子流量计原理图
1—圆锥形管；2—浮子

式中：α 为与浮子形状、尺寸等有关的流量系数；C 为与圆锥形管锥度有关的比例系数；V_f、A_f 分别为浮子的体积和有效横截面积；ρ_f、ρ 分别为浮子材料和流体的密度；g 为当地的重力加速度。

使用转子流量计时,如被测介质与流量计所标定的介质不同或更换浮子材料,都必须对原刻度进行校正。

2.3.2　差压式流量计

差压式流量测量方法是流量或流速测量方法中使用历史最久和应用最广泛的一种。它们的共同原理是伯努利方程,即通过测量流体流动过程中产生的压差来测量流速或流量。使用这种测量原理的流量计有毕托管、节流变压降流量计等。这些流量计的输出信号都是压差,因此其显示仪表为差压计。

1. 毕托管

毕托管是通过测量流体的全压和静压之差——动压 Δp 来测量流体流速的装置,因此也称为动压测量管,如图 2.3.2 所示。毕托管是一根弯成 90°、顶端开有一个小孔 1、侧表面开有若干对称小孔 2 的套管。将小孔 1 对正来流方向,则小孔 1 处的压力为流体的全

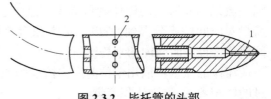

图 2.3.2　毕托管的头部
1—中心孔；2—侧壁孔

压头,侧表面对称小孔 2 测量的为流体静压头。根据伯努利方程,全压与静压之差 Δp 与流速 v 之间的关系为

$$v = (1-\varepsilon)\sqrt{\frac{2\Delta p}{\rho}} \qquad (2.3\text{-}2)$$

式中:$(1-\varepsilon)$ 为可压缩性校正系数,当流体为液体时,$\varepsilon = 0$;ρ 为测量点处流体的密度。

实际上,由于流体滞止过程中不可能没有能量损失,全压和静压也不可能在同一点上测得,以及毕托管支持杆对静压测量的影响等,上述流速和压差的关系式中还应乘上一个校正系数 α,α 值可在实验室风洞中测定。对于标准毕托管,此系数等于 1。

2. 节流变压降流量计

节流变压降流量计由节流元件和差压计组成,其中节流元件主要有孔板、喷嘴和文丘里管等,如图 2.3.3 所示。当流体流过节流元件时,流束发生收缩,速度增大,于是在节流元件前后产生压差 Δp,对于一定形状和尺寸的节流元件,在一定的测压位置和前后直管段情况以及一定参数的流体和其他条件下,节流元件前后产生的压差 Δp 值随流量而变化,两者之间有确定的关系,因此可通过测量压差来得出流量。

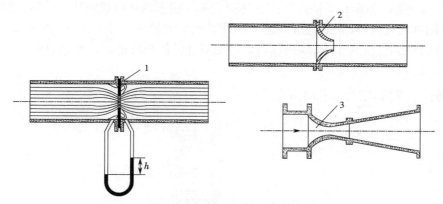

图 2.3.3　节流变压降流量计及节流元件
1—孔板;2—喷嘴;3—文丘里管

根据伯努利方程,并考虑有关的影响因素,可导出流量与压差 Δp 之间的关系式为

$$q_V = \alpha\varepsilon\frac{\pi}{4}d^2\sqrt{\frac{2}{\rho_1}\Delta p} = \alpha\varepsilon\frac{\pi}{4}\beta^2 D^2\sqrt{\frac{2}{\rho_1}\Delta p} \qquad (2.3\text{-}3)$$

或

$$q_m = \alpha\varepsilon\frac{\pi}{4}\beta^2 D^2\sqrt{2\rho_1\Delta p} \qquad (2.3\text{-}4)$$

式中:d、D 分别为节流元件开孔直径和管道内径;β 为直径比,$\beta = d/D$;ρ_1 为节流元件前的流体密度;q_V、q_m 分别为流体的体积流量和质量流量;α 为流量系数,它与节流元件的形式、取压方式、β 值、雷诺数 Re 和管道粗糙度有关,一般由实验确定;ε 为考虑流体可压缩性的流束膨胀系数,对不可压缩性流体,$\varepsilon = 1$。

对于标准节流装置(指节流元件的外形、尺寸已标准化,并同时规定了它们的取压方式

和前后直管段要求），其 α、ε 值可从有关书籍中查取。对于非标准节流装置，则需进行校验，绘制流量与压差关系曲线，供实验时直接查用。

2.3.3　速度式流量计

速度式流量计的基本原理是以直接测量的管道内流体的流速 v 作为流量测量的依据。若测得的是管道截面上的平均流速 $\bar{v}$，则流体的体积流量 $q_V = \bar{v}A$，其中 A 为管道横截面积。若测得的是管道截面上某一点的流速 v，则 $q_V = kvA$，其中 k 为截面上的平均流速与被测点流速的比值，它与管壁内流速分布有关。

常用的速度式流量计有涡轮式、电磁式、超声波式、热式等，其中在热工实验中以涡轮式流量计和热线风速仪（属热式）最常见。

1. 涡轮式流量计

涡轮式流量计的结构如图 2.3.4 所示，将涡轮 1 置于摩擦力很小的滚珠轴承中，由永久磁钢 3 和感应线圈 4 组成的磁电装置装在流量计的壳体 5 上，当被测流体由导流器 6 进入涡轮式流量计时，由导磁不锈钢制成的涡轮 1 上的叶片受流体的冲击作用而旋转，顺次接近处于管壁上的感应线圈 4，周期性地改变感应线圈 4 磁电回路的磁阻值，使通过线圈的磁通量发生周期性变化，这样在感应线圈的两端即感生出电脉冲信号。在一定的流量范围内和一定的流体黏度下，该电脉冲的频率 f 与流经流量计的体积流量 q_V 成正比，即

$$f = \xi q_V \tag{2.3-5}$$

式中：ξ 为仪表常数，它与仪表结构有关。

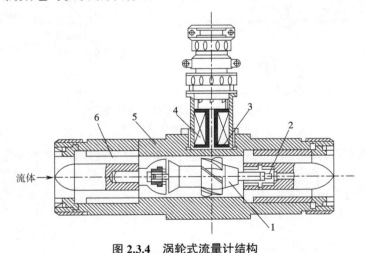

图 2.3.4　涡轮式流量计结构

1—涡轮；2—支撑；3—永久磁钢；4—感应线圈；5—壳体；6—导流器

因此，显示仪表即可通过脉冲数求得流体流过的瞬时流量以及某段时间内的累积流量。

2. 热线风速仪

热线风速仪是利用一根直径为 0.025~0.15 mm、长度为 1.0~2.0 mm 的铂或镍铬细丝作为感受件来测量流速的，这根细线的两端悬挂在叉形不锈钢支架的尖端上，通过绝缘座引出

接线,如图 2.3.5 所示。

镀铂钨丝（直径: 0.003 8 mm）

1.25 mm

镀金的不锈钢支杆

确定传感段长度的金镀层

图 2.3.5　热线风速仪感受件示意图

热线风速仪的工作原理是当电流通过热线时,热线发热并使其温度高于周围流体介质的温度,热线通过导热、对流换热和辐射换热方式向周围介质散热。理论研究和实验证明,当金属丝的长度与直径的比值大于 500 时,导热损失可以忽略不计。同时,由于金属丝和周围介质的温差不大,辐射的影响也可忽略不计。这样,热线的散热主要通过对流换热方式来进行,当介质密度、比热和导热系数一定时,对流换热量 ϕ 主要与流速 v 有关,即

$$\phi = k_1 \sqrt{v} + k_2 \tag{2.3-6}$$

式中: k_1 和 k_2 均为常数。

如热线电阻值为 R,通过的电流为 I,根据热平衡原理,有

$$\phi = I^2 R = k_1 \sqrt{v} + k_2 \tag{2.3-7}$$

在测量中,若保持热线电阻值 R 一定,也就是保持热线温度恒定,则式(2.3-7)变为

$$I^2 = k_1' \sqrt{v} + k_2' \tag{2.3-8}$$

式中:常数 k_1' 和 k_2' 与工质性质、状态参数等有关,可由实验求得。

由式(2.3-8)可见,如果保持热线电阻值 R 不变,通过直接测量电流 I 则可得出流速 v,这就是所谓的恒电阻法;如果测量中保持电流 I 恒定,通过直接测量热线温度的高低,即热线电阻值 R 的变化也可得到流速,这就是所谓的恒电流法。热线风速仪中常用电桥电路来测量电流或电阻的变化。

热线风速仪灵敏度很高,既可测量很低的流速,也可测量脉动速度;但由于热线很细,机械强度低,承受的电流较小,所以不适宜在液体或带有固体颗粒的气流中工作。

2.3.4　容积式流量计

容积式流量计是以测量单位时间内经仪表排出的流体的固定容积 V 的数目来实现流量测量的。如果单位时间内排出固定容积 V 的数目为 n,则流体的体积流量 $q_v = nV$,湿式气体流量计、椭圆齿轮流量计、腰轮流量计等均属此类。

在热工实验中,有时采用湿式气体流量计测气体的体积流量,其结构如图 2.3.6 所示。其中,被测气体由入口 1 进入流量计,并推动叶轮转子 5 转动,转子每转动一周就有一定量的气体从上部出口 2 排出,通过指针 6 及累计值显示器 7 即可读出流经流量计的气体体积,并由温度计 10 和压力计 11 同时测出其相应的温度和压力,即可换算为标准状态下的气体体积流量。

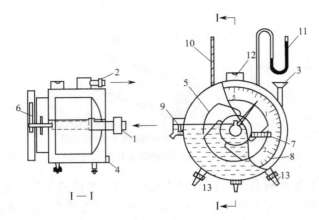

图 2.3.6　湿式气体流量计

1—入口；2—出口；3—注水器；4—排水口；5—叶轮转子；6—指针；7—累计值显示器；
8—刻度盘；9—水位检查口；10—温度计；11—压力计；12—水准泡；13—调平螺钉

使用湿式气体流量计时，必须使流量计严格保持水平（利用调平螺钉 13 调水准泡 12）放置，并使水面位置恒定（通过水位检查口 9 检查）。由于叶轮与壳体之间有水封，不会因泄漏而引起测量误差，因此测量精度较高，但是过大的气体流量会造成水封液面的波动进而影响测量结果，故这种气体流量计更适用于在实验室中测量较小的气体体积流量。

2.4　热量（或热流量）的测量

热量是热工实验中最基本的测定内容之一，其测试的方法很多，选用时需要考虑被测对象的性质、加热或冷却的方法及对测定结果准确度的要求等。常用的热量测量有以下几种情形。

2.4.1　电加热功率的测量

单位时间内电加热器的放热量等于输入的电功率，最简单、直接的方法是用功率表来测量。但是，在实验中为了达到较高的测量精度，通常使用精度为 0.5 级的电流表和电压表分别测量通过加热器的电流 I 和加热器两端的电压 U，然后由式（2.4-1）计算出电功率 P（即散热量 ϕ）：

$$P = \phi = UI \tag{2.4-1}$$

加热电源可以使用交流电源，也可以使用直流电源，根据具体的要求确定。当电加热器功率较小，而测量精度要求又较高时，宜选用直流电源的电加热器，并建议按图 2.4.1 的方式在电路中串、并入三个标准电阻 R_1、R_2、R_3，且 $R_1 \ll R_2 \ll R_3$。用高精度的电位差计（如 UJ-31 型）分别测量 R_1 与 R_2、R_3 的端电压，就可以计算出通过电加热器的电流（$I \approx U_1/R_1$）和电压 $\left[U = \dfrac{U_2}{R_2}(R_2 + R_3) \right]$，然后由式（2.4-1）计算出电功率 P。

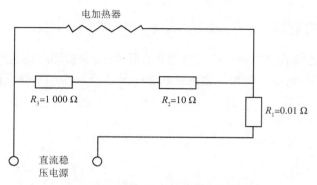

图 2.4.1 高精度直流小功率测量线路

值得注意的是,为了提高测量的精度,应根据电流表内阻、电压表内阻以及被加热元件的电阻的相对大小来确定电流表、电压表在线路中的连接方式。当电流表的内阻远小于被加热元件的电阻时,可以利用图 2.4.2(a)的接法,此时电压表的读数基本上代表了电加热器两端的电压降;当电压表的内阻远大于被加热元件的电阻时,可以采用图 2.4.2(b)的接法,此时电流表的读数基本上代表了通过电加热器的电流。当对测定结果的准确度要求比较高时,还可以根据电学的基本定律及 R_V、R_A 和 R 对测定结果进行修正。

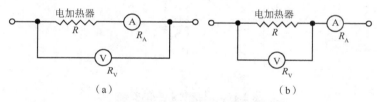

图 2.4.2 电加热器电功率测量线路

(a)$R_A \ll R$ (b)$R \ll R_V$

2.4.2 流体携带热量的测量

在换热器实验中,当用一种流体加热另一种流体时,经换热表面的热量是通过测定在换热器的进出口处的流体热容量的变化来测量的。当热损失可以忽略不计时,从被加热一侧的流体来看,其吸收的热量可按下式计算:

$$\phi = q_m(h_2 - h_1) \qquad\qquad (2.4\text{-}2)$$

式中:ϕ 为流体吸收的热量(kW);q_m 为被测流体的质量流量(kg/s),可用 2.3 节介绍的流量的测量方法来测定;h_2 和 h_1 分别为出口与进口处流体的平均焓值(kJ/kg),当流体无相变时,$h = c_p t$,其中 c_p 和 t 分别为流体的定压比热和平均温度,t 可用温度计直接获得,再由 t 查被测流体的物性表可得到 c_p。

为了获得可靠的测定结果,需要从冷流体和热流体两方面同时计算,在换热器绝热良好的前提下,从冷、热流体侧计算的热量应当是一致的,确切地说,其差别不应当超过一定的数值。在一般的实验中,其偏差不应超过 ±5%。

2.4.3　壁面热流的测量

将导热系数 λ 已知的材料做成一定厚度 δ 的薄片,贴到欲测热流量的壁面上,如图 2.4.3 所示。在稳态条件下,通过该薄片的热量可以按傅里叶(Fourier)导热定律计算:

$$\phi = \frac{\lambda}{\delta} A(t_1 - t_2) \tag{2.4-3}$$

或

$$\phi' = \frac{\lambda}{\delta}(t_1 - t_2) \tag{2.4-4}$$

式中: ϕ 为通过薄片的热量(W); ϕ' 为通过薄片的热流密度(W/m²); A 为薄片与壁面的接触面积(m²)。

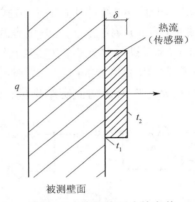

图 2.4.3　热流计测头的安装

由于薄片的导热系数 λ、厚度 δ 和面积 A 均为已知量,因此只要测出薄片两侧的温度 t_1 和 t_2 (或温差),就可以由式(2.4-4)计算出通过薄片的热流量,这就是热流计的基本原理。其结构和原理如图 2.4.4 所示,它由测头(传感器)和检测仪表(通常为电位差计、数字电压表和毫伏表等)两部分组成。测头中有检测板和保护检测板的覆盖材料及引线。检测板包括热阻板(材质为塑料、橡胶、陶瓷等)及其两表面上由多组热电偶串联组成的热电堆(测量温差)。设热电堆的输出电势 E 为

$$E = e_0 n(t_1 - t_2) \tag{2.4-5}$$

式中: e_0 为每一对热电偶的热电系数; n 为热电堆中热电偶的对数。

由式(2.4-4)和式(2.4-5)可得

$$\phi' = \frac{\lambda}{\delta} \cdot \frac{E}{e_0 n} = \frac{\lambda}{\delta e_0 n} \cdot E = KE \tag{2.4-6}$$

式中: K 为热流计的灵敏度系数[W/(m²·mV)],其数值主要取决于测头的材质、结构和尺寸等,当测头做成后其基本上是一个确定的数值。因此,只要用检测仪表测得测头的输出电势 E ,即可由式(2.4-6)计算出相应的热流。

使用热流计时应注意:①测头要紧紧贴装在被测物体表面上,为避免外界环境的影响,

最好是将测头埋入(测头表面与热流方向垂直)被测物体内部;②被测物体的热阻要远大于测头本身的热阻,读数才可靠,否则将带来很大的误差,而不适用;③温度对 K 值有影响,一般当温度增加时 K 会下降,两者接近于线性关系,所以在测量电势回路中需要进行温度补偿,也可以用公式对测量结果进行修正;④要注意保护好测头,避免受压、受冲击或弯曲。

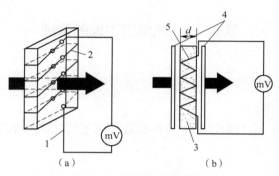

图 2.4.4　热电堆型热流计

(a)原理图　(b)结构图

1—铜丝;2—康铜丝;3—热阻板;4—覆盖材料;5—热电堆

第3章 电工技术

实验 3.1 戴维南定理的验证

一、实验目的

（1）验证戴维南定理。
（2）测定线性有源一端口网络的外特性和戴维南等效电路的外特性。

二、实验原理

戴维南定理指出：任何一个线性有源一端口网络（二端网络），对于外电路而言，总可以用一个理想电压源和电阻串联的形式来代替，理想电压源的电压等于原一端口网络的开路电压 U_{oc}，其电阻（又称等效内阻）等于一端口网络中所有独立源置零时的入端等效电阻 R_{eq}，如图 3.1.1 所示。

1. 开路电压的测量方法

方法一：直接测量法。当有源一端口网络的等效内阻 R_{eq} 与电压表的内阻 R_V 相比可以忽略不计时，可以直接用电压表测量开路电压。

方法二：补偿法。补偿法的测量电路如图 3.1.2 所示，其中 E 为高精度的标准电压源，R 为标准分压电阻箱，G 为高灵敏度的检流计。调节电阻箱的分压比，c、d 两端的电压随之改变，当 $U_{cd} = U_{ab}$ 时，流过检流计 G 的电流为零，则有

$$U_{ab} = U_{cd} = \frac{R_2}{R_1 + R_2} E = KE \qquad (3.1\text{-}1)$$

式中：$K = \dfrac{R_2}{R_1 + R_2}$ 为电阻箱的分压比。

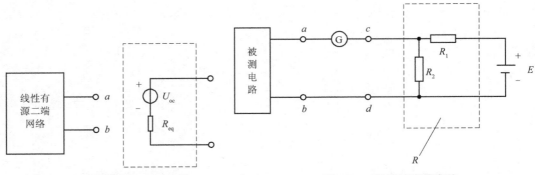

图 3.1.1　线性有源一端口网络　　　　图 3.1.2　补偿法测量电路

根据标准电压 E 和分压比 K 就可求得开路电压 U_{ab},由于电路平衡时 $I_G = 0$,不消耗电能,所以此法测量精度较高。

2. 等效电阻的测量方法

对于已知的线性有源一端口网络,其入端等效电阻 R_{eq} 可以由原网络计算得出,也可以通过实验测出,下面介绍几种测量方法。

方法一:将有源一端口网络中的独立源都去掉,在 a、b 端外加一已知电压 U,测量一端口的总电流 $I_{总}$,则等效电阻 $R_{eq} = U/I_{总}$。

实际的电压源和电流源都具有一定的内阻,它并不能与电源本身分开,因此在去掉电源的同时,也把电源的内阻去掉了,由于无法将电源内阻保留下来,测量精度会受到影响,因而这种方法只适用于电压源内阻较小和电流源内阻较大的情况。

方法二:测量 a、b 端的开路电压 U_{oc} 及短路电流 I_{sc},则等效电阻为

$$R_{eq} = \frac{U_{oc}}{I_{sc}} \qquad\qquad (3.1\text{-}2)$$

这种方法适用于 a、b 端等效电阻较大,而短路电流不超过额定值的情形,否则有损坏电源的危险。

方法三:两次电压测量法。其测量电路如图 3.1.3 所示,第一次测量 a、b 端的开路电压 U_{oc},第二次在 a、b 端接一已知阻值为 R_L 的负载电阻,并测量此时 a、b 端的负载电压 U,则 a、b 端的等效电阻为

$$R_{eq} = \left(\frac{U_{oc}}{U} - 1 \right) R_L \qquad\qquad (3.1\text{-}3)$$

这种方法克服了方法一和方法二的缺点和局限性,在实际测量中常被采用。

如果用电压等于开路电压 U_{oc} 的理想电压源与等效电阻 R_{eq} 相串联的电路(称为戴维南等效电路,参见图 3.1.4)来代替原有源一端口网络,则它的外特性 $U = f(I)$ 应与有源一端口网络的外特性完全相同,实验原理电路如图 3.1.5 所示。

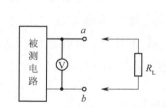

图 3.1.3　两次电压测量法测量电路

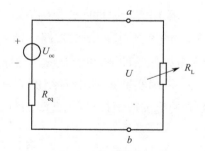

图 3.1.4　戴维南等效电路

三、预习内容

在图 3.1.5 中,设 $E_1 = 10\ \text{V}$,$E_2 = 6\ \text{V}$,$R_1 = R_2 = 1\ \text{k}\Omega$,根据戴维南定理将 A、B 以左的电

路简化为戴维南等效电路,计算图示虚线框部分的开路电压 U_{oc}、等效内阻 R_{eq} 及 A 与 B 直接短路时的短路电流 I_{sc} 并填入自拟的表格中。

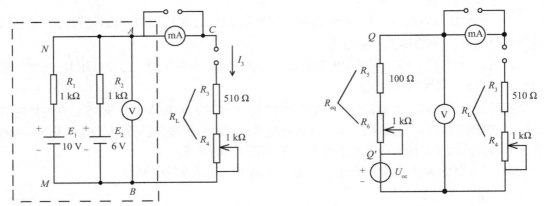

图 3.1.5　实验原理电路

四、仪器设备

(1)电路分析实验箱一台。

(2)直流毫安表一个。

(3)数字万用表一台。

五、实验内容与步骤

1. 用戴维南定理求支路电流 I_3

测定有源一端口网络的开路电压 U_{oc} 和等效电阻 R_{eq}。按图 3.1.5(a)接线,经检查无误后,采用直接测量法测定有源一端口网络的开路电压 U_{oc}。电压表内阻应远大于有源一端口网络的等效电阻 R_{eq}。可采用以下两种方法测定有源一端口网络的等效电阻 R_{eq}。

(1)采用实验原理中介绍的方法二测量:首先利用上面测得的开路电压 U_{oc} 和提前预习时计算出的 R_{eq} 估算网络的短路电流 I_{sc},在 I_{sc} 不超过直流稳压电源电流的额定值和毫安表的最大量程的条件下,可直接测出短路电流,并将此短路电流 I_{sc} 数据记入表 3.1.1 中。

(2)采用实验原理中介绍的方法三测量:接通负载电阻 R_L,调节电位器 R_4,使 $R_L =$ 1 kΩ,并使毫安表短接,测出此时的负载端电压 U,并记入表 3.1.1 中。

表 3.1.1　实验测量记录数据表

项目	U_{oc}/V	U/V	I_{sc}/mA	R_{eq}/Ω
数值				

取两次测量的平均值作为 R_{eq}(I_3 的计算在实验报告中完成)。

2. 测定有源一端口网络的外特性

调节电位器 R_4 即改变负载电阻 R_L，在不同负载的情况下，测量相应的负载端电压和流过负载的电流，共取五个点将数据记入自拟的表格中。测量时应注意，为了避免电表内阻的影响，测量电压 U 时，应将接在 A、C 间的毫安表短路，测量电流 I 时，将电压表从 A、B 端拆除。若采用万用表进行测量，要特别注意换挡。

3. 测定戴维南等效电路的外特性

将另一路直流稳压电源的输出电压调节到等于实测的开路电压 U_{oc}，以此作为理想电压源，调节电位器 R_6，使 $R_5 + R_6 = R_{eq}$，并保持不变，以此作为等效内阻，将两者串联起来组成戴维南等效电路。按图 3.1.5 接线，经检查无误后，重复上述步骤测出负载电压和负载电流，并将数据记入自拟的表格中。

六、实验报告要求

（1）应用戴维南定理，根据实验数据计算 R_3 支路的电流 I_3，并与计算值进行比较。

（2）在同一坐标纸上作出两种情况下的外特性曲线，并进行适当分析，判断戴维南定理的正确性。

实验 3.2　RLC 串联电路幅频特性与谐振现象的测定与观察

一、实验目的

（1）测定 RLC 串联谐振电路的频率特性曲线。

（2）观察串联谐振现象，了解电路参数对谐振特性的影响。

二、实验原理

RLC 串联电路（图 3.2.1）的阻抗是电源频率的函数，即

$$Z = R + j\left(\omega L - \frac{1}{\omega C}\right) = |Z| e^{j\varphi} \tag{3.2-1}$$

当 $\omega L = 1/\omega C$ 时，电路呈现电阻性，当 U_s 一定时，电流达到最大值，这种现象称为串联谐振，谐振时的频率称为谐振频率，也称电路的固有频率，即

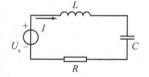

图 3.2.1　RLC 串联电路图

$$\omega_0 = \frac{1}{\sqrt{LC}} \quad \text{或} \quad f_0 = \frac{1}{2\pi\sqrt{LC}} \tag{3.2-2}$$

上式表明谐振频率仅与元件参数 L、C 有关，而与电阻 R 无关。

1. 电路处于谐振状态时的特征

（1）复阻抗 Z 达到最小值，电路呈现电阻性，电流与输入电压同相。

（2）电感电压与电容电压数值相等、相位相反。此时电感电压（或电容电压）为电源电压的 Q 倍，Q 称为品质因数，即

$$Q = \frac{U_L}{U_s} = \frac{U_C}{U_s} = \frac{\omega_0 L}{R} = \frac{1}{\omega_0 CR} = \frac{1}{R}\sqrt{\frac{L}{C}} \tag{3.2-3}$$

在 L 和 C 为定值时，Q 值仅由回路电阻 R 来决定。

（3）在激励电压有效值不变时，回路中的电流达到最大值，即

$$I = I_0 = \frac{U_s}{R}$$

2. 串联谐振电路的频率特性

（1）回路的电流与电源角频率的关系称为电流的幅频特性，表明其关系的图形称为串联谐振曲线。电流与电源角频率的关系为

$$I(\omega) = \frac{U_s}{\sqrt{R^2 + \left(\omega L - \dfrac{1}{\omega C}\right)^2}} = \frac{U_s}{R\sqrt{1 + Q^2\left(\dfrac{\omega}{\omega_0} - \dfrac{\omega_0}{\omega}\right)^2}} = \frac{I_0}{\sqrt{1 + Q^2\left(\dfrac{\omega}{\omega_0} - \dfrac{\omega_0}{\omega}\right)^2}} \tag{3.2-4}$$

当 L、C 一定时，改变回路电阻 R，即可得到不同 Q 值下的电流的幅频特性曲线，如图 3.2.2 所示。显然，Q 值越大，该曲线越尖锐。

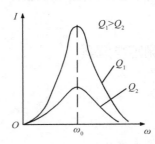

图 3.2.2　不同 Q 值下的电流的幅频特性曲线

有时为了方便，常以 $\dfrac{\omega}{\omega_0}$ 为横坐标，$\dfrac{I}{I_0}$ 为纵坐标画出电流的幅频特性曲线（称为通用幅频特性曲线），图 3.2.3 为不同 Q 值下的通用幅频特性曲线。显然，回路的品质因数 Q 值越大，在一定的频率偏移下，$\dfrac{I}{I_0}$ 下降得越厉害，电路的选择性就越好。

为了衡量谐振电路对不同频率的选择能力而引进通频带概念，把通用幅频特性的幅值从峰值 1 下降到 0.707 时所对应的上、下频率之间的宽度称为通频带（以 BW 表示），即

$$BW = \frac{\omega_2}{\omega_0} - \frac{\omega_1}{\omega_0} \tag{3.2-5}$$

由图 3.2.3 可以看出，Q 值越大，通频带越窄，电路的选择性越好。

（2）激励电压与响应电流的相位差 φ 角和激励电源角频率 ω 的关系称为相频特性，即

$$\varphi(\omega) = \arctan\frac{\omega L - \dfrac{1}{\omega C}}{R} = \arctan\frac{X}{R} \tag{3.2-6}$$

显然，当 ω 从 0 变到 ω_0 时，电抗 X 由 $-\infty$ 变到 0，φ 角从 $-\dfrac{\pi}{2}$ 变到 0，电路为容性；当 ω 从 ω_0 增大到 $+\infty$ 时，电抗 X 由 0 增大到 $+\infty$，φ 角从 0 增大到 $\dfrac{\pi}{2}$，电路为感性。相角 φ 与 $\dfrac{\omega}{\omega_0}$ 的关系称为通用相频特性，如图 3.2.4 所示。

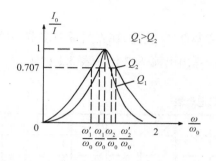

图 3.2.3　不同 Q 值下的通用幅频特性曲线

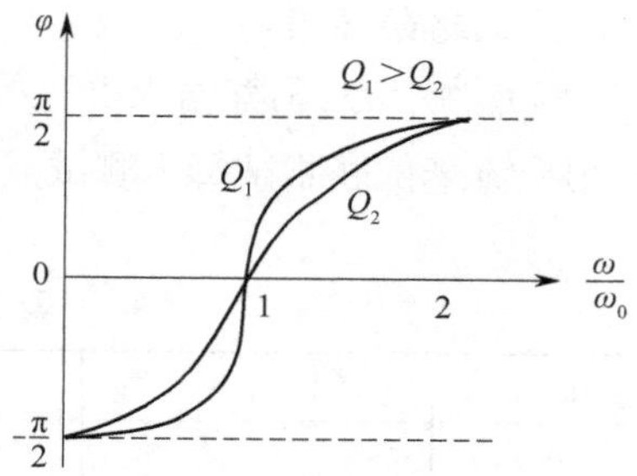

图 3.2.4　相角 φ 与 $\dfrac{\omega}{\omega_0}$ 的关系

谐振电路的幅频特性和相频特性是衡量电路特性的重要标志。

三、仪器设备

（1）电路分析实验箱一台。
（2）信号发生器一台。
（3）交流毫伏表一个。
（4）双踪示波器一台。

四、实验内容及步骤

按图 3.2.5 连接线路，电源 U_s 为低频信号发生器。将电源的输出电压接示波器的 Y_A 插座，输出电流从 R 两端取出，接到示波器的 Y_B 插座以观察信号波形，取 $L = 0.1\ \mathrm{H}$，$C = 0.5\ \mu\mathrm{F}$，$R = 10\ \Omega$，电源的输出电压 $U_s = 3\ \mathrm{V}$。

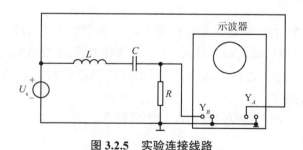

图 3.2.5　实验连接线路

1. 计算和测试电路的谐振频率

（1）$f_0 = \dfrac{1}{2\pi\sqrt{LC}}$，将 L、C 代入计算出 f_0。

（2）测试：将交流毫伏表接在 R 两端，观察 U_R 的大小，然后调整输入电源的频率，使电路达到串联谐振，当观察到 U_R 最大时电路即发生谐振，此时的频率即为 f_0（最好用数字频率计测试一下）。

2. 测定电路的幅频特性

（1）以 f_0 为中心，调整输入电源的频率在 100~2 000 Hz 变化，在 f_0 附近应多取一些测试点。采用交流毫伏表测试每个测试点的 U_R，然后计算出电流 I，并记入表 3.2.1 中。

表 3.2.1　实验数据记录表

f/Hz						f_0				
U_R/mV										
I/mA										

（2）保持 U_s =3 V，L=0.1 H，C=0.5 μF，改变 R，使 R = 100 Ω，即改变回路 Q 值，重复步骤（1）。

3. 测定电路的相频特性

仍保持 U_s =3 V，L=0.1 H，C=0.5 μF，R = 10 Ω，以 f_0 为中心，调整输入电源的频率在 100~2 000 Hz 变化。在 f_0 的两旁各选择几个测试点，从示波器上显示的电压、电流波形上测量出每个测试点电压与电流之间的相位差 $\varphi = \varphi_U - \varphi_I$，并将数据记入自拟的表格。

五、思考题

（1）用哪些实验方法可以判断电路处于谐振状态？

（2）实验中，当 RLC 串联电路发生谐振时，是否有 $U_C = U_L$ 及 $U_R = U_s$；若关系不成立，试分析其原因。

六、实验报告要求

（1）根据实验数据，在坐标纸上绘出两条不同 Q 值下的幅频特性曲线和相频特性曲线，并进行扼要分析。（计算电流 I_0 时要注意，L 不是理想电感，本身含有电阻，而且当信号的频率较高时，电感线圈有趋肤效应，电阻值会增加，可先测量出 U_C、U_s 并求出 Q，然后根据已知的 L、C 计算出总电阻。）

（2）通过实验总结 RLC 串联谐振电路的主要特点。

（3）回答思考题。

实验 3.3　三相四线有功电度表电路实验

一、实验目的

（1）了解主要电器元件的结构和作用。

（2）学会安装三相电度表和布线、接线。

（3）进一步掌握用万用表检测电路的方法。

二、实验原理

1. 三相交流电度表

1）三相交流电度表的结构

三相交流电度表的结构与单相交流电度表相似,它是把两套或三套单相电度表机构套装在同一轴上组成的,只用一个积算机构。其中,由两套组成的称为两元件电度表,由三套组成的称为三元件电度表。前者一般用于三相三线制电路,后者可用于三相三线制及三相四线制电路。

2）三相交流电度表的接线

三相交流电度表(三元件电度表)共有 11 个接线柱头,从左到右按 1、2、3、4、5、6、7、8、9、10、11 编号,其中 1、4、7 是电源相线的进线柱头,用来连接从总熔丝盒下柱头引出来的三根相线;3、6、9 是相线的出线柱头,分别去接总开关的三个进线柱头;10、11 是电源中性线的进线柱头和出线柱头;2、5、8 三个接线柱头连接 1、4、7。

2. 实验原理图

实验原理图如图 3.3.1 所示。

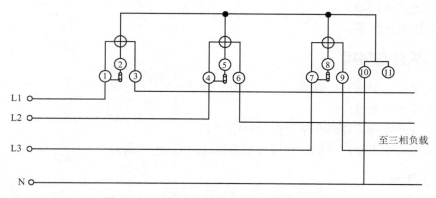

图 3.3.1　三相四线有功电度表直接安装电路

三、实验器件

实验器件见表 3.3.1。

表 3.3.1　实验器件

序号	名称	说明	数量	备注
1	380 V 电源	三相电源输出	1	
2	三相四线电度表	三相四线电度表	1	
3	电线		若干	

四、实验内容

（1）根据原理图画出接线图。

（2）根据原理图和接线图在实训柜内布线、接线。

（3）用万用表检查电路接线正确与否。

（4）故障排除。

五、实验方法

（1）熟悉实验装置的结构及原理。

（2）设计画出与原理图对应的布置图。

（3）找出实验用的元器件，熟悉其结构和原理。

（4）用万用表检测元器件的好坏。

（5）指导教师讲解知识要点和用万用表检查电路的方法，并操作示范。

（6）开始进行接线。

（7）用万用表检查接线是否正确。

（8）申请通电检验。

（9）分析测试结果。

六、实验注意事项

（1）接线时必须断开电源。

（2）相线必须接进开关。

（3）接线要牢固，不露铜，不损伤导线绝缘。

（4）使用万用表要注意挡位和量程的选择，以免烧坏万用表。

七、思考题

（1）描述三相交流电度表的结构和工作原理。

（2）三相交流电度表接线要注意哪些事项？

实验 3.4　　按钮联锁正反转控制线路实验

一、实验目的

（1）掌握三相异步电动机正反转控制线路的工作原理、接线方式和操作方法。

（2）掌握机械及电气互锁的连接方法及其在控制线路中所起的作用。

（3）掌握按钮连锁控制的三相异步电动机正反转的控制线路。

二、实验内容

（1）画出三相异步电动机正反转控制线路的原理图。

（2）画出三相异步电动机正反转控制线路的元器件布置图。

（3）熟悉常用低压电器的结构及性能。

（4）线路的接线及操作技能。

（5）线路的运行与调试。

（6）常见故障的分析及排除。

三、实验仪器

通用网孔板、组合开关、电工常用工具、三相异步电动机、热继电器、熔断器、交流接触器、按钮、接线端子、导线。

四、实验步骤

1. 画图

（1）画出三相异步电动机按钮联锁的正反转控制电气原理图,如图 3.4.1（a）所示。

（2）画出三相异步电动机按钮联锁的正反转控制线路组件布置图,如图 3.4.1（b）所示。（仅供参考）

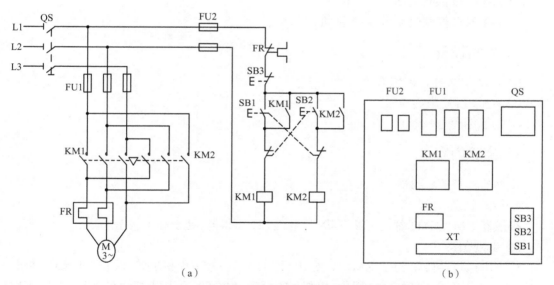

（a）　　　　　　　　　　　　（b）

图 3.4.1　三相异步电动机按钮联锁的正反转控制电气图

（a）原理图　（b）组件布置图（仅供参考）

2. 选择常用低压电器

根据电动机功率正确选择接触器、熔断器、热继电器、按钮和转换开关的型号,并列出电器元件明细表。

3. 教师示范演示

教师示范电器元件布置及接线操作,边示范边讲解。

4. 按原理图接线

教师示范结束后,学生开始在实训台桌面通用底板上插上实训元器件并规范布线。注意,先接控制回路,调试好以后,再接主电路。安装时注意各接点要牢固,且接触良好;同时要注意文明操作,保护好各电器。

5. 热继电器的整定

根据电动机的额定电流选择热继电器热元件电流,再将热继电器整定好。

6. 线路的运行与调试

连接完线路,经检查无误后,接上试车电动机进行通电试运转,掌握操作方法,观察电器及电动机的动作、运转情况。

7. 常见故障的分析与排除

运行时发现故障,要及时切断电源,再认真查找故障,掌握查找线路故障的方法;若未发现故障原因,向指导老师汇报。

实验 3.5　PLC 实验

一、实验目的

(1)用 PLC 控制电动机正反转。

(2)用 PLC 控制电动机 Y/△ 启动。

二、实验设备

(1)TVT-C7 PLC 训练装置。

(2)电动机控制实验板。

(3)连接导线一套。

三、实验内容

1. 电动机正反转控制

1)初始状态

接触器 KM1、KM2 都处于断开状态,电机 M1 不得电,处于静止状态。

2)启动操作

按下电机正转按钮 SB2,KM1 闭合,电机 M1 正转;按下电机反转按钮 SB4,KM1 断电,电机 M1 停止正转,随后 KM2 得电,电机 M1 反转。也可以先按电机反转按钮 SB4，KM2 闭合,电机 M1 反转;按下电机正转按钮 SB2，KM2 断电,电机 M1 停止反转,随后 KM1 得电,电机 M1 正转。

3)停止操作

按下停止按钮 SB1,电机 M1 无论在何种状态都将停止运行。

2. 电动机 Y/△ 启动控制

1)初始状态

接触器 KM3、KMY、KM△ 都处于断电状态,电机 M2 处于静止状态。

2)启动操作

按下启动按钮 SB2,接触器 KM3、KMY 闭合,电机 M2 实现星形启动,3 s 后 KMY 断开、KM△闭合,电机实现三角形运行。

3)停止操作

运行过程中发生过载或按下停止按钮 SB1 时,无论电机处于何种状态都将停止运行,其他设备恢复初始状态。

四、I/O 分配

(1)电动机正反转控制的 I/O 分配说明见表 3.5.1。

表 3.5.1　电动机正反转控制的 I/O 分配说明

序号	PLC 输入	输入功能说明	PLC 输出	输出功能说明
1	X1	SB1	Y1	KM1
2	X2	SB2	Y2	KM2
3	X4	SB4		
4	X5	FR1		

(2)电动机 Y/△启动控制的 I/O 分配说明见表 3.5.2。

表 3.5.2　电动机 Y/△启动控制的 I/O 分配说明

序号	PLC 输入	输入功能说明	PLC 输出	输出功能说明
1	X1	SB1	Y3	KM3
2	X2	SB2	Y4	KMY
3	X6	FR2	Y5	KM△

五、实验程序

(1)电动机正反转控制如图 3.5.1 所示。

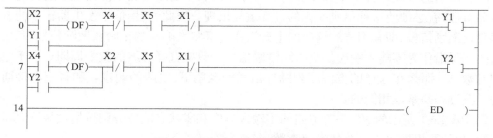

图 3.5.1　电动机正反转控制示意图

(2)电动机 Y/△启动控制如图 3.5.2 所示。

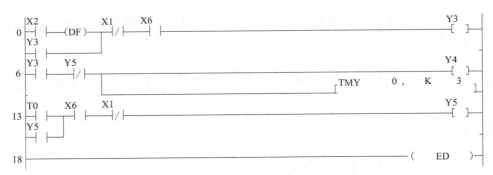

图 3.5.2　电动机 Y/△ 启动控制示意图

实验 3.6　RC 一阶电路响应测试

一、实验目的

（1）测定 RC 一阶电路的零输入响应、零状态响应及完全响应。

（2）学习电路时间常数的测量方法以及电路参数对过渡过程的影响。

（3）掌握有关微分电路和积分电路的概念。

（4）学会使用函数发生器和用示波器观测波形。

二、实验设备

（1）函数信号发生器。

（2）双踪示波器。

（3）动态电路实验板（HE-14）。

三、实验内容

含有电感、电容储能元件的电路，其响应可由微分方程求解，若响应电路中含有一个储能元件，则所列的是一阶微分方程，且电路称为一阶电路。

动态网络的过渡过程是十分短暂的单次变化过程。要用普通示波器观察过渡过程和测量有关参数，就必须使这种单次变化的过程重复出现。因此，利用信号发生器输出的方波来模拟阶跃激励信号，即利用方波输出的上升沿作为零状态响应的正阶跃激励信号，利用方波输出的下降沿作为零输入响应的负阶跃激励信号。只要选择方波的重复周期远大于电路的时间常数 τ，那么在这样的方波序列脉冲信号的激励下，电路的响应就和直流电接通与断开的过渡过程是基本相同的。

（1）图 3.6.1 所示的 RC 一阶电路的零输入响应和零状态响应分别按指数规律衰减和增长，其变化的快慢取决于电路的时间常数 τ。

（2）时间常数 τ 的测定方法：用示波器测量零输入响应的波形如图 3.6.1（b）所示，根据一阶微分方程的求解得知 $U_C = U_m e^{-t/RC} = U_m e^{-t/\tau}$。当 $t = \tau$ 时，$U_C(\tau) = 0.368U_m$。此时所对应的时间就等于 τ。亦可用零状态响应的波形增加到 $0.632U_m$ 所对应的时间测得，如图 3.6.1

（c）所示。

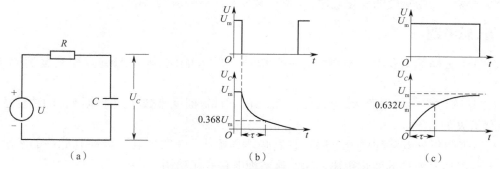

图 3.6.1　RC 一阶电路和零输入、零状态响应
（a）RC 一阶电路　（b）零输入响应　（c）零状态响应

（3）微分电路和积分电路是 RC 一阶电路中较典型的电路，它们对电路元件参数和输入信号的周期有特定的要求。一个简单的 RC 串联电路，在方波序列脉冲的重复激励下，当满足 $\tau = RC \ll T/2$ 时（T 为方波脉冲的重复周期），且由 R 两端的电压作为响应输出，则该电路就是一个微分电路，因为此时电路的输出信号电压与输入信号电压的微分成正比，如图 3.6.2（a）所示。利用微分电路可以将方波转变成尖脉冲。

若将图 3.6.2（a）中的 R 与 C 位置调换，由 C 两端的电压作为响应输出，且当电路的参数满足 $\tau = RC \gg T/2$ 时，则该 RC 电路称为积分电路，如图 3.6.2（b）所示。因为此时电路的输出信号电压与输入信号电压的积分成正比。利用积分电路可以将方波转变成三角波。

从输入输出波形来看，上述两个电路均具有波形变换的作用，请在实验过程中仔细观察与记录。

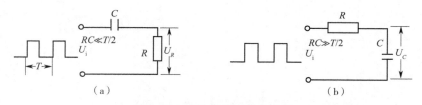

图 3.6.2　微分电路和积分电路
（a）微分电路　（b）积分电路

四、实验步骤

实验线路板的器件组件可提供需要的各种元器件，首先认清 R、C 元件的布局及其标称值，以及各开关的通断位置等。

（1）令 $R = 10\ \text{k}\Omega$，$C = 6\ 800\ \text{pF}$，组成如图 3.6.1（a）所示的 RC 充放电电路。U 为脉冲信号发生器输出的 $U = 3\ \text{V}$、$f = 1\ \text{kHz}$ 的方波电压信号，并通过两根同轴电缆线将激励源 U_i 和响应 U_C 的信号分别连至示波器的两个输入口 Y_A 和 Y_B。用示波器观察激励与响应的变化规律，计算出时间常数 τ，并描绘波形。

（2）令 $R = 10\ \text{k}\Omega$，$C = 0.1\ \text{μF}$，重复步骤（1），注意观察参数变化对响应的影响。

（3）令 C=0.01 μF，R=100 Ω，组成如图 3.6.2（a）所示的微分电路。设计不同的参数，用示波器观察激励与响应的变化规律，并观察参数变化对响应的影响。

五、思考题

（1）什么样的电信号可作为 RC 一阶电路零输入响应、零状态响应和完全响应的激励源？

（2）已知 RC 一阶电路 R=10 kΩ，C=0.1 μF，试计算时间常数 τ，并根据 τ 值的物理意义，拟定测量 R 的方案。

（3）何谓积分电路和微分电路？它们必须具备什么条件？在方波序列脉冲的激励下，它们的输出信号波形的变化规律如何？这两种电路有何功用？

六、注意事项

（1）调节电子仪器各旋钮时，动作不要过快、过猛。实验前，需熟读双踪示波器的使用说明书。观察双踪示波器时，要特别注意相应开关、旋钮的操作与调节。

（2）信号源的接地端与示波器的接地端要连在一起（称共地），以防外界干扰而影响测量的准确性。

（3）示波器的辉度不应过亮，尤其是光点长期停留在荧光屏上不动时，应将辉度调暗，以延长示波管的使用寿命。

第4章　流体力学

实验 4.1　静水力学实验

一、实验目的

（1）掌握用测压管测量流体静压强的技能。

（2）验证不可压缩流体静力学基本方程。

（3）通过对诸多流体静力学现象的实验分析和研讨,进一步提高解决静力学实际问题的能力。

二、实验内容

（1）搞清仪器组成及其用法。

（2）记录仪器号及各常数。

（3）量测点静压强（各点压强用厘米水柱高度表示）。

（4）测出测压管插入小水杯中的深度。

（5）测定油的比重（重量与体积的比值）和相对密度。

三、实验要求

采用集中授课的形式。

四、实验准备

（1）实验前认真阅读实验教材,掌握与实验相关的基本理论知识。

（2）熟练掌握实验内容、方法和步骤,按规定进行实验操作。

（3）仔细观察实验现象,记录实验数据。

（4）分析计算实验数据,提交实验报告。

五、实验原理

根据重力作用下不可压缩流体静力学基本方程进行实验,即

$$z + \frac{p}{\gamma} = C \quad （C 为常数）\tag{4.1-1}$$

或

$$p = p_0 + \gamma h \tag{4.1-2}$$

式中:z 为被测点在基准面以上的相对位置高度（m）;p 为被测点的静压强（Pa）;p_0 为水箱中

液面的表面压强(Pa);γ 为液体的比重(N/m³);h 为被测点的液体深度(m)。

对装有水、油的 U 形测压管,应用等压面可得油的相对密度 s_0:

$$s_0 = \frac{\gamma_0}{\gamma_w} = \frac{h_1}{h_1 + h_2} \tag{4.1-3}$$

式中:s_0 为油的相对密度,量纲为 1;γ_0 为油的比重(N/cm³);γ_w 为水的比重(N/cm³);h_1 和 h_2 分别如图 4.1.1 和图 4.1.2 所示。

据此可用仪器直接测得 s_0。

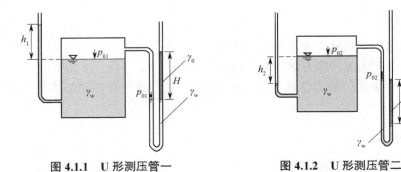

图 4.1.1　U 形测压管一　　　　　　　图 4.1.2　U 形测压管二

六、实验条件

本实验装置如图 4.1.3 所示。

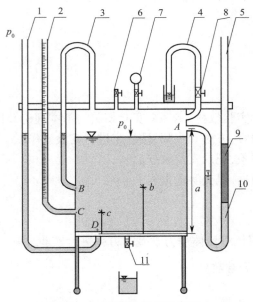

图 4.1.3　静水力学实验装置

1—测压管;2—带标尺测压管;3—连通管;4—真空测压管;5—U 形测压管;
6—通气阀;7—加压打气球;8—截止阀;9—油柱;10—水柱;11—减压放水阀

说明：

（1）所有测压管液面标高均以标尺（测压管 2）零点为基准；

（2）仪器铭牌所注 ∇_B、∇_C、∇_D 是测点 B、C、D 的标高,若同时取标尺零点作为静力学基本方程的基准,则 ∇_B、∇_C、∇_D 亦为 z_B、z_C、z_D。

七、实验步骤

（1）搞清仪器组成及其用法,具体包括以下内容。

①各阀门的开关。

②加压方法:关闭所有阀门（包括截止阀）,然后用打气球充气。

③减压方法:开启筒底减压放水阀 11 放水。

④检查仪器密封性:加压后检查测压管 1、2、5 液面高程是否恒定,若下降,表明漏气,应查明原因并加以处理

（2）记录仪器号及各常数（记入表 4.1.1 中）。

（3）量测点静压强（各点压强用厘米水柱高度表示）。

①打开通气阀 6（此时 $p_0 = 0$）,记录水箱液面标高 ∇_0 和测压管 2 液面标高 ∇_H（此时 $\nabla_0 = \nabla_H$）。

②关闭通气阀 6 及截止阀 8,加压使 $p_0 > 0$,测记 ∇_0 及 ∇_H。

③打开放水阀 11,使 $p_0 < 0$（重复实验中要求其中一次 $p_B < 0$,即 $\nabla_H < \nabla_B$）,测记 ∇_0 及 ∇_H。

（4）测出测压管插入小水杯中的深度。

（5）测定油比重。

①开启通气阀 6,测记 ∇_0。

②关闭通气阀 6,打气加压（$p_0 > 0$）,微调放气螺母使 U 形管中水面与油水交界面齐平（图 4.1.1）,测记 ∇_0 及 ∇_H（此过程反复进行 3 次）。

③打开通气阀,待液面稳定后,关闭所有阀门,然后开启放水阀 11 降压（$p_0 < 0$）,使 U 形管中的水面与油面齐平（图 4.1.2）,测记 ∇_0 及 ∇_H（此过程亦反复进行 3 次）。

八、思考题

（1）什么是水头?

（2）同一静止液体内的测压管水头线是一根什么线?

九、实验报告及要求

（1）记录有关常数（各测点的标尺读数）。

（2）分别求出各次测量时 A、B、C、D 点的压强,并选择一个基准以检验同一静止液体内的任意两点的 $z + \dfrac{p}{\gamma}$ 是否为常数。（表 4.1.1）

（3）求出油的相对密度和比重。（表 4.1.2）

（4）测出测压管插入小水杯中的深度。

表 4.1.1　静水压强测量记录及计算　　　　　　　　　　　　单位:cm

实验条件	次序	∇_0	∇_H	压强水头				测压管水头	
				$\dfrac{p_A}{\gamma}=\nabla_H-\nabla_0$	$\dfrac{p_B}{\gamma}=\nabla_H-\nabla_B$	$\dfrac{p_C}{\gamma}=\nabla_H-\nabla_C$	$\dfrac{p_D}{\gamma}=\nabla_H-\nabla_D$	$z_C+\dfrac{p_C}{\gamma}$	$z_D+\dfrac{p_D}{\gamma}$
$p_0=0$	1								
$p_0>0$	1								
	2								
	3								
$p_0<0$（其中一次 $p_B<0$）	1								
	2								
	3								

注:表中基准面选在_____;z_C=_____cm;z_D=_____cm。

表 4.1.2　油的相对密度测量记录及计算

实验条件	次序	∇_0	∇_H	$h_1=\nabla_H-\nabla_0$	$\overline{h_1}$	$h_2=\nabla_0-\nabla_H$	$\overline{h_2}$	$\dfrac{\gamma_0}{\gamma_w}=\dfrac{\overline{h_1}}{\overline{h_1}+\overline{h_2}}$
$p_0>0$ 且 U 形测压管中水面与油水交界面齐平	1					—		
	2							$s_0=$_____;
	3							$\gamma_0=$_____ N/cm³
$p_0<0$ 且 U 形测压管中水面与油面齐平	1				—			
	2							
	3							

实验 4.2　能量方程的验证

一、实验目的

（1）验证流体恒定总流的能量方程。

（2）通过对动力学诸多水力现象的实验分析和研讨,进一步掌握有压管流中动水力学的能量转换特性。

（3）掌握流速、流量、压强等动水力学要素的基本实验测量方法。

二、实验内容

（1）流速、流量、压强的基本测量方法。

（2）各水头的测量方法及相互关系。

（3）能量方程的物理意义。

三、实验要求

（1）了解普通测压管和毕托管的差异。

（2）熟悉与能量方程有关的各水头的定义。

（3）掌握能量方程的物理意义。

四、实验准备

（1）熟悉实验设备，了解普通测压管和毕托管的差异。

（2）熟悉实验内容，了解各种水头的定义。

五、实验原理

在实验管路中沿管内水流方向取 n 个过流断面，列出进口断面（1）至另一断面（i）的能量方程式（$i=2,3,\cdots,n$）：

$$z_1 + \frac{p_1}{\gamma} + \frac{\alpha_1 v_1^2}{2g} = z_2 + \frac{p_2}{\gamma} + \frac{\alpha_2 v_2^2}{2g} + h_{w1-2} \qquad (4.2\text{-}1)$$

取各断面的动能修正系数 $\alpha_1 = \alpha_2 = \cdots = \alpha_n = 1$，选定基准面，从已设置的各断面的测压管读出 $z + \dfrac{p}{\gamma}$ 值，测出通过管路的流量，即可计算出断面平均流速 v 及 $\dfrac{\alpha v^2}{2g}$，从而即可得到各断面测压管水头和总水头。

六、实验条件

能量方程实验装置如图 4.2.1 所示。

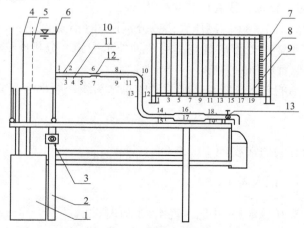

图 4.2.1　自循环伯努利实验装置

1—自循环供水器；2—实验台；3—可控硅无级调速器；4—溢流板；5—稳水孔板；6—恒压水箱；
7—测压计；8—滑动测量尺；9—测压管；10—实验管道；11—测压点；12—毕托管；13—流量调节阀

本装置用到以下两种测压管。

（1）毕托管测压管（表 4.2.1 中标"*"者）用以测读毕托管探头对准点的总水头 $H'(z+\dfrac{p}{\gamma}+\dfrac{u^2}{2g})$，必须注意一般情况下 H' 与断面总水头 $H(z+\dfrac{p}{\gamma}+\dfrac{v^2}{2g})$ 不同（因一般 $u \neq v$ ），H' 的水头线只能定性表示总水头的变化趋势。

（2）普通测压管（表 4.2.1 中未标"*"者）用以定量量测测压管水头。

实验流量用流量调节阀 13 调节，流量由体积时间法（量筒、秒表另备）、重量时间法（电子秤另备）或电测法测量。

七、实验步骤

（1）熟悉实验设备，分清哪些测压管是普通测压管，哪些是毕托管测压管，以及两者功能的区别。

（2）打开开关供水，使水箱充水，待水箱溢流，检查调节阀关闭后所有测压管水面是否平齐，如不平须查明故障原因（如连通管受阻、漏气或夹气泡等），并加以排除，直至调平。

（3）打开流量调节阀 13，观察思考：①测压管水头线和总水头线的变化趋势；②位置水头、压强水头之间的关系；③测点 2、3 测压管水头是否相同，为什么？④测点 12、13 测压管水头是否不同，为什么？⑤当流量增加或减少时，测压管水头的变化趋势。

（4）改变流量调节阀 13 的开度，待流量稳定后，记录各测压管液面读数，同时记录实验流量（毕托管供演示用，不必记录读数）。

（5）改变流量两次，重复上述测量，其中一次流量调节阀 13 的开度大到使 19 号测压管液面接近标尺零点。

八、思考题

（1）测压管水头线和总水头线的变化趋势有何不同？为什么？

（2）流量增加，测压管水头线有何变化？为什么？

（3）测点 2、3 和测点 10、11 的测压管读数分别说明了什么问题？

（4）避免喉管（测点 7）处形成真空有哪几种技术措施？分析改变作用水头（如抬高或降低水箱的水位）对喉管压强的影响。

（5）毕托管所显示的总水头线与实测绘制的总水头线一般都略有差异，试分析其原因。

九、实验报告

（1）记录与实验有关的常数。（表 4.2.1）

（2）测量 $\left(z+\dfrac{p}{\gamma}\right)$ 并记入表 4.2.2。

（3）计算流速水头和总水头，并记入表 4.2.3 和表 4.2.4。

（4）绘制最大流量下的总水头线 E—E 和测压管水头线 P—P（轴向尺寸参见图 4.2.2，总水头线和测压管水头线绘在图 4.2.2 上）。

表 4.2.1　实验数据记录表

实验台装置编号：_____　均匀段 D_1=_____ cm　缩管段 D_2=_____ cm　扩管段 D_3=_____ cm

测点编号	1*	2 3	4	5	6* 7	8* 9	10 11	12* 13	14* 15	16* 17	18* 19
管径/cm											
两点距离/cm		4	4	6	6	4	13.5	6	10	29	16	16

注：①测点 5、7 所在断面内径为 D_2，测点 15、17 所在断面内径为 D_1。
　　②标"*"者为毕托管测点（测点编号见图 4.2.1）。
　　③测点 2、3 为直管均匀段同一断面上的两个测点，10、11 为弯管非均匀段同一断面上的两个测点。

表 4.2.2　$\left(z+\dfrac{p}{\gamma}\right)$ 与 Q 记录表

实验次序	各测点 $\left(z+\dfrac{p}{\gamma}\right)$/cm											$Q/(\mathrm{cm^3/s})$
	2	3	4	5	7	9	10	11	13	15	17	19	
1													
2													
3													

注：基准面选在标尺的零点上。

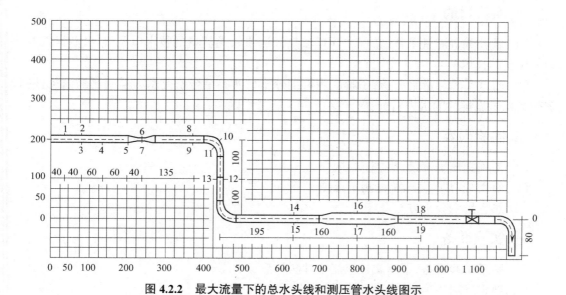

图 4.2.2　最大流量下的总水头线和测压管水头线图示

提示：

（1）P—P 段依表 4.2.2 绘制，其中测点 10、11、13 数据不用；

（2）E—E 段依表 4.2.3 和表 4.2.4 数据绘制，其中测点 10、11 数据不用；

（3）在等直径管段，E—E 与 P—P 线平行。

表 4.2.3　流速水头

管径 d/cm	$Q_1=$_____cm³/s			$Q_2=$_____cm³/s			$Q_3=$_____cm³/s		
	A/cm²	u/(cm/s)	$\dfrac{u^2}{2g}$/cm	A/cm²	u/(cm/s)	$\dfrac{u^2}{2g}$/cm	A/cm²	u/(cm/s)	$\dfrac{u^2}{2g}$/cm

表 4.2.4　总水头 $\left(z+\dfrac{p}{\gamma}+\dfrac{\alpha u^2}{2g}\right)$

测点编号										Q/(cm³/s)
实验次序	1									
	2									
	3									

实验 4.3　文丘里流量计流量测量实验

一、实验目的

（1）通过测量流量系数,掌握文丘里流量计测量管道流量的技术以及气-水多管压差计测量压差的技术。

（2）通过实验与量纲分析,了解应用量纲分析与实验结合研究水力学问题的途径,进而掌握文丘里流量计的水力特征。

二、实验内容

（1）使用文丘里流量计测量流量。

（2）使用气-水多管压差计测量压差。

（3）熟悉量纲分析方法。

三、实验准备

（1）熟悉实验设备,了解文丘里流量计测量流量的原理。

（2）熟悉气-水多管压差计测量压差的原理。

（3）熟悉量纲分析方法的基本原理。

四、实验原理

根据能量方程和连续性方程,可得不计阻力作用时的文丘里流量计算式,即

$$Q' = \frac{\frac{\pi}{4}d_1^2}{\sqrt{\left(\frac{d_1}{d_2}\right)^4 - 1}}\sqrt{2g\left[\left(z_1 + \frac{p_1}{\gamma}\right) - \left(z_2 + \frac{p_2}{\gamma}\right)\right]} = K\sqrt{\Delta h} \tag{4.3-1}$$

$$K = \frac{\frac{\pi}{4}d_1^2\sqrt{2g}}{\sqrt{\left(\frac{d_1}{d_2}\right)^4 - 1}} \tag{4.3-2}$$

$$\Delta h = \left(z_1 + \frac{p_1}{\gamma}\right) - \left(z_2 + \frac{p_2}{\gamma}\right) \tag{4.3-3}$$

式中：Δh 为两断面测压管水头差。

由于阻力的存在，实际通过的流量 Q 恒小于 Q'，引入一无量纲系数 $\mu = Q/Q'$（μ 称为流量系数），对计算所得的流量值进行修正，即

$$Q = \mu Q' = \mu K\sqrt{\Delta h} \tag{4.3-4}$$

另由静力学基本方程可得气-水多管压差计的 Δh 为

$$\Delta h = h_1 - h_2 + h_3 - h_4 \tag{4.3-5}$$

式中：h_1、h_2、h_3、h_4 分别为各测压管（图 4.3.1 中的 9）液面读数。

五、实验条件

文丘里流量计实验装置如图 4.3.1 所示。

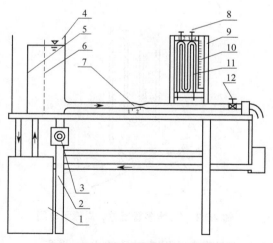

图 4.3.1　文丘里流量计实验装置

1—自循环供水器；2—实验台；3—可控硅无级调速器；4—恒压水箱；5—溢流板；6—稳水孔板；
7—文丘里实验管段；8—气阀；9—多管压差计；10—滑尺；11—多管压差计；12—流量调节阀

在文丘里流量计的两个测量断面上，分别有 4 个测压孔与相应的均压环连通，经均压环均压后的断面压强由气-水多管测压计 9 测量（亦可用电测仪测量）。

六、实验步骤

（1）打开电源开关，全关流量调节阀 12，检核测压管液面读数是否为 0，不为 0 时，应查出原因并予以排除。

（2）全开流量调节阀 12，检查各测压管液面是否都处在滑尺读数范围内。否则，按下列步序调节：拧开气阀 8，将清水注入测压管 2、3，待 $h_1 = h_3 = 24$ cm；打开电源开关充水，待连通管无气泡，逐渐关流量调节阀 12，并调开关 3 至 $h_1 = h_3 = 28.5$ cm，即迅速拧紧气阀 8。

（3）全开流量调节阀 12，待水流稳定后，读取各测压管液面读数 h_1、h_2、h_3、h_4，并用秒表、量筒测定流量。

（4）逐次关小流量调节阀 12，改变流量 7~9 次，重复步骤（3），注意应缓慢调节阀门。

（5）把测量值记录在实验表格内，并进行有关计算，如测管内液面波动，则应取均值。

（6）实验结束，需按步骤（2）校核压差计是否回零。

七、思考题

（1）本实验中影响文丘里管流量系数大小的因素有哪些？哪个因素最敏感？对本实验中的管道而言，若因加工精度影响，误将（d_2-0.01）值取代上述 d_2 值时，最大流量下的 μ 值将变为多少？

（2）为什么计算流量与实际流量不相等？

（3）试证气-水多管压差计有下列关系（相关物理量见图 4.3.2）：

$$\Delta h = \left(z_1 + \frac{p_1}{\gamma} \right) - \left(z_2 + \frac{p_2}{\gamma} \right) = h_1 - h_2 + h_3 - h_4 \tag{4.3-6}$$

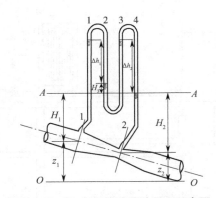

图 4.3.2　气-水多管压差计原理示意图

（4）试应用量纲分析方法阐明文丘里流量计的水力特征。

（5）文丘里管喉颈处容易产生真空，允许的最大真空度为 6~7 mH$_2$O，工程中应用文丘里管时，应检验其最大真空度是否在允许范围内。根据你的实验成果，分析本实验流量计喉颈处的最大真空度为多少？

八、实验报告

（1）记录、计算：实验装置台号、d_1、d_2、水温 t、v、水箱液面标尺值 ∇_0、管轴线高程标尺值 ∇。

（2）整理记录和计算，相关数值填入表 4.3.1 和表 4.3.2。

（3）用方格纸绘制 Q-Δh 曲线图与 Re-μ 曲线图，分别取 Δh、μ 为纵坐标。

表 4.3.1　局部水头损失实验记录表

次序	测压管读数/cm				水量 Q/(cm³/s)	测量时间/s
	h_1	h_2	h_3	h_4		
1						
2						
3						
4						
5						
6						
7						
8						
9						

表 4.3.2　局部水头损失实验计算表（ $K=$_____ cm²/s ）

次序	Q/(cm³/s)	$\Delta h = h_1 - h_2 + h_3 - h_4$/cm	Re	$Q' = K\sqrt{\Delta h}$ /(cm³/s)	$\mu = \dfrac{Q}{Q'}$
1					
2					
3					
4					
5					
6					
7					
8					
9					

九、注意事项及其他说明

（1）严格按照实验要求进行实验。

（2）严格按照统一的实验数据记录格式记录数据。

实验 4.4　雷诺实验

一、实验目的

雷诺实验是流体力学中非常著名的实验。通过该实验,可进一步加深对层流和紊流的理解,学习古典流体力学中应用无量纲参数进行实验研究的方法,并了解其实用意义。

二、实验内容

(1)观察层流、紊流的流态及其转换特征。
(2)测定临界雷诺数,掌握圆管流态判别准则。

三、实验要求

根据本实验的特点,采用集中授课的形式和分组实验的方式,每个实验小组 2 人。

四、实验准备

参加实验的学生,应在实验前认真学习流体力学课程中有关流态方面的知识,复习课程中的相关内容。

五、实验原理

雷诺数的计算:

$$Re = \frac{vd}{\nu} = \frac{4Q}{\pi d \nu} = KQ \tag{4.4-1}$$

$$K = \frac{4}{\pi d \nu} \tag{4.4-2}$$

式中:v 为液体在管道中的流速(m/s);d 为管道内径(m);ν 为液体的运动黏度(m²/s);Q 为液体流量(m³/s);K 为常数。

打开图 4.4.1 中的开关 3,使水箱充水至溢流水位,经稳定后,微微开启流量调节阀 9,并将有色水注入实验管内,使有色水流为一直线,通过有色水质点的运动观察管内水流的层流流态,然后逐步开大流量调节阀 9,通过有色水直线的变化观察层流转变到紊流的水力特征,待管中出现完全紊流后,再逐步关小流量调节阀 9,观察由紊流转换为层流的水力特征。

供水流量由无级调速器调控使恒压水箱 4 始终保持微溢流的程度,以提高进口前水体的稳定度,恒压水箱 4 还设有多道稳水隔板,可使稳水时间缩短到 3~5 min,有色水经有色水水管 5 注入实验管道 8,可根据有色水散开与否判别流态。为防止自循环水污染,有色指示水采用自行消色的专用有色水。

六、实验装置

本实验装置如图 4.4.1 所示。

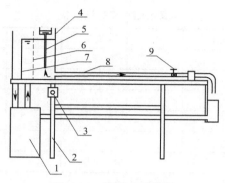

图 4.4.1　雷诺实验装置

1—自循环供水器;2—实验台;3—可控硅无级调速器;4—恒压水箱;5—有色水水管;
6—稳水孔板;7—溢流板;8—实验管道;9—流量调节阀

七、实验步骤

（1）测记本实验的有关常数。

（2）观察两种流态。

（3）测定下临界雷诺数。

①将流量调节阀 9 开大,使管中呈完全紊流;再逐步关小流量调节阀 9,使流量减小,当流量调节到使有色水在全管刚呈现出一稳定直线时,即为下临界状态。

②待管中出现下临界状态,用体积法或电测法测定流量。

③根据所测流量计算下临界雷诺数,并与公认值比较,若偏离过大,需重测。

④重新打开流量调节阀 9,使其形成完全紊流,按照上述步骤重复不少于 3 次。

⑤同时用水箱中的温度计测记水温,从而求得水的运动黏度。

八、思考题

（1）流态判据为何采用无量纲数,而不采用临界流速?

（2）为何认为上临界雷诺数无实际意义,而采用下临界雷诺数作为层流与紊流的判据? 实测下临界雷诺数为多少?

（3）雷诺实验得出的圆管流动下临界雷诺数为 2 320,而目前有些教科书中介绍采用的下临界雷诺数是 2 000,原因是什么?

（4）试结合紊动机理实验,理解由层流过渡到紊流的机理。

（5）分析层流和紊流在运动学特性和动力学特性方面各有何差异。

九、实验报告

（1）记录、计算:管径、水温、运动黏度和常数 K。

（2）实测下临界雷诺数。

（3）整理、记录和计算相关数据并填入表 4.4.1。

表 4.4.1　实验记录表

实验序号	有色水线形态	水体积	时间	流量	雷诺数	阀门开度增或减	备注

在实验完成一周内提交实验报告,实验报告包括实验目的、实验内容、实验原理、实验方法和手段、实验条件、实验步骤等。同时,按要求记录整理实验数据,并对思考题进行解答。

十、注意事项及其他说明

(1)每调节阀门一次,均需等待稳定几分钟。

(2)关小阀门的过程中,只许渐小,不许开大。

(3)随出水流量减小,应适当调小开关,以减小溢流量引发的扰动。

(4)测定上临界雷诺数时,逐渐开启流量调节阀,使管中水流由层流过渡到紊流,当有色水线刚开始散开时,即为上临界状态,测定上临界雷诺数 1~2 次。

实验 4.5　沿程水头损失测定实验

一、实验目的

通过实验可加深对圆管层流和紊流的沿程损失随平均流速变化的规律的理解,掌握管道沿程阻力系数的量测技术和应用气-水压差计及电测仪测量压差的方法,并分析其合理性,深刻理解课堂所学的知识,提高实验成果的分析能力。

二、实验内容

(1)加深了解圆管层流和紊流的沿程损失随平均流速变化的规律,并绘制 $\lg h_f$-$\lg v$ 曲线。

(2)掌握管道沿程阻力系数的量测技术和应用气-水压差计及电测仪测量压差的方法。

(3)将测得的 Re-λ 关系与穆迪(Moody)图对比,分析其合理性。

三、实验要求

本实验在中央空调实验台上进行,根据本实验的特点,采用集中授课形式,每个小组不超过 2 人。

四、实验准备

（1）对照装置图和说明,弄清各组成部件的名称、作用及工作原理,检查蓄水箱水位是否够高及旁通阀 12 是否已关闭,否则予以补水并关闭阀门,记录有关实验常数、工作管内径和实验管长(标注于蓄水箱上)。

（2）启动水泵,本供水装置采用自动水泵,接通电源,全开旁通阀 12,打开供水阀 11,水泵自动开启供水。

（3）调通量测系统。

五、实验原理

由达西公式:

$$h_\mathrm{f} = \lambda \frac{L}{d} \frac{v^2}{2g} \qquad (4.5\text{-}1)$$

$$\lambda = \frac{2gdh_\mathrm{f}}{L} \frac{1}{v^2} = \frac{2gdh_\mathrm{f}}{L} \left(\frac{\pi d^2}{4Q}\right)^2 = K \frac{h_\mathrm{f}}{Q^2} \qquad (4.5\text{-}2)$$

$$K = \frac{\pi^2 g d^5}{8L} \qquad (4.5\text{-}3)$$

以及能量方程对水平等直径管可得

$$h_\mathrm{f} = \frac{p_1 - p_2}{\gamma} \qquad (4.5\text{-}4)$$

压差可用压差计或电测仪测得,对于多管式水银压差有下列关系:

$$h_\mathrm{f} = \frac{p_1 - p_2}{\gamma_\mathrm{w}} = \left(\frac{\gamma_\mathrm{m}}{\gamma_\mathrm{w}} - 1\right)(h_2 - h_1 + h_4 - h_3) = 12.6\Delta h_\mathrm{m} \qquad (4.5\text{-}5)$$

$$\Delta h_\mathrm{f} = h_2 - h_1 + h_4 - h_3 \qquad (4.5\text{-}6)$$

式中:γ_m、γ_w 分别为水银和水的比重;Δh_m 为汞柱总差。

根据压差测法的不同,有以下两种形式。

（1）压差计测压差,低压差用水压差计量测,高压差用水银多管式压差计量测。

（2）电子量测仪测压差,低压差仍用水压差计量测,而高压差用电子量测仪(简称电测仪)量测。与形式(1)相比,该形式唯一的不同在于水银多管式压差计被电测仪所取代。

六、实验条件

本实验装置如图 4.5.1 所示。

1. 自动水泵与稳压器

自循环高压恒定全自动供水器(图 4.5.2)由离心泵、自动压力开关、气-水压力罐式稳压器等组成,压力超高时能自动停机,过低时能自动开机,为避免因水泵直接向实验管道供水而造成压力波动等影响,离心泵输水先进入稳压器的压力罐,经稳压后再送入实验管道。

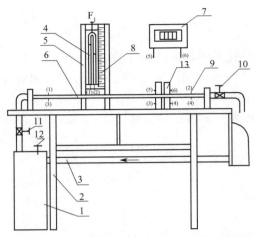

图 4.5.1　自循环沿程水头损失实验装置图

1—自循环高压恒定全自动供水器；2—实验台；3—回水管；4—水差压计；
5—测压计；6—实验管道；7—水银差压计；8—滑动测量尺；9—测压点；
10—流量调节阀；11—供水阀；12—旁通阀；13—稳压筒

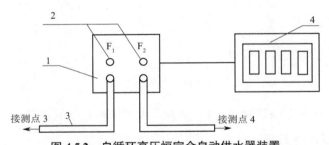

图 4.5.2　自循环高压恒定全自动供水器装置

1—压力传感器；2—排气旋钮；3—连通管；4—主机

2. 旁通管与旁通阀

由于本实验装置所采用水泵的特性，在供小流量时有可能时开时停，从而造成供水压力的较大波动，为了避免这种情况出现，供水器设有与蓄水箱直通的旁通管（图中未标出）。通过分流可使水泵持续稳定运行，旁通管中设有调节分流量至蓄水箱的阀门，即旁通阀。实验流量随旁通阀开度减小（分流量减小）而增大，实际上旁通阀是本实验装置调节流量的重要阀门之一。

3. 稳压筒

为了简化排气，并防止实验中再进气，在传感器前连接稳压筒，其由 2 个充水（不满顶）、密封的立筒构成。

4. 电测仪

电测仪由压力传感器和主机两部分组成，经由连通管接入测点，压差读数（以厘米水柱为单位）通过主机显示。

七、实验步骤

（1）夹紧水压计止水夹，打开出水阀 10 和进水阀 11（逆时针），关闭旁通阀 12（顺时针），启动水泵排除管道中的气体。

（2）全开阀 12，关闭阀 10，松开水压计止水夹，并旋松水压计的旋塞，排除水压计中的气体。随后，关闭阀 11，打开阀 10，待水压计的液面降至标尺零指示附近即旋紧。再次开启阀 11，并立即关闭阀 10，稍候片刻检查水压计是否齐平，如不平则应进行重调。

（3）当水压计齐平时，可旋开电测仪排气旋钮，对电测仪的连接水管通水、排气，并将电测仪调至显示"000"。

（4）实验装置通水、排气后，即可进行实验测量，在阀 12、阀 11 全开的前提下，逐次开大阀 10，每次调节流量时，均需稳定 2~3 min，流量越小，稳定时间越长，测量流量的时间不少于 10 s；测量流量的同时，需测记水压计（或电测仪）、温度计（应挂在水箱中）等的读数。

层流段：应在水压计 Δh 约为 20 mmH$_2$O（夏季）和 Δh 约为 30 mmH$_2$O（冬季）的量程范围内，测记 3~5 组数据。

紊流段：夹紧水压计止水夹，开大流量，用电测仪记录值，每次增量可按 Δh 约为 100 mmH$_2$O 递加，直至测出最大的 h_f 值。阀的操作次序是，当阀 11、阀 10 开至最大后，逐次关阀 12，直至 h_f 显示最大值。

（5）结束实验前，应全开阀 12，关闭阀 10，检查水压计和电测仪是否指示为零，若均为零，则关闭阀 11，切断电源；否则，表明压力计已进气，需重做实验。

八、思考题

（1）为什么压差计的水柱就是沿程水头损失？如实验管道倾斜安装，是否影响实验成果？

（2）根据实测值判别本实验的流区。

（3）实际工程中钢管中流体的流动大多在光滑区或过渡区，而水电站泄洪洞中水的流动大多在紊流阻力平方区，其原因何在？

（4）管道的当量粗糙度如何测得？

（5）本次实验结果与穆迪图是否吻合？试分析其原因。

九、实验报告

（1）根据实验成果及要求，查询圆管直径、量测段长度等已知参数。

（2）记录及计算相关参数并填入表 4.5.1。

（3）绘图分析。绘制 $\lg h_f$-$\lg v$ 曲线，确定指数关系值 m 的大小。在厘米纸上以 $\lg v$ 为横坐标，以 $\lg h_f$ 为纵坐标，绘制所测的 $\lg h_f$-$\lg v$ 关系曲线，根据具体情况连成一段或几段直线，并求厘米纸上直线的斜率，即

$$m = \frac{\lg h_{f2} - \lg h_{f1}}{\lg v_2 - \lg v_1} \qquad (4.5\text{-}7)$$

（4）将从图上求得的 m 值与已知各流区的 m 值（层流区 $m=1$，光滑管流区 $m=1.75$，粗糙管紊流区 $m=2$，紊流过渡区 $m=1.75\sim2.0$）进行比较，确定流区。

表 4.5.1　实验数据记录及计算表

次序	体积	时间	流量	流速	水温	黏度	雷诺数	比压计、电测仪读数		沿程损失	沿程阻力系数	$Re<2\,320$
								h_1	h_2			
1												
2												
3												
4												
5												
6												
7												
8												
9												
10												
11												
12												
13												
14												

实验 4.6　管道局部水头损失测定实验

一、实验目的

（1）掌握测定管道局部水头损失系数 ζ 的方法。

（2）将管道局部水头损失系数的实测值与理论值进行比较。

（3）观测管径突然扩大时旋涡区测压管水头线的变化情况和水流情况，以及其他各种边界突变情况下的测压管水头线的变化情况。

二、实验原理

水流经过局部流段时，由于边界形状的急剧改变，水流将与边界发生分离并出现旋涡，同时水流流速分布发生变化，因而将消耗一部分机械能。由于边界形状的急剧改变而消耗的这部分机械能，以单位质量液体的平均能量损失来表示，即局部水头损失（忽略局部的沿程水头损失）。边界形状的改变有过水断面的突然扩大或突然缩小、弯道及管路上安装有阀门等情况。局部水头损失常用流速水头与局部水头损失系数 ζ 的乘积表示：

$$h_j = \zeta \frac{v^2}{2g} \qquad\qquad\qquad\qquad (4.6\text{-}1)$$

系数 ζ 是流动形态与边界形状的函数。一般水流 Re 足够大时,可认为系数 ζ 不再随 Re 而变化,而看作常数。

目前,仅管道突然扩大的局部水头损失系数可采用理论分析,得出足够精确的结果;其他情况则需要用实验方法测定 ζ 值。圆管突然扩大的局部水头损失可应用动量方程、能量方程以及连续性方程联合求解得到如下公式:

$$h_j = \zeta_2 \frac{v_2^2}{2g}, \quad \zeta_2 = \left(\frac{A_2}{A_1} - 1\right)^2 \qquad\qquad (4.6\text{-}2)$$

或

$$h_j = \zeta_1 \frac{v_1^2}{2g}, \quad \zeta_1 = \left(1 - \frac{A_1}{A_2}\right)^2 \qquad\qquad (4.6\text{-}3)$$

式中:A_1 和 v_1 分别为突然扩大上游管段的断面面积和平均流速;A_2 和 v_2 分别为突然扩大下游管段的断面面积和平均流速;$A_1 < A_2$。

三、实验设备

本实验设备及各部分名称如图 4.6.1 所示。

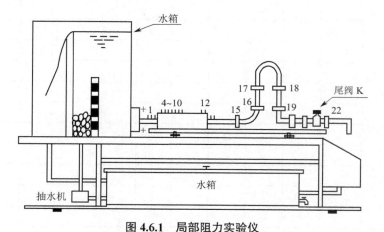

图 4.6.1　局部阻力实验仪

四、实验步骤

(1)熟悉仪器,记录管道直径 D 和 d。

(2)检查各测压管的橡皮管接头是否漏水。

(3)启动水泵,打开进水阀门,使水箱充水,并保持溢流,使水位恒定。

(4)检查尾阀 K 全关时测压管的液面是否齐平,若不平,则需排气调平。

(5)慢慢打开尾阀 K,调出在测压管量程范围内较大的流量,待流动稳定后,记录各测压管液面标高,用体积法或用电子流量仪测量管道流量。

（6）调节尾阀 K 以改变流量,并重复测量 3 次。

五、注意事项

（1）实验数据必须在水流稳定后方可进行记录。

（2）计算局部水头损失系数时,应注意选择相应的流速水头;所选择的量测断面应选在渐变流上,尤其下游断面应选在旋涡区的末端,即主流恢复并充满全管的断面上。

六、实验数据处理

（1）记录及计算管道突然扩大局部水头损失系数（见表 4.6.1）。

表 4.6.1　管道局部水头损失实验数据记录及计算表

大管道直径 $D=$ _____ cm 　　　　小管道直径 $d=$ _____ cm 　　　　实验台编号为 _____

管段	测管编号		体积 V	时间 t	流量 Q	流速 $v_上$	流速 $v_下$	水头 $h_上$	水头 $h_下$	$h_上-h_下$	h_j	$\zeta_{上测}$	$\zeta_{上理}$	$\bar{\zeta}_测$
	上游	下游												
突扩														
突缩														
90° 弯管														
180° 弯管														
直角 弯管														

注:时间和长度的单位建议分别为 s 和 cm。

（2）将实测的局部水头损失系数与理论计算值进行比较,并分析产生误差的原因。

七、思考题

（1）试分析实测 h_j 与理论计算 h_j 有什么不同。原因何在?

（2）在不忽略管段的沿程水头损失 h_f 的情况下,所测出的 $\zeta_测$ 与实际的 ζ 相比较,$\zeta_测$ 是偏大还是偏小? 使用此值是否可靠?

（3）当三段管道串联时,如图 4.6.1 所示,在同一流量情况下,管道突然扩大的 h_j 是否一定大于管道突然缩小的 h_j?

（4）对于不同的 Re,局部水头损失系数 ζ 是否相同? 通常 ζ 是否为一常数?

（5）如果管路系统改成垂直安装,对各个局部水头损失系数是否有影响? 为什么?

实验 4.7 孔口与管嘴流量系数验证实验

一、实验目的

（1）了解孔口流动特征,测定孔口流速系数 ϕ 和流量系数 μ。

（2）了解管嘴内部压强分布特征,测定管嘴流量系数 μ。

二、实验原理

当水流从孔口自由流出时,由于惯性的作用,水流经孔口后有收缩现象,约在 $0.5d$ 处形成收缩断面 $C—C$（图 4.7.1）。收缩断面 $C—C$ 的面积 A_C 与孔口的面积 A 的比值 ε 称为收缩系数。应用能量方程可推得孔口流量的计算公式如下:

$$Q = \varepsilon\phi A\sqrt{2gH} \quad 或 \quad Q = \mu A\sqrt{2gH} \quad\quad\quad （4.7-1）$$

式中:ϕ 为流速系数;μ 为流量系数;H 为孔口中心点以上的作用水头。

若已知收缩系数 ε 和流速系数 ϕ 或流量系数 μ,即可求得孔口流量。本实验将根据实测的流量等数据测定流速系数 ϕ 或流量系数 μ。

当水流经管嘴自由流出时,由于管嘴内部的收缩断面处产生真空,相当于增加了作用水头,管嘴的过流能力大于孔口。应用能量方程可推得管嘴流量的计算公式如下:

$$Q = \phi_n A\sqrt{2gH} \quad 或 \quad Q = \mu_n A\sqrt{2gH} \quad\quad\quad （4.7-2）$$

式中:ϕ_n 为流速系数;μ_n 为流量系数,且 $\phi_n = \mu_n$;H 为管嘴中心点以上的作用水头。

若已知流速系数 ϕ_n 或流量系数 μ_n,即可求得管嘴流量。本实验将根据实测的流量等数据测定流速系数 ϕ_n 或流量系数 μ_n。

根据系统理论和实验研究,各系数的参考值如下。

孔口:$\varepsilon = 0.63\sim0.64$,$\phi = 0.97\sim0.98$,$\mu = 0.60\sim0.62$。

管嘴:$\phi_n = \mu_n = 0.82$。

由于收缩断面位置不易确定以及观测误差等原因,本实验设备所测的数值只能逼近上述数值。

三、实验设备

本实验设备与各部分名称如图 4.7.1 所示。

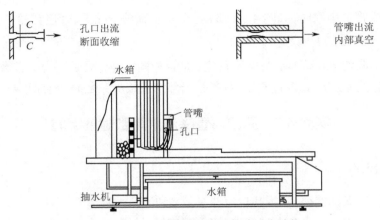

图 4.7.1　孔口与管嘴流量系数验证实验仪

四、实验步骤

（1）熟悉仪器，记录孔口直径 $d_{孔口}$ 和管嘴直径 $d_{管嘴}$，记录孔口中心位置高程 $\nabla_{孔口}$、管嘴中心位置高程 $\nabla_{管嘴}$ 和水箱液面高程 $\nabla_{液面}$。

（2）启动水泵，打开进水开关，使水进入水箱，并使水箱保持溢流，且使水位恒定。

（3）关闭孔口和管嘴，观测与管嘴相连的压差计液面是否与水箱水面齐平。若不平，则需排气调平。

（4）打开管嘴，使其出流，压差计液面将改变，当流动稳定后，记录压差计各测压管液面，用体积法或电子流量计测量流量。

（5）关闭管嘴，打开孔口，使其出流，当流动稳定后，用游标卡尺测量孔口收缩断面直径，用体积法或电子流量计测量流量。

（6）关闭水泵，排空水箱，结束实验。

五、注意事项

（1）测量流量后，量筒内的水必须倒进接水器，以保证水箱循环水充足。

（2）测流量时，计时与量筒接水一定要同步进行，以减小流量的测量误差。

（3）流量一般测 2 次并取平均值，以消除误差。

（4）少数测压管内水面会有波动现象，应读取波动水面的最高与最低读数的平均值。

六、实验数据处理

（1）记录、计算实验装置号、孔口直径 $d_{孔口}$、管嘴直径 $d_{管嘴}$、孔口中心位置高程 $\nabla_{孔口}$、管嘴中心位置高程 $\nabla_{管嘴}$、水箱液面高程 $\nabla_{液面}$。

（2）实验数据记录及计算，相关参数填入表 4.7.1 和表 4.7.2。

表 4.7.1   孔口实验记录及计算表

测次	体积 W	时间 t	流量 Q	平均流量 $Q_{平均}$	水头 H	收缩断面直径 d_C	收缩系数 ε	流速系数 ϕ	流量系数 μ

注:水头 H 为孔口中心到水箱液面的垂直高度。

表 4.7.2   管嘴实验记录及计算表

测次	体积 W	时间 t	流量 Q	平均流量 $Q_{平均}$	水头 H	流量系数 μ_n	各测压管液面读数			
							$0.5d$	d	$1.5d$	$2.5d$

注:①水头 H 为管嘴中心到水箱液面的垂直高度。
  ②各测压管液面读数以水箱液面为基准。

（3）结果分析:根据实测的值,计算孔口流速系数或流量系数、管嘴流量系数,并分析产生误差的原因。

七、思考题

流速系数 ϕ 是否可能大于 1.0? 为什么?

实验 4.8   圆柱表面压强分布测量实验

一、实验目的

（1）熟悉多管压差计测量圆柱体压强分布的方法。
（2）了解利用压力传感器、数据采集系统测量绕流圆柱表面压强分布的方法。
（3）绘制压强分布图,并计算圆柱体的阻力系数。

二、实验装置

（1）小型风洞或气动台。
（2）多管压差计。
（3）压力传感器、数据采集模块及其系统。

三、实验原理

1. 小型风洞或气动台

经风机产生的气流经过稳压箱、收缩段,进入实验段,圆柱体安装在实验段的中部。气动台稳压箱的气流速度近似为零,其压强可认为是驻点压强 p_0。小型风洞在实验段上部设置一个正对来流方向的导管,该处的压强即为驻点压强 p_0。实验段中分布比较均匀的气流,速度为v_∞，压强为p_∞。气流绕圆柱体流动时，流动变得复杂。本实验为了测量圆柱体表面各点的压强分布，在圆柱体表面开设一个测压孔，测压孔通过一个细针管接出，并与多管压差计或压力传感器相连，细针管在垂直方向上装有指针，当转动圆柱体时，其转角通过角度盘指针的读数来表示，因而随着改变测压孔的位置，即可将绕圆柱体整个壁面上的压强分布测出。圆柱体表面压强分布实验装置如图4.8.1所示。

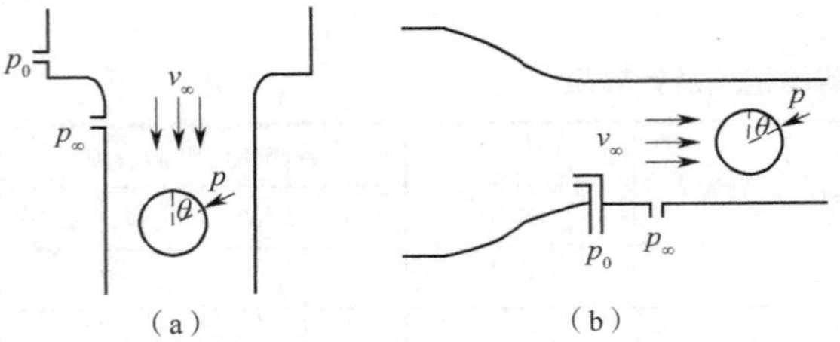

图 4.8.1　圆柱表面压强分布实验装置
（a）气动台实验段　（b）风洞实验段

2. 多管压差计的测量原理

在流体力学中，绕流阻力即流体绕物体流动而作用于物体上的阻力，由摩擦阻力（黏性阻力）和压强阻力构成，摩擦阻力相对于压强阻力小得多，在本实验中可忽略不计。压强用无量纲的参数——压强系数C_p来表示。

由伯努利方程$p_0 = p_\infty + \dfrac{1}{2}\rho v_\infty^2 = p + \dfrac{1}{2}\rho v^2$，推导得到各个不同角度测点的压强系数$C_p$

$$C_p = \frac{p - p_\infty}{\dfrac{1}{2}\rho v_\infty^2} = \frac{p - p_\infty}{p_0 - p_\infty} = \frac{l - l_\infty}{l_0 - l_\infty} \tag{4.8-1}$$

式中：p为圆柱体不同测点的压强；p_0为稳压箱压强（或称驻点压强，总压）；p_∞为由收缩段出口测得的压强（或来流压强，静压）；ρ为流体密度；v_∞为来流流速；l为圆柱体测点在多管压差计上的读数；l_∞为静压读数；l_0为总压读数。

无环量理想流体绕流圆柱体的压强阻力系数的理论解为

$$C_p = \frac{p_0 - p_\infty}{\dfrac{1}{2}\rho v_\infty^2} = 1 - 4\sin^2\theta \tag{4.8-2}$$

对于多管压差计实验装置，来流动压为

$$\frac{1}{2}\rho v_\infty^2 = p_0 - p_\infty = \Delta h \gamma_e \tag{4.8-3}$$

式中：Δh为总压与静压压差计示数的差值；γ_e为测压计内液体的容重。

来流流速为

$$v_\infty = \sqrt{2g\left(\frac{p_0 - p_\infty}{\gamma_a}\right)} = \sqrt{2g\Delta h \cos\alpha \frac{\gamma_e}{\gamma_a}} \tag{4.8-4}$$

式中：γ_a为空气的比重；α为测压计排管与垂线的夹角。

如前所述，由于黏性阻力很小，故可以忽略不计，因此阻力F_D和阻力系数C_D可以表示为

$$F_D = \int_0^{2\pi}(p - p_\infty)RL\cos\theta \mathrm{d}\theta \tag{4.8-5}$$

$$C_{\mathrm{D}} = \frac{F_{\mathrm{D}}}{\frac{1}{2}\rho A v_{\infty}^2} = \frac{\int_0^{2\pi}(p-p_{\infty})RL\cos\theta\,\mathrm{d}\theta}{\frac{1}{2}\rho A v_{\infty}^2} = \int_0^{\pi} C_p\cos\theta\,\mathrm{d}\theta \qquad (4.8\text{-}6)$$

式中：θ 为测点位置的圆周角度，从前驻点起算；A 为迎风特征面积，$A=2RL$。

本实验在 $\theta = 0° \sim 180°$ 的范围内布置 N 个测点，于是

$$C_{\mathrm{D}} = \frac{1}{2}\sum_{i=1}^{N}[(C_p\cos\theta)_{i+1} + (C_p\cos\theta)_i](\theta_{i+1}-\theta_i) \qquad (4.8\text{-}7)$$

通常，$N=37$，$\Delta\theta = \theta_{i+1} - \theta_i = 5°$，但也可以不受此限制，实验者可以自己选定 N 和 $\Delta\theta$。其中，θ 为测点法线方向与来流流体的夹角。

雷诺数

$$Re = \frac{u_0 d}{\nu} \qquad (4.8\text{-}8)$$

式中：d 为圆柱体的直径；ν 为流体的运动黏度。

四、实验步骤

（1）按图 4.8.1 装好实验段，将气动台上部稳压箱接出的总压管、实验段接出的静压管以及圆柱体后接出的测点压强管接在多管压差计上。

（2）调多管压差计使其水平，调酒精库使排管液位在 95 mm 左右，排管与垂线夹角 $\alpha=0°$，取走实验台面上的活动板，将指针转到 70° 角处。

（3）接通电源，慢慢打开调节阀门，当 70° 角处测压管液位达 160 mm 左右时停止，再将指针转到 0° 角，待测压管液位不再变化时读稳压箱、收缩段及测点的测压管读数，取液位波动时的平均值。测点间隔在 0°~180° 范围取 5°，共计 37 个测量点。整个测量过程注意稳压箱及收缩段的测压管读数是否有变化并记录变化值，计算时取平均值。

（4）测量空气温度和大气压，记录有关常数值。

注意事项：酒精库的液位在管子中心处；整个实验过程不得对气流进行干扰，如用手阻止气流或移动调节阀门等；实验完毕，断电停机。

五、实验结果处理

记录设备编号、测压计排管与垂线的夹角 α、圆柱体半径 R、圆柱体长度 L、空气温度 t、稳压箱测压管读数、收缩段测压管读数、通大气测压管读数。计算得到的数据记入表 4.8.1。

表 4.8.1　数据记录表

$\theta/°$	$\dfrac{p}{\gamma_{\mathrm{e}}}$/mm	C_p	$C_p\cos\theta$	$\theta/°$	$\dfrac{p}{\gamma_{\mathrm{e}}}$/mm	C_p	$C_p\cos\theta$

（1）计算出压强系数 C_p 及 $C_p\cos\theta$。

（2）用方格纸绘出以 $C_p\cos\theta$ 为纵坐标、以 θ 为横坐标的关系图,积分此曲线下的面积算出阻力系数 C_D。

（3）用方格纸绘出以 C_p 为纵坐标、以 θ 为横坐标的关系图。

第5章 工程热力学

实验 5.1 二氧化碳状态变化规律实验

一、实验目的

（1）加深对课程所讲的工质的一个点（临界点）、两条线（饱和液线、饱和气线）、三个区（气相区、液相区和两相区）等基本概念的理解。

（2）掌握通过实验测定工质状态变化规律的基本方法。

（3）学会使用活塞式压力表、恒温器等部分热工仪器。

二、实验内容

（1）测量 CO_2 的压力-比体积-温度（p-v-t）关系，在 p-v 图上绘出低于临界温度（t=20 ℃，t=27 ℃）、临界温度（t=31.1 ℃）和高于临界温度（t=50 ℃）的四条等温曲线，并将绘出的曲线与标准实验曲线相比较分析差异原因。

（2）测定 CO_2 饱和温度 t_s 与饱和压力 p_s 之间的对应关系，绘出 t-p 图，并与相关图进行比较。

（3）观察临界现象并测量 CO_2 的临界参数（t_c、p_c、v_c），将实验所得的 v_c 值与理想气体状态方程、范德瓦耳斯方程的理论值相比较，简述其差异原因。

三、实验原理

简单可压缩系统处于平衡状态时，状态参数压力、温度和比体积之间有确定的关系，可表示为 $F(p,v,t)=0$ 或 $v=F(p,t)$。

维持温度不变，测定比体积与压力的对应值，就可以得到等温条件下的 p-v 关系。

四、实验设备

实验设备由活塞式压力表、恒温器、实验本体三大部分组成。其中，恒温器是实现给定温度并维持温度不变的装置；活塞式压力表用于指示压力；实验本体是完成预定的实验任务的主要装置。实验台系统及本体如图 5.1.1 和图 5.1.2 所示，详细结构和使用方法可查阅有关说明书。

五、实验步骤

1. 具体步骤

（1）将蒸馏水注入恒温器内，高度为 3~5 cm，检查并接通电路，接通电动泵，使水循环对流。

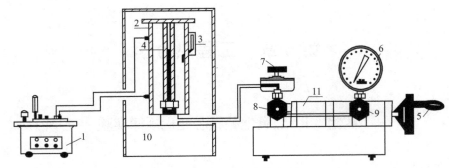

图 5.1.1 实验台系统

1—恒温水浴；2—恒温水套；3—温度计；4—承压玻璃管(水银、CO_2)；5—摇把；6—压力表；
7—油杯阀；8—进本体油路的控制阀门；9—压力表阀门；10—高压容器；11—油缸

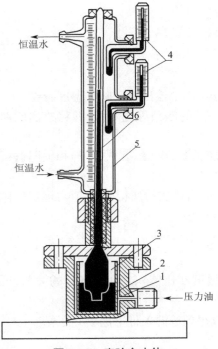

恒温水

恒温水

压力油

图 5.1.2 实验台本体

1—高压容器；2—玻璃杯；3—压力油；4—温度计；
5—恒温水套；6—承压玻璃管

（2）旋转电接点温度计顶端的帽形磁铁，调动凸轮示标使凸轮上端面与所要调节的温度一致，将帽形磁铁用横向螺钉锁紧，以防转动。

（3）视水温情况，开关加热器，当水温未达到要调定的温度时，恒温器指示灯是亮的，当指示灯时亮时灭时，说明温度已达到所需的恒温。

（4）观察玻璃水套上的两支温度计，当其读数相同且与恒温器上的温度计及电接点温度计所示的温度一致时，则可认为承压玻璃管内的 CO_2 的温度处于所标定的温度。

（5）当需要改变实验温度时，重复步骤（2）~（4）。

2. 加压前的准备

由于压力表的油罐容积比主容积小，需多次从油杯中抽油，再向主容器充油，才能在压力表上显示压力读数，压力表抽油、充油的操作过程非常重要，若操作失误，不但加不上压力，还会损坏实验设备，所以务必认真掌握。

其步骤如下：

（1）关闭压力表阀门及进本体油路的控制阀门，开启压力表上油杯的进油阀；

（2）摇退压力表上的活塞杆，直到螺杆全部退出，此时压力表油罐中抽满油；

（3）先关闭油杯阀，然后开启压力表阀门和进本体油路的控制阀门；

（4）摇进活塞螺杆，经本体充油，如此往复直到压力表上有压力读数为止；

（5）再次检查油杯阀是否关好，压力表和进本体油路的控制阀门是否开启，若均已稳定即可进行实验。

3. 做好实验的原始记录

（1）设备的数据记录：仪器、仪表的名称、型号、规格、量程、精度。

（2）常规数据记录：室温、大气压、实验其他环境情况。

（3）实验的技术数据和观察到的现象。

4. 注意事项

（1）实验时压力 $p \leqslant 100$ atm，温度 $t \leqslant 50$ ℃。

（2）一般压力间隔可取 2~5 atm，但在接近饱和状态和临界状态时，压力间隔应取 0.5 atm。

（3）实验读取水银柱液面高度时应使视线与水银柱半圆形液面中间平齐。

（4）实验结束卸压时，应使压力逐渐下降，不得直接打开油杯阀。

六、实验数据整理

由于充入承压玻璃管内的 CO_2 的质量不便测量，而玻璃管内径或面积（A）又不易测准，因而实验中采用简便方法来确定 CO_2 的比体积，认为 CO_2 的比体积 v 与高度 h 存在线性关系，具体如下。

（1）已知 CO_2 液体在 20 ℃、100 atm 时的比体积为 0.001 17 m³/kg。

（2）测取本实验台 CO_2 在 20 ℃、100 atm 时的柱高：

$$\Delta h = h - h_0$$

式中：Δh 为 CO_2 液柱的有效高度（m）；h 为任意高度、压力下水银柱的高度（m）；h_0 为承压玻璃管内径顶端对应的刻度值（m）。

（3）由

$$v = \frac{\Delta h A}{m} \tag{5.1-1}$$

$$v_{t=20\,℃,\,p=100\,atm} = 0.001\ 17\ \text{m}^3/\text{kg} \tag{5.1-2}$$

可得

$$\frac{m}{A} = \frac{\Delta h}{0.001\ 17} = K \tag{5.1-3}$$

式中：K 为常数。则在任意温度、压力下，CO_2 的比体积可由测取的 Δh 根据式（5.1-4）换算得到。

$$v = \frac{\Delta h}{m/A} = \frac{\Delta h}{K} \tag{5.1-4}$$

将整理得到的数据填入实验记录表中。

七、实验报告内容

（1）各种数据的原始记录。

（2）整理实验结果后得到的图表。

（3）分析比较实验曲线（p-v、p_s-t_s）与标准曲线的差异及其原因。

（4）简述实验收获及对实验的改进意见。

八、思考题

（1）实验中为什么要保持加压（降压）过程缓慢进行?

（2）测定的 CO_2 临界状态参数 p_c、v_c、t_c，哪一个最准确? 原因何在?

（3）在湿蒸气区内等温线应为一水平线，实验结果如何? 为什么?

（4）恒温水浴的温差控制在 ±0.1 ℃内，这对实验会产生什么影响?

（5）将 $t=50$ ℃的实测等温线与理想气体状态方程和范德瓦耳斯方程所得数值绘制的等温线进行比较并分析差异原因。

实验 5.2   湿空气的参数测定

一、实验目的

（1）巩固课堂讲授的有关湿空气的基本概念和基本理论。

（2）掌握湿空气的各种参数测定的原理、方法及有关仪器的正常使用。

二、实验内容

（1）用干湿球温度计或通风干湿表测定湿空气的各种状态参数。

（2）用露点温度计测定湿空气的各种状态参数。

（3）用毛发湿度计和温度计测定湿空气的各种状态参数。

三、实验原理

如图 5.2.1 所示，湿空气的焓湿图（h-d 图）上有许多等值线，如等温线、等相对湿度线、等焓线和湿空气中水蒸气分压力线等，只要确定湿空气的两个状态参数就可以确定其状态点，过该点的各特定参数值即为湿空气的各种参数值。

据此，可利用干湿球温度计和通风干湿表测定湿空气的干球温度 t_{dry} 和湿球温度 t_{wet}；利用露点温度计测定湿空气的露点温度 t_{dews} 和干球温度；利用毛发湿度计测定湿空气的相对湿度，再通过一支温度计测定空气的干球温度。

四、实验步骤

1. 干湿球温度计和通风干湿表

（1）将仪器挂好，并用蒸馏水润湿纱布（冬季 30 min，夏季 15 min），待湿球温度稳定下来即可开始测量。

（2）对湿球温度计可直接读数；对通风干湿表则须上紧发条（或接通电源）使通风器转动 5 分钟后再进行读数，并做好记录：①常规数据记录，如环境状况和实验条件；②实验数据记录。

（3）实验结束后取下仪表擦净并放回原处。

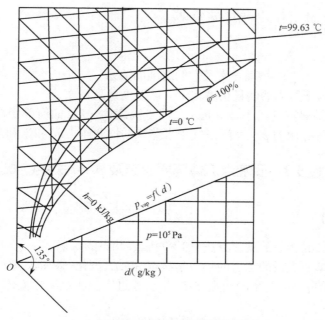

图 5.2.1　湿空气的焓湿图

2.湿度计

（1）理解仪器电旋钮的位置与作用：

①预热：仪器接通电源，测头被预热；

②空气：仪表上显示湿空气干球温度；

③湿度：仪表上显示相对湿度；

④断：电源断开。

（2）通电前调好电表的机械零点。

（3）将从干燥器内取出的露点测头插入仪器后部的露点插座内。

（4）将旋钮旋至预热位置 15~30 min，再旋至露点位置即可读数。

（5）将空气温度测头插入仪器后部的空气插座内，将旋钮旋至空气干球温度。

（6）记录实验数据和实测数据。

（7）切断电源，将旋钮旋至"断"的位置。

3.毛发湿度计

（1）待调整好的毛发湿度计稳定后，测取湿空气的相对湿度值。

（2）测取湿空气的温度。

（3）整理好仪器。

五、实验报告内容

（1）简述测定湿空气的各种状态参数的原理和方法。

（2）记录各种实验仪器的型号、规格。

（3）整理实验数据，并对不同方法测定的湿空气的状态参数值进行比较分析。

（4）表述实验收获及对实验的改进意见。

六、思考题

（1）说明 t_{dry}、t_{wet}、t_{dews} 的物理意义及它们之间的关系。

（2）为什么通风干湿表的测量精度比干湿球温度计高？

（3）由实验测得湿空气的干球温度 t_{dry}、露点温度 t_{dews} 后，如何确定湿空气的湿球温度 t_{wet}、含湿量 d、水蒸气分压力 p_{vap} 及湿空气中水蒸气的饱和压力 p_{s} 和饱和含湿量 d_{s}？

实验 5.3　低沸点流体临界状态及 p-V-t 关系的观测

一、实验目的

（1）理解流体临界状态的观测方法，加深对临界状态的认识。

（2）加深对课堂所讲授的工质的热力学状态（凝结、汽化、饱和状态等）的理解。

（3）掌握流体的 p-V-t 关系的测定方法，学会通过实验测定实际流体状态变化规律的方法和技巧。

（4）学会压力计、恒温水浴等热工仪器的正确使用方法。

二、实验内容

（1）利用定容法 p-V-t 实验台测定一种低沸点流体低于临界温度 t_c 时饱和温度与饱和压力之间的对应关系（p_s-t_s 图），并与给定的数值进行比较。

（2）观测临界状态：①临界乳光；②临界状态附近气液两相模糊现象；③应用低压下饱和液体的 p-V-t 数据推算临界参数。

三、实验设备与原理

1. 实验设备

图 5.3.1 所示为实验台示意图，整个实验装置由压力台（包括手动压缩泵、数显压差计、薄膜压力计）、恒温器和实验块组成。

2. 实验原理

对于简单可压缩热力系统，当工质处于平衡状态时，其状态参数 p、V、t 之间有如下关系：$F(p,V,t)=0$。

本实验采用定容法测定饱和状态下温度和压力的关系，其原理是流体的气液共存压力、温度和流体的密度无关，在保持平衡密度不变的情况下，可测得饱和压力与饱和温度。

观测临界状态：在实验容器内充入密度接近流体临界密度的工质，通过调节实验块上的螺杆体积调节器使其达到临界密度，随着温度升高，界面变宽、变模糊，并伴随有乳光现象发生，最后在临界温度下界面完全消失。

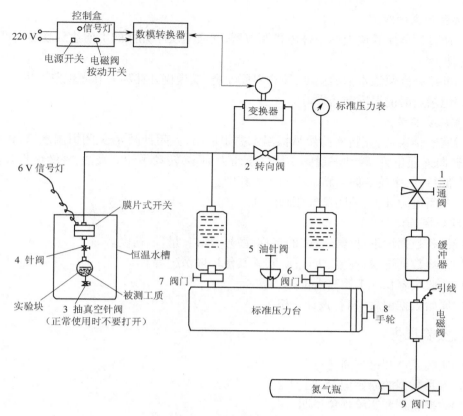

图 5.3.1　实验台示意

四、操作步骤

1. 饱和温度与饱和压力的测定

（1）将标准压力台上的油针阀 5 打开，转动手轮 8 吸油到行程 1/2 处，关闭油针阀 5。

（2）关闭阀门 6，将三通阀 1 打开，向系统中充氮气（此时转向阀 2 应在连通位置）。

（3）将恒温水槽加热到测量的预定温度后，将针阀 4 打开，将实验块放入恒温水槽内（针阀 3 不能动，只在充工质时使用）。

（4）打开氮气瓶上的阀门 9，按动控制盒前面板的电磁阀按动开关，向系统充氮气，其流入量由实验块充注的工质的物性表中的温度所对应的压力来确定，当前面板信号灯亮时，停止向系统充入氮气，转动三通阀 1 向空气中释放氮气直到信号灯熄灭，关闭三通阀 1。

（5）将转向阀 2 关闭，调节手轮 8 向内转动，加压至信号灯亮，重复调节手轮 8 让信号灯处在亮与不亮之间。

（6）此时，数显表可读出系统与工质的压差，标准压力表读数与数显表所示压差之和即工质温度所对应的压力。

（7）调节恒温水槽的温度，重复以上步骤可得到一系列 $t\text{-}p$ 关系。

2. 临界现象的观测

（1）通过调节实验块上的螺杆体积调节器，使实验块中充注的工质达到临界密度（已调好，切勿动）。

（2）继续升高恒温水槽的温度，注意界面变宽、变模糊并伴随有乳光现象发生。

（3）记录此时的温度和压力。

3. 整理实验装置

（1）实验结束后，先将实验块从恒温水槽中取出，关闭针阀4，关闭恒温水槽，将系统转向阀2转向连通位置，转动三通阀1排气至压力为零，转动手轮8吸油，并缓慢打开油针阀5至其全部打开，手轮8向内转动将油压入杯中。

（2）关闭电源开关，关闭氮气瓶阀门9。

4. 做好实验记录

（1）设备数据记录：仪器、仪表的名称、型号、规格、量程、精度。

（2）常规数据记录：室温、大气压、实验其他环境情况等。

（3）实验块容积和工质充灌量。

（4）原始数据记录（自行设计表格）。

五、实验报告

（1）实验原理和过程简述。

（2）各种数据的原始记录。

（3）数据整理和实验现象说明。

（4）对实验中涉及的问题进行分析讨论，并对本实验提出改进意见。

六、思考题

（1）根据实验原理，测量工质 $p\text{-}V\text{-}t$ 关系有几种方法？

（2）实验块的位置对压力值的确定有无影响？为什么？

（3）实验工质压力为什么用数显表压力读数与标准压力表读数的代数和表示？

（4）测量误差由哪些因素带来？

实验 5.4　气体定压比热的测定

本实验采用定流法测定空气的平均定压比热，即让气体流过量热器时被加热，由量热器测定其吸热量。实验中涉及温度、压力、流量等的测量，计算中使用到比热及混合气体（湿空气）方面的基本知识。

一、实验目的和要求

（1）了解气体定压比热测定装置的基本原理和构思。

（2）熟悉本实验中测量温度、压力、热量、流量的方法。

（3）掌握由基本数据计算出比热值和求得比热公式的方法。

（4）分析实验产生误差的原因及减小误差的可能途径。

二、实验原理

气体的定压比热定义为

$$c_p = \left(\frac{\partial h}{\partial t}\right)_p \tag{5.4-1}$$

在没有对外界做功的气体的等压流动过程中，$\mathrm{d}h = \frac{1}{m}(\mathrm{d}Q_p)$，则气体的定压比热可表示为

$$c_p = \frac{1}{m}\left(\frac{\partial Q}{\partial t}\right)_p \tag{5.4-2}$$

当气体在此等压过程中由温度 t_1 加热到温度 t_2 时，气体在此温度范围内的平均定压比热值由式（5.4-3）确定。

$$c_{p,\mathrm{m}}\Big|_{t_1}^{t_2} = \frac{Q_p}{m(t_2 - t_1)} \tag{5.4-3}$$

式中：$c_{p,\mathrm{m}}$ 为气体的平均定压比热 [kJ/(kg·℃)]；t_1、t_2 分别为加热前、后的温度（℃）；m 为气体的质量流量（kg/s）；Q_p 为气体在等压流动过程中的吸热量（kJ/s）。

大气是含有水蒸气的湿空气，当湿空气气流由温度 t_1 加热到温度 t_2 时，其中的水蒸气的吸热量可由式（5.4-4）计算。

$$
\begin{aligned}
Q_\mathrm{w} &= m_\mathrm{w}\int_{t_1}^{t_2}(1.844 + 0.000\,488\,6t)\mathrm{d}t \\
&= m_\mathrm{w}[1.844(t_2 - t_1) + 0.000\,244\,3(t_2^2 - t_1^2)]
\end{aligned} \tag{5.4-4}
$$

式中：Q_w 为水蒸气的吸热量（kJ/s）；m_w 为气流中水蒸气的质量流量（kg/s）。

干空气的平均定压比热由式（5.4-5）确定。

$$c_{p,\mathrm{m}}\Big|_{t_1}^{t_2} = \frac{Q_p}{m(t_2 - t_1)} = \frac{Q_{p1} - Q_\mathrm{w}}{m(t_2 - t_1)} \tag{5.4-5}$$

式中：Q_{p1} 为湿空气气流的吸热量（近似为电热器的放热量）（kJ/s）。

三、实验装置

实验装置由风机、湿式流量计、比热仪主体、电功率调节及测量系统等四部分组成，如图 5.4.1 所示。其中，比热仪主体（图 5.4.2）由多层杜瓦瓶、电热器、均流网、温度计、绝热垫、旋流片、混流网等组成。

实验时，空气（也可以是其他气体）由风机经流量计送入比热仪主体，经加热、均流、旋流、混流后流出。在此过程中，分别测定气体在流量计出口处的干、湿球温度（t_o、t_w），气体流经比热仪主体的进、出口温度（t_1、t_2），气体的体积流量 q_V，电热器的输入功率 P，以及实验时相对应的大气压 B 和流量计出口处的表压 Δh。利用这些数据，并查阅相应的物性参数，可计算出被测气体的定压比热 $c_{p,\mathrm{m}}$。

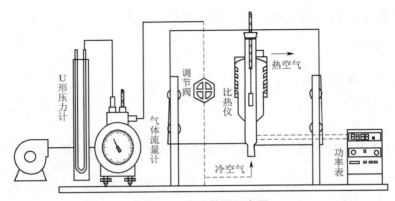

图 5.4.1　实验装置示意图

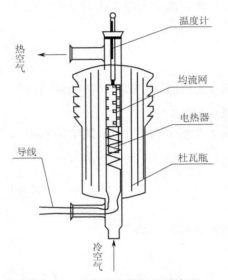

图 5.4.2　比热仪主体结构示意图

四、实验方法与数据整理

（1）接通电源及测量仪表，选择所需的出口温度计插入混流网的凹槽中。

（2）电热器不投入工作，摘下流量计出口橡皮管，开动风机，测量流量计出口处气体的干球温度 t_o 和湿球温度 t_w。

（3）接上流量计出口橡皮管，调节节流阀，使流量保持在额定值附近，逐渐提高电热器功率，使出口温度升高至预计温度。

（4）待出口温度稳定后，读出下列数据：流量计每通过一定体积 V'（m^3，如 $0.01\ m^3$）所需的时间 τ（s）；比热仪进口温度 t_1（℃）；相应的大气压 p_0（mmHg）；流量计出口处的表压 Δh（mmH_2O）；电热器的输入功率 P（W）。

（5）根据流量计出口气体的干球温度和湿球温度，由湿球温度的焓湿图确定含湿量 d（g/kg），并根据式（5.4-6）计算出水蒸气的容积成分 r_w：

$$r_w = \frac{d/622}{1+d/622} \tag{5.4-6}$$

于是气流中水蒸气的分压力为

$$p_w = r_w\left(p_0 + \frac{\Delta h}{13.595}\right) \times \frac{10^5}{750.062} \tag{5.4-7}$$

水蒸气的质量流量为

$$m_w = \frac{p_w(V'/\tau)}{R_w T_v} \tag{5.4-8}$$

式中：R_w=461.5 J/（kg·K）；水蒸气的吸热量 Q_w 按式（5.4-4）计算。

（6）干空气的分压力为

$$p = (1-r_{w})\left(p_0 + \frac{\Delta h}{13.595}\right) \times \frac{10^5}{750.062} \qquad (5.4\text{-}9)$$

干空气的质量流量为

$$m = \frac{p(V'/\tau)}{RT_0} \qquad (5.4\text{-}10)$$

式中：R＝287 J/（kg·K）。

（7）根据电热器消耗的电功率可算得电热器单位时间放出的热量：

$$Q_{p1} = \frac{P}{1\,000} \qquad (5.4\text{-}11)$$

干空气的定压比热 $c_{p,m}$ 按式（5.4-5）计算。

（8）比热随温度的变化关系。在离室温不很远的温度范围内，空气的定压比热与温度的关系可近似认为是线性的，即可近似表示为

$$c_p = a + bt \qquad (5.4\text{-}12)$$

由 t_1 加热到 t_2 的平均定压比热则表示为

$$c_{p,m}\Big|_{t_1}^{t_2} = \frac{\int_{t_1}^{t_2}(a+bt)\mathrm{d}t}{t_2 - t_1} = a + b\frac{t_1 + t_2}{2} \qquad (5.4\text{-}13)$$

因此，用作图法或最小二乘法，可根据不同温度范围内的平均比热确定常数 a 和 b，从而得出比热随温度变化的计算式。

五、注意事项

（1）切勿在无气流通过的情况下使电热器投入工作，以免引起局部过热而损坏比热仪主体。

（2）输入电热器的电压不得超过 220 V，气体出口温度不得超过 300 ℃。

（3）加热和冷却要缓慢进行，防止温度计和比热仪主体因温度骤升或骤降而破裂。

（4）停止实验时，应先切断电热器，让风机继续运行 15 min 左右。

实验 5.5　压气机性能测定实验

一、实验目的

（1）掌握用微机检测指示功、指示功率、压缩指数和容积效率的基本操作测试方法。

（2）对微机采集数据和数据处理的全过程和方法有所了解。

（3）掌握用面积仪测量不同示功图的面积，并计算指示功、指示功率、压缩指数和容积效率。

二、实验装置及测量系统

本实验装置主要由压气机以及配套的测试系统组成，测试系统由压力传感器、SYF-Ⅱ应变放大器、A/D 转换板、计算机等组成，如图 5.5.1 所示。

压气机的型号为 Z-0.03/7,气缸直径 D 为 50 mm,活塞行程 L 为 20 mm,连杆长度 H 为 70 mm,转速 n 为 1 400 r/min。

为获得反映压气机性能的示功图,在压气机气缸上安装了一个应变式压力传感器,实验时输出气缸的瞬态压力信号,该信号经整流以后送到动态应变仪放大。

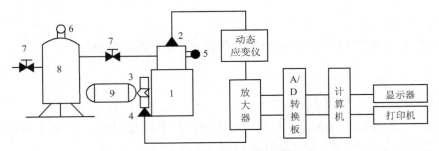

图 5.5.1　压气机实验装置及测试系统

1—压气机;2—压力传感器;3—飞轮;4—位移传感器;5—安全排放阀;6—压力表;
7—调节阀;8—稳压器;9—电机

对应活塞上止点的位置,在飞轮外侧贴一块磁条,从位移传感器(电磁式)上取得活塞上止点的脉冲信号,作为控制采集压力的起止信号,以达到压力和曲柄转角信号的同步。这两路信号经放大器分别放大后送入 A/D 转换板转换为数值量,然后送到计算机,经计算机处理便可得到压气机工作过程中的有关数据及封闭的示功图(图 5.5.2)和展开的示功图(图 5.5.3)。(气缸内压力 p 随气缸容积 V 或曲轴转角 φ 变化的图形称为示功图,前者称为 p-V 示功图,后者称为 p-φ 示功图。p-V 示功图又称为封闭的示功图,p-φ 示功图又称为展开的示功图。p-V 示功图上过程曲线围成的面积表示工质完成一个工作循环所做的功。)

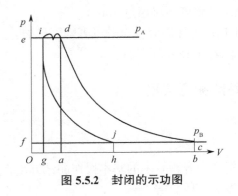

图 5.5.2　封闭的示功图

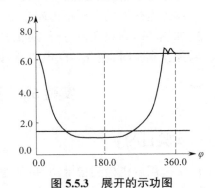

图 5.5.3　展开的示功图

三、实验原理

1. 指示功和指示功率

指示功是指压气机进行一个工作过程所消耗的功 W_c,显然其值就是 p-V 图(图 5.5.2)上工作过程线 $cdijc$ 所包围的面积 $W_c = \oint p\mathrm{d}V$,有

$$W_c = SK_1K_2 \times 10^{-5}$$

（5.5-1）

式中：S 为测面仪测量的 p-V 图上工作过程线所围的面积（mm^2）；K_1 为单位长度代表的容积（mm^3/mm）；K_2 为单位长度代表的压力（atm）。

$$K_1 = \frac{\pi L D^2}{4 \overline{gb}}$$ （5.5-2）

式中：D 为气缸直径（mm）；L 为活塞行程（mm）；$\overline{gb}$ 为活塞行程的线段长度（mm）。

$$K_2 = \frac{p_2}{\overline{fe}}$$ （5.5-3）

式中：p_2 为压气机排气时的表压力（atm）；$\overline{fe}$ 为表压力在纵坐标上对应的高度（mm）。

单位时间内压气机所消耗的功，即指示功率为

$$P = \frac{N W_c}{10^3 \times 60}$$

式中：P 为指示功率（kW）；N 为转数（r/min）。

2. 平均多变压缩指数

压气机的实际压缩过程介于定温压缩与定熵压缩之间，即多变指数 n 满足 $1<n<k$。因为多变过程的技术功是过程功的 n 倍，所以 n 等于 p-V 图上压缩过程线与纵坐标轴围成的面积同压缩过程线与横坐标轴围成的面积之比，即

$$n = \frac{cdefc \text{围成的面积}}{cdabc \text{围成的面积}}$$ （5.5-4）

3. 容积效率

由容积效率（η_V）的定义得

$$\eta_V = \frac{\text{有效吸气容积}}{\text{活塞位移容积}}$$ （5.5-5）

在 p-V 图上，有效吸气过程线段长度与活塞行程线段长度之比等于容积效率，即

$$\eta_V = \frac{\overline{hb}}{\overline{gb}}$$ （5.5-6）

四、实验内容

（1）用微机将指示功、指示功率、多变指数、容积效率等参数记录下来。

（2）用打印机打出示功图，供人工计算使用。

（3）人工计算：

①用测面仪测量示功图 $cdijc$ 所围的面积和线段 $\overline{gb}$ 与 $\overline{fb}$ 的长度，人工计算指示功、指示功率；

②分别测量压缩过程线与横坐标轴包围的面积（$cdabc$ 围成的面积）及压缩过程线与纵坐标轴包围的面积（$cdefc$ 围成的面积），求多变指数 n；

③用尺子量出有效吸气过程线段长度 $\overline{hb}$ 和活塞行程线段长度 $\overline{gb}$，求出容积效率。

五、实验报告内容

（1）简述实验目的、实验原理。
（2）测量并计算出指示功和指示功率。
（3）求出平均多变压缩指数。
（4）求出容积效率。
（5）分析压气机增压比的改变对容积效率有何影响。

六、思考题

（1）活塞式压气机工作时,其压缩指数变化范围为多少? 什么情况下耗功最省?
（2）根据所测示功图分析该压气机工作是否正常。

实验 5.6　空气绝热指数测定实验

一、实验目的

（1）通过测量绝热膨胀和定容加热过程中空气的压力变化,计算空气绝热指数。
（2）理解绝热膨胀过程和定容加热过程以及平衡态的概念。

二、实验原理

气体的绝热指数定义为气体的定压比热容与定容比热容之比,以 k 表示,即 $k = \dfrac{c_p}{c_V}$。

本实验利用定量空气在绝热膨胀过程和定容加热过程中的变化规律来测定空气的绝热

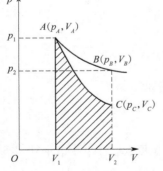

图 5.6.1　等容和绝热过程

指数 k。实验过程的 p-V 图如图 5.6.1 所示,其中 $A \to B$ 为绝热膨胀过程,$B \to C$ 为定容加热过程。

$A \to B$ 为绝热过程,有

$$p_A V_A^k = p_B V_B^k \qquad (5.6\text{-}1)$$

$B \to C$ 为定容过程,有

$$V_B = V_C = V_2 \qquad (5.6\text{-}2)$$

假设状态 A 和 C 温度相同,则 $T_B = T_C$。根据理想气体的状态方程,对于状态 A、C 可得

$$p_A V_A = p_C V_C \qquad (5.6\text{-}3)$$

将式（5.6-3）两边同取 k 次方得

$$\left(p_A V_A \right)^k = \left(p_C V_C \right)^k \qquad (5.6\text{-}4)$$

由式（5.6-1）和式（5.6-4）可得 $\left(\dfrac{p_A}{p_C} \right)^k = \dfrac{p_A}{p_B}$,再两边取对数,得

$$k = \frac{\ln\left(\dfrac{p_A}{p_B}\right)}{\ln\left(\dfrac{p_A}{p_C}\right)}$$

（5.6-5）

因此，只要测出 A、B、C 三种状态下的压力 p_A、p_B、p_C，再将其代入式（5.6-5），即可求得空气的绝热指数 k。

三、实验装置

空气绝热指数测定仪由有机玻璃容器、气囊、排气阀门和 U 形差压计等组成，如图 5.6.2 所示。空气绝热指数测定仪以绝热膨胀和定容加热两个基本热力学过程为工作原理，测出空气绝热指数。整个仪器简单明了、操作简便，有利于培养学生运用热力学基本公式从事实验设计和数据处理的工作能力，从而起到巩固和深化课堂教学内容的实际效果。

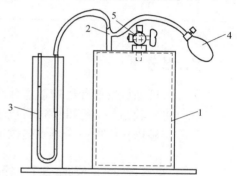

图 5.6.2　空气绝热指数测定仪
1—有机玻璃容器；2—进气及测压三通；
3—U 形差压计；4—气囊；5—放气阀门

四、实验步骤

实验对装置的气密性要求较高，因此在实验开始时应检查装置气密性。通过气囊对容器充气，使 U 形差压计的水柱 Δh 达到 200 mmH$_2$O 左右，并记下 Δh 值，5 min 后再观察 Δh 值是否发生变化。若不变化，说明气密性满足要求；若变化，说明装置漏气。若漏气，应检查管路连接处，排除漏气。若不能排除，则报告老师进行进一步处理。此步骤一定要认真，否则将给实验结果带来较大的误差。

气密性检查完毕后，可以分以下几步进行实验。

（1）使容器内的气体达到状态 A。关闭放气阀门，利用气囊进行充气，使 U 形差压计的两侧有一个比较大的差值。等待一段时间，U 形差压计的读数不再变化以后，记录下此时 U 形差压计的读数 h_1，则 $p_A = p_a + h_A$，其中 p_a 为大气压力。

（2）进行放气，使容器内的气体状态由 A 到 B。这是一个绝热过程，因此放气的过程一定要快，从而使放气过程中容器内气体和外界的热交换可以忽略。转动排气阀进行放气，并迅速关闭排气阀。此时 U 形差压计内读数剧烈振荡，不易读取，待 U 形差压计读数刚趋于稳定时立刻读出 h_2 值，则 $p_B = p_a + h_B$。

（3）继续等待 U 形差压计的读数变化。等到读数稳定后，读取 h_3 值，则 $p_C = p_a + h_C$。稳定过程需要几分钟。

（4）重复上述步骤，多进行几遍实验，处理得到的数据。

五、数据记录及处理

实验数据记录及处理见表 5.6.1。

表 5.6.1　实验数据记录及处理表

序号	状态 A		状态 B		状态 C		k	$\bar{k}$
	h_A	$p_A = p_a + h_A$	h_B	$p_B = p_a + h_B$	h_C	$p_3 = p_a + h_C$		
1								
2								
3								

六、思考题

（1）进行做放气操作时应注意什么？原因是什么？

（2）将实验结果与标准值进行比较，并分析造成误差的原因。

（3）实验操作中的一个难点是读取 h_2 的数值，试分析 h_2 的误差对结果的影响。

实验 5.7　饱和蒸气压力与温度的关系

一、实验目的

（1）通过观察饱和蒸气压力和温度变化的关系，加深对饱和状态的理解，从而建立液体温度达到对应液面压力的饱和温度时沸腾便会发生的基本概念。

（2）通过对实验数据的整理，掌握饱和蒸气 p-t 关系图表的编制方法。

（3）观察小容积的泡态沸腾现象。

二、实验设备

本实验使用可视性饱和蒸气压力和温度关系实验仪作为实验装置，如图 5.7.1 所示。该装置的主要组成部件包括：

①加热密封容器（产生饱和蒸气）；

②电接点压力表（在使用中能限制压力的意外升高，从而起到安全保护作用）；

③调压器（0~220 V）；

④电压表；

⑤水银温度计（0~200 ℃）；

⑥测温管（管底注入少量机油，用来传递和均匀温度）；

⑦透明玻璃窗。

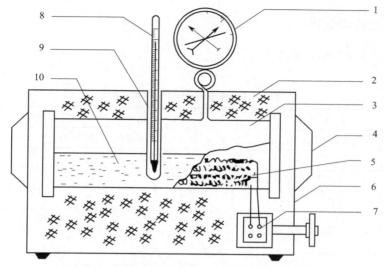

图 5.7.1　可视性饱和蒸气压力和温度关系实验仪

1—电接点压力表；2—保温棉；3—密封容器；4—观察窗；5—电加热器；
6—机壳；7—调压器；8—温度计；9—测温管；10—蒸馏水

三、实验原理

考察水在定压下加热时水的状态的变化过程。随着热量的加入，水的温度不断升高，当温度上升到某温度值 t 时，水开始沸腾，此沸腾温度称为该压力下的饱和温度，此时的压力称为饱和压力。继续加热，水中不断产生水蒸气，随着加热过程的进行，水蒸气不断增加，直至全部变为水蒸气，而达到干饱和蒸气状态。对干饱和蒸气继续加热，蒸气的温度由饱和温度逐渐升高。水在汽化过程中呈现出五种状态，即未饱和水、饱和水、湿饱和蒸汽、干饱和蒸汽、过热蒸汽。在汽化阶段，处于汽液两相平衡共存的状态，它的特点是定温定压，即一定的压力对应一定的饱和温度，或一定的温度对应一定的饱和压力。

四、实验方法和步骤

（1）熟悉实验装置的工作原理、性能和使用方法。

（2）将调压器指针置于零位，然后接通电源。

（3）将电接点压力表的上限压力指针拨到稍高于最高实验压力（如 0.7 MPa）的位置。

（4）将调压器输出电压调至 170 V，待蒸汽压力升至接近于第一个待测定的压力值时，将电压降至 20~50 V（参考值）。由于热惯性，压力将会继续上升，待工况稳定（压力和温度基本保持不变）时，记录下蒸汽的压力和温度。重复上述实验，在 0~0.6 MPa（表压）范围内取 5 个压力值，分别按顺序进行测试，实验点应尽可能分布均匀。

（5）实验完毕后，将调压器指针旋回零位，并断开电源。

（6）记录实验环境的温度和大气压力 p_a。

注意事项：本装置允许使用的最大压力为 0.8 MPa（表压），不可超压操作。

五、数据记录和处理

实验数据记录和处理见表 5.7.1。

表 5.7.1　实验数据记录和处理表

序号	饱和压力/MPa			饱和温度/℃		误差	
	参考压力值	压力表读值 p'	绝对压力 $p=p'+p_a$	温度计读数值 t'	标准值 t	$\Delta t = t - t'$	$\Delta t/t \times 100\%$
1	0.2						
2	0.3						
3	0.4						
4	0.5						
5	0.6						

（1）记录与计算。

（2）绘制 p-t 关系曲线。

（3）将实验结果在 p-t 坐标系中标出，剔除特殊偏离点，绘制曲线。

（4）整理经验公式。

（5）将实验点绘制在双对数坐标系中，实验曲线将基本为一条直线，所以饱和蒸汽压力和温度的关系可近似整理如下：

$$t = 100 \times \sqrt[4]{p} \qquad (5.7\text{-}1)$$

六、思考题

（1）调节调压器时应注意什么问题？

（2）把实验结果与标准值进行比较，并分析造成误差的原因。

实验 5.8　绝热节流效应的测定

一、实验目的

绝热节流效应在工程上有很多应用，如利用节流的冷效应进行制冷。节流效应也是物性量，在研究物质的热力学性质方面有重要作用，如根据测定的节流效应数据可以导出较精确的经验状态方程。测定绝热节流效应的基本方法是在维持气体与周围环境没有热交换的条件下对气体节流，测量其节流前后的压力和温度。

二、实验装置

绝热节流效应的实验系统如图 5.8.1 所示，所用的设备和仪器仪表有节流器、恒温器、标准压力表、温度计（测温电阻和电桥）、大气压力计和气源设备等。其中，空气压缩机 4 供给的空气先经过一组干燥器 3。干燥器内填装氯化钙、碳酸钠、硅胶等各种填料,用于除去空气中的水分和二氧化碳。进入节流器 1 的空气的温度用恒温器 2 控制,恒温器 2 内布置8 m 长铜管构成的换热器。节流前的空气压力由阀门 5 调节,并由节流器进气管上的压力表指示。节流后的空气压力用调压阀 6 调整,并由节流器排气管上的压力表指示。调压阀6 后的排气管上,还可以装孔板流量计等差压式流量计测量流量,作为实验的参考数据。本实验装置中可以采用节流阀或多孔陶瓷管作为节流件测定积分节流效应。

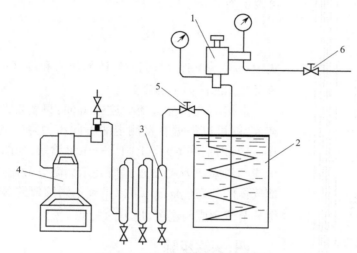

图 5.8.1　绝热节流实验装置系统

1—节流器;2—恒温器;3—干燥器;4—空气压缩机;5—阀门;6—调压阀

图 5.8.2 所示为陶瓷管节流器。其中,节流器浸没在恒温器中,多孔陶瓷管 1 长约18 cm,隔环 3 将透过陶瓷管的气流分为两股,隔环后的一股气流不冲刷测温电阻,用以消除外壳法兰导热的影响;隔环前的一股气流受玻璃管 2 导流,全部由玻璃管的一端进入中心区沿轴向流动,冲刷测温电阻。这种构造的节流器,陶瓷管件可以拆下,并改装上用棉絮或细毛毡制成的节流件来测定微分节流效应。

三、实验原理

绝热节流前后的气体焓值相等,因此可以把绝热节流过程当作焓不变的过程。此过程中温度随压力下降的变化率称为微分节流效应,微分节流效应 μ 可表示为

$$\mu = \left(\frac{\partial t}{\partial p} \right)_h \tag{5.8-1}$$

气体因节流引起的温度变化相对于气体的温度来说很小。如果将式(5.8-1)中的温度和压力的微分量用与温度、压力本身的数值相比相当小的有限差值代替,所得结果十分接近实际。于是,微分节流效应可以根据式(5.8-2)直接测定:

$$\mu = \left(\frac{\Delta t}{\Delta p} \right)_h \tag{5.8-2}$$

测定时,通常维持节流的压力降 Δp 为 1 bar 左右。当 0 ℃的空气绝热节流时,压力每

降低 1 bar,温度约降低 0.28 ℃。

当绝热节流的压力降相当大时,引起的气体温度变化值称为积分节流效应,积分节流效应$(t_2 - t_1)$与微分节流效应 μ 的关系如下:

$$t_2 - t_1 = \int_{p_2}^{p_1} \mu \mathrm{d}p \tag{5.8-3}$$

可表示为

$$t_2 - t_1 = \sum_{p_1}^{p_2} \mu \Delta p \tag{5.8-4}$$

式中:p_1、t_1 分别为节流前气体的压力和温度;p_2、t_2 分别为节流后气体的压力和温度。

直接测定积分节流效应很方便,只要实验的压力范围足够大,就可以根据直接测定的不同压力降时的积分节流效应$(t_2 - t_1)$数据,在 t-p 图上画出一条等焓线,如图 5.8.3 所示。等焓线的斜率即为式(5.8-2)所表示的微分节流效应。改变节流前气体的状态(p_1、t_1)可以得到不同焓值的等焓线,从而求得微分节流效应与温度、压力的关系。

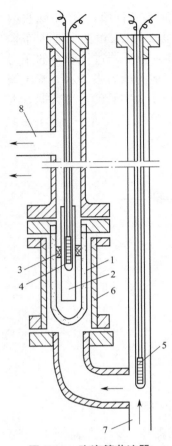

图 5.8.2　陶瓷管节流器
1—陶瓷管;2—玻璃管;3—隔环;
4,5—测温电阻;6—外壳;
7—进气管;8—排气管

四、实验步骤

本实验要求测量节流件两侧的空气压力和温度,压力和温度的测量要求较高的精度。测定微分节流效应和积分节流效应的方法分别如下。

1. 测定微分节流效应

维持节流前的空气压力为某一定值,逐次改变节流前的空气温度,各次均在实验工况达到稳定后测量节流件两侧空

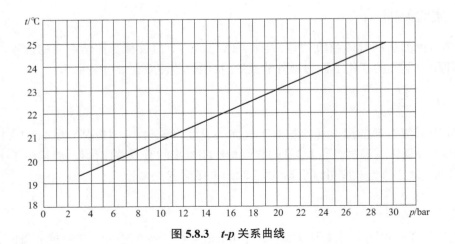

图 5.8.3　t-p 关系曲线

气的压力和温度。改变节流前的空气压力值,按上述过程进行操作和测量。实验中,节流件两侧空气的压力差要维持在 1 bar 左右。

根据实验测定的节流件两侧空气的压力和温度的各组数据,由式(5.8-2)计算出微分节流效应 μ 的值,并用以下两种方式表示出直接测定微分节流效应的全部结果:

(1)列表表示微分节流效应 μ 与节流前空气压力和温度的关系;

(2)以 μ 为纵坐标,节流前的空气温度为横坐标,节流前的空气压力作为参考量,画出由实验数据所得的一组表示 μ 与节流前空气温度和压力关系的曲线。

2.测定积分节流效应

维持节流前的空气压力和温度不变,逐次改变节流后的空气压力,各次均在实验工况达到稳定后测量节流件两侧空气的压力和温度。改变节流前的空气温度(如升高或降低 10~20 ℃),按上述过程进行操作和测量。

五、数据处理

用实验测定的节流前后空气的压力、温度和各组数据,在 t-p 图上将节流前温度不变的一组数据拟合为一条等焓线。在等焓线上作不同点的切线,求出空气在不同状态下的一组微分节流效应 μ 值。用列表和曲线图两种方式表示通过测定积分节流效应确定的微分节流效应的全部实验结果。

实验 5.9　蒸气压缩式制冷过程综合实验

一、实验目的

(1)了解蒸气压缩式制冷装置如何实现热量从低温向高温的传递。

(2)掌握循环中某些参数的变化对系统性能影响的规律。

(3)掌握温度、压力及流量测量的方法和有关热工仪器的正常使用。

二、实验内容

(1)测定循环中蒸发器及冷凝器的进出口温度和压力,根据冷凝压力和蒸发压力将循环表示在 $\lg p$-h 图上。

(2)在 $\lg p$-h 图上确定进出压缩机、冷凝器及蒸发器的状态点,并查出各状态点的焓值。

(3)计算单位质量压缩机的耗功、制冷量和冷凝器的热负荷,并计算系统的性能系数(COP)。

(4)通过调节节流阀的开度改变循环参数,重复实验内容(1)~(3),并比较计算结果,找出影响循环性能的参数及其影响规律。

三、实验原理

蒸气压缩式制冷装置由压缩机、冷凝器、节流阀和蒸发器四个部分组成。根据热力学第

一定律,有:

①单位质量的压缩机耗功 $W_0=h_2-h_1$;

②单位质量的蒸发器吸热量 $q_2=h_1-h_3$;

③单位质量的冷凝器放热量 $q_1=h_2-h_4$;

④制冷系数 $\varepsilon=\dfrac{\text{收获}}{\text{消耗}}=\dfrac{q_2}{W_0}$。

根据卡诺定理,提高蒸发温度或降低冷凝温度可以提高循环的制冷系数。

四、实验设备

实验设备由实验本体、测控系统、数据采集系统组成。其中,实验本体由压缩机、冷凝器、干燥过滤器、毛细管、热力膨胀阀、视液镜、蒸发器以及冷凝器水箱、水泵、低温箱、电加热器等组成;测控系统由压力传感器、温度传感器、流量传感器组成。

五、实验步骤和原始记录

1. 实验步骤

(1)将电源接好。

(2)将蒸发器溶液箱体充满液体(水或乙二醇)。

(3)将冷凝器水箱接通循环水(可采用直排式或辅助冷却循环方式)。

(4)选择节流方式(毛细管或热力膨胀阀)。将所选节流方式的两端阀门打开,未选节流方式的阀门关闭。

(5)开启电源开关。

(6)开启循环水泵。

(7)开启压缩机冷却风扇。

(8)当冷凝器水泵循环正常后,开启压缩机。

2. 做好实验原始记录

(1)设备数据记录,包括仪器、仪表的名称、型号、规格、量程、精度等。

(2)常规数据记录。

(3)实验技术数据和观察到的现象记录。

六、注意事项

1. 基本操作

本实验装置具有手动和自动两种基本操作。手动操作通过实验台上的控制面板完成实验设备的开关控制和手动调节,一般在实验调试阶段或实验初期使用。自动操作通过微机系统完成信号测量(包括温度、压力等)、设备的开关控制及参数的连续调节。

2. 安全操作规程

系统启动顺序:水泵—压缩机风机—压缩机。

系统关闭顺序:压缩机—压缩机风机—水泵。

3. 报警保护

系统具有低温槽温度上下限保护,即当低温槽温度高于上限值(或低于下限值)时关闭压缩机。

系统具有压缩机超温超压保护,即当压缩机出口温度(工质)高于极限温度时关闭压缩机,同样当压缩机出口压力高于极限压力时关闭压缩机。

4. 其他注意事项

(1)监测系统吸排气压力,排气压力过高将损害压缩机。

(2)控制蒸发器最低压力,确保蒸发器不结冻。

(3)确保系统电力供应稳定。

(4)确保冷凝水箱有循环水。

七、实验数据记录

(1)设备数据记录:仪器、仪表的名称、型号、规格、量程及精度。

(2)常规数据记录:室温、大气压力、实验其他环境情况等。

(3)原始数据记录(自行设计表格)。

八、实验报告内容

(1)简述实验原理和过程。

(2)各种数据的原始记录。

(3)数据整理。

(4)对实验中出现的问题进行分析和讨论,并对实验提出改进意见。

九、思考题

(1)影响制冷系数的因素有哪些?

(2)实验装置的循环与逆卡诺循环有什么差异?

(3)蒸气压缩式制冷循环对制冷剂有何要求? 常用的制冷剂有哪几种?

第6章 传热学

实验 6.1 球体法测定粒状材料的导热系数

一、实验目的

（1）巩固和深化稳态导热的基本理论,学习测定粒状材料的导热系数的方法。
（2）确定导热系数和温度之间的函数关系。

二、实验原理

导热系数,又称热导率,它是表征材料导热能力的物理量,其单位为 W/(m·K)。对于不同的材料,导热系数是不同的。对于同一种材料,导热系数还取决于它的化学纯度、物理状态（温度、压力、成分、容积、重量和吸湿性等）和结构情况等。各种材料的导热系数都是由专门实验测定出来的,这些数据汇成图表,工程计算时可以直接从图表中查取。

球体法是应用沿球半径方向一维稳态导热的基本原理测定粒状和纤维状材料导热系数的实验方法。

设有一空心球体,若内外表面的温度分别为 t_1 和 t_2 并维持不变,根据傅里叶导热定律,传热量为

$$\varphi = -\lambda A \frac{\mathrm{d}t}{\mathrm{d}r} = -4\pi r^2 \lambda \frac{\mathrm{d}t}{\mathrm{d}r} \tag{6.1-1}$$

边界条件:

$$\begin{cases} r = r_1 \text{时}, t = t_1 \\ r = r_2 \text{时}, t = t_2 \end{cases} \tag{6.1-2}$$

（1）若 λ 为常数,由式（6.1-1）、式（6.1-2）求得

$$\varphi = \frac{4\pi\lambda r_1 r_2 (t_1 - t_2)}{r_2 - r_1} = \frac{2\pi\lambda d_1 d_2 (t_1 - t_2)}{d_2 - d_1} \tag{6.1-3}$$

$$\lambda = \frac{\varphi(d_2 - d_1)}{2\pi d_1 d_2 (t_1 - t_2)} \tag{6.1-4}$$

（2）若 λ 并非常数,式（6.1-1）变为

$$\varphi = -4\pi r^2 \lambda(t) \frac{\mathrm{d}t}{\mathrm{d}r} \tag{6.1-5}$$

由式（6.1-5）得

$$\varphi \int_{r_1}^{r_2} \frac{\mathrm{d}r}{4\pi r^2} = -\int_{t_1}^{t_2} \lambda(t)\mathrm{d}t \tag{6.1-6}$$

将式（6.1-6）等号右侧分子、分母同乘以（$t_2 - t_1$）得

$$\varphi \int_{r_1}^{r_2} \frac{\mathrm{d}r}{4\pi r^2} = -\frac{\int_{t_1}^{t_2} \lambda(t)\mathrm{d}t}{t_2 - t_1}(t_2 - t_1) \tag{6.1-7}$$

式（6.1-7）中的 $\dfrac{\int_{t_1}^{t_2} \lambda(t)\mathrm{d}t}{t_2 - t_1}$ 项显然就是 λ 在 $t_1 \sim t_2$ 范围内的积分平均值，用 λ_m 表示，即

$\lambda_m = \dfrac{\int_{t_1}^{t_2} \lambda(t)\mathrm{d}t}{t_2 - t_1}$，在工程计算中，材料的导热系数对温度的依变关系一般按线性关系处理，即 $\lambda(t) = \lambda_0(1 + bt)$。因此，有

$$\lambda_m = \frac{\int_{t_1}^{t_2} \lambda_0(1 + bt)\mathrm{d}t}{t_2 - t_1} = \lambda_0[1 + \frac{b}{2}(t_1 + t_2)] \tag{6.1-8}$$

由式（6.1-7）与式（6.1-8）可得

$$\lambda_m = \frac{\varphi}{t_1 - t_2} \int_{r_1}^{r_2} \frac{\mathrm{d}r}{4\pi r^2} = \frac{\varphi(d_2 - d_1)}{2\pi d_1 d_2(t_1 - t_2)} \tag{6.1-9}$$

式中：λ_m 为实验材料在平均温度 $t_m = \frac{1}{2}(t_1 + t_2)$ 下的导热系数 [W/(m·℃)]；φ 为稳态时球体壁面的导热量（W）；t_1、t_2 分别为内、外球壁的温度（℃）；d_1、d_2 分别为内、外球壁的直径（m）。

实验时，应测出 t_1、t_2、φ、d_1、d_2，然后由式（6.1-4）或式（6.1-9）得出 λ_m。

如果需要求得 λ 和 t 之间的变化关系，则必须测定不同 t_m 对应的 λ_m，由

$$\begin{cases} \lambda_{m1} = \lambda_0(1 + bt_{m1}) \\ \lambda_{m2} = \lambda_0(1 + bt_{m2}) \end{cases} \tag{6.1-10}$$

可求得 λ_0 和 b，进而得出 λ 和 t 之间的关系式：$\lambda = \lambda_0(1 + bt)$。

三、实验设备

导热仪本体结构和测量系统如图 6.1.1 所示。导热仪本体由两个很薄的铜质同心球壳 1 和 2 组成，内球壳外径为 d_1，外球壳外径为 d_2，在两球壳之间均匀填满粒状材料（如沙子、珍珠岩、石棉灰等），内球壳中装有电加热器，其产生的热量将通过粒状材料传导至外球壳，为使内外球壳同心，两球壳之间设有支撑杆。

由试料导出的热量从外球壳表面以自然对流的方式被空气带走，球壳外部和下部的空气流动情况不同，外球壳表面温度分布不均匀，因此在内外球壳的表面各埋置 3~6 个热电偶，用来测量内外球壳的温度，并取其平均值作为球壁的表面温度。

球壳内试料应力要松紧均匀、填满空间，且室温应尽量保持不变，避免日光直射球壳。此外，应防止人员走动、风等因素对球壳表面空气自由流动的干扰，以便使外球壳的自然对流放热状态稳定，这样才能在试料内建立一维稳态温度场。

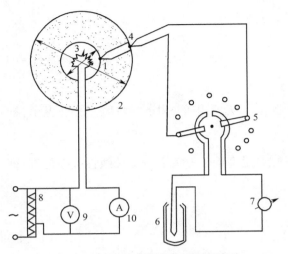

图 6.1.1　导热仪本体结构和测量系统

1—内球壳；2—外球壳；3—电加热器；4—热电偶；5—转换开关；
6—冰点保温瓶；7—电位差计；8—调压变压器；9—电压表；
10—电流表

四、实验步骤

（1）将试料烘干，根据给定的容量，计算出仪器内所需装填的试料质量，然后将试料均匀地装入球内。

（2）将所有仪器、仪表按图 6.1.1 接好，经指导教师检查无误后进行下一步。

（3）接通电源，用调压变压器将电压调到一定的数值并保持不变，观察各项测量数据的变化情况。

（4）当各项数据基本不随时间变化时，说明系统已达稳定状态，开始测量并记录数据，每隔 5 min 测量一次温度，共测 3 次。

（5）整理数据（表 6.1.1），选取一组数据，代入计算式，计算出 λ_m。

表 6.1.1　实验记录表

材料：＿＿＿＿＿＿　内球壳外径：＿＿＿＿＿＿　外球壳内径：＿＿＿＿＿＿　室温：＿＿＿＿＿＿

测量次数	内球壳表面温度/℃							外球壳表面温度/℃							电加热器	
	1	2	3	4	5	6	平均	1	2	3	4	5	6	平均	电流/A	电压/V
1																
2																
3																

（6）改变电加热器的电压，即改变热流，使它变为另一数值并维持不变，当达到新的稳态后，重复步骤（4）和（5），得到新的 λ_m。

利用两种情况下的 λ_m，由式（6.1-10）求得 λ_0、b，得出 λ 和 t 之间的关系式：$\lambda = \lambda_0(1 + bt)$。

五、实验报告要求

（1）画出实验装置系统简图。

（2）记录实验过程中所测量的原始数据。

（3）完成实验表格和计算得出结果。

（4）对实验结果进行误差分析和讨论。

六、思考题

（1）试料填充不均匀所产生的影响是什么？

（2）内外球壳不同心所产生的影响是什么?

（3）室内空气不平静会产生什么影响?

（4）怎样判断、检验球体导热过程已达到稳态?

（5）怎样根据测得的数据计算等到圆球表面自然对流换热系数?

（6）球体导热仪从开始加热到热稳态所需的时间取决于哪些因素?

实验 6.2　常功率平面热源法测定材料的导温系数、导热系数和比热

一、实验目的

（1）了解测定材料导温系数、导热系数的基本原理、方法及设备。

（2）学会测定温度、热量等仪器的正确使用方法。

二、实验内容

测定非金属材料的导温系数、导热系数和比热。

三、实验要求

根据本实验的特点,主要采用集中授课形式。实验报告要求语句通顺、字迹端正、图表规范、结果正确、讨论认真。

四、实验准备

预习实验,熟悉实验原理和设备,完成预习报告,主要内容如下。

（1）简述实验原理。

（2）列出实验步骤及主要仪器的使用方法。

（3）做出实验原始记录表格及整理数据表格。

五、实验原理

常功率平面热源法是非稳态测试法,其基于常热流边界条件下半无限大物体内温度场变化的规律来测定非金属材料的导温系数及导热系数。

对于壁温为 t_0 的半无限大常物性均质物体,在常功率作用下,非稳态过程的导热微分方程和单值性条件可表示为

$$\frac{\partial \theta}{\partial \tau} = a \frac{\partial^2 \theta}{\partial x^2} \tag{6.2-1}$$

初始条件:

　　$\tau = 0$ 时, $\theta(x,0) = \theta_0 = 0$

边界条件:

　　$x = 0$ 时, q 为常数 $\tag{6.2-2}$

定义：

$$\theta(x, \tau) = t(x, \tau) - t_0 \qquad (6.2\text{-}3)$$

式中：$\theta(x, 0) = t(x, 0) - t_0 = 0$ 是初始条件为 t_0 的过余温度。

在式（6.2-3）条件下求解式（6.2-1），得

$$\theta(x, \tau) = \frac{2q}{\lambda}\sqrt{a\tau}\,\mathrm{ierfc}\left(\frac{x}{2\sqrt{a\tau}}\right) \qquad (6.2\text{-}4)$$

式中：$\mathrm{ierfc}\left(\dfrac{x}{2\sqrt{a\tau}}\right)$ 为高斯误差补函数的积分值

在 τ_1 时刻、$x=0$ 位置，由式（6.2-4）可得 $\theta(0, \tau)$ 和 $\theta(0, \tau_1)$ 应分别为

$$\begin{aligned}
\theta(0, \tau) &= \frac{2q}{\lambda}\sqrt{a\tau}\,\mathrm{ierfc}(0) \\
&= \frac{2q}{\lambda}\sqrt{a\tau}\,\frac{1}{\sqrt{\pi}}
\end{aligned} \qquad (6.2\text{-}5)$$

$$\begin{aligned}
\theta(0, \tau_1) &= \frac{2q}{\lambda}\sqrt{a\tau_1}\,\mathrm{ierfc}(0) \\
&= \frac{2q}{\lambda}\sqrt{a\tau_1}\,\frac{1}{\sqrt{\pi}}
\end{aligned} \qquad (6.2\text{-}6)$$

在 τ_2 时刻、$x=\delta_1$ 位置，由式（6.2-4）可得 $\theta(\delta_1, \tau_2)$ 应为

$$\theta(\delta_1, \tau_2) = \frac{2q}{\lambda}\sqrt{a\tau_2}\,\mathrm{ierfc}\left(\frac{\delta_1}{2\sqrt{a\tau_2}}\right) \qquad (6.2\text{-}7)$$

以式（6.2-6）除以式（6.2-7），消去 q 和 λ，整理后得

$$\mathrm{ierfc}\left(\frac{\delta_1}{2\sqrt{a\tau_2}}\right) = \frac{\theta(\delta_1, \tau_2)}{\theta(0, \tau_1)\sqrt{\pi}}\sqrt{\frac{\tau_1}{\tau_2}} = \frac{\theta_{\delta_1, \tau_2}}{\theta_{0, \tau_1}}\frac{1}{\sqrt{\pi}}\sqrt{\frac{\tau_1}{\tau_2}} \qquad (6.2\text{-}8)$$

由实验测得 $\theta(0, \tau_1)$、$\theta(\delta_1, \tau_2)$、τ_1、τ_2 和 δ_1 后，代入式（6.2-8）可求得 $\mathrm{ierfc}\left(\dfrac{\delta_1}{2\sqrt{a\tau_2}}\right)$，再

由高斯误差补函数的一次积分值表（表 6.2.1）得到 $\dfrac{\delta_1}{2\sqrt{a\tau_2}}$ 的值，从而可由 δ_1 和 τ_2 求出导温

系数 a，再代入式（6.2-6）即可求出导热系数 λ。

表 6.2.1　高斯误差补函数的一次积分值

x	$\mathrm{ierfc}(x)$	x	$\mathrm{ierfc}(x)$	x	$\mathrm{ierfc}(x)$	x	$\mathrm{ierfc}(x)$	x	$\mathrm{ierfc}(x)$
0.00	0.564 2	0.18	0.402 4	0.36	0.275 8	0.58	0.164 0	0.94	0.060 6
0.01	0.554 2	0.19	0.394 4	0.37	0.272 2	0.60	0.155 9	0.96	0.056 9
0.02	0.544 4	0.20	0.386 6	0.38	0.263 7	0.62	0.148 2	0.98	0.053 5
0.03	0.535 0	0.21	0.378 9	0.39	0.257 9	0.64	0.140 7	1.00	0.050 3

续表

x	ierfc(x)	x	ierfc(x)	x	ierfc(x)	x	ierfc(x)	x	ierfc(x)
0.04	0.525 1	0.22	0.371 3	0.40	0.252 1	0.66	0.135 5	1.10	0.036 5
0.05	0.515 6	0.23	0.363 8	0.41	0.246 5	0.68	0.126 7	1.20	0.026 0
0.06	0.506 2	0.24	0.356 4	0.42	0.240 9	0.70	0.120 1	1.30	0.018 3
0.07	0.496 9	0.25	0.349 1	0.43	0.235 4	0.72	0.113 8	1.40	0.012 7
0.08	0.487 8	0.26	0.341 9	0.44	0.230 0	0.74	0.107 7	1.50	0.008 6
0.09	0.478 7	0.27	0.334 8	0.45	0.224 7	0.76	0.102 0	1.60	0.005 8
0.10	0.469 8	0.28	0.327 8	0.46	0.219 4	0.78	0.096 5	1.70	0.003 8
0.11	0.461 0	0.29	0.321 0	0.47	0.214 4	0.80	0.091 2	1.80	0.002 5
0.12	0.452 3	0.30	0.314 2	0.48	0.209 4	0.82	0.086 1	1.90	0.001 6
0.13	0.443 7	0.31	0.307 5	0.49	0.204 5	0.84	0.081 3	2.00	0.001 0
0.14	0.435 2	0.32	0.301 0	0.50	0.199 6	0.86	0.076 7		
0.15	0.426 8	0.33	0.294 5	0.52	0.190 2	0.88	0.072 4		
0.16	0.416 8	0.34	0.288 2	0.54	0.181 1	0.90	0.068 2		
0.17	0.410 4	0.35	0.281 9	0.56	0.172 4	0.92	0.064 2		

此法测出的数据,可认为是平均温度 $t_{m} = \dfrac{t(0,\tau_{1}) + t(\delta_{1},\tau_{2})}{2}$ 条件下的导热系数。

加热器的热量向两边传递,则

$$2q = I^2 R/S \qquad\qquad (6.2\text{-}9)$$

式中:R 为加热器的电阻(Ω);S 为加热器的面积(m^2);I 为通过加热器的电流(A),且 $I = U_{标}/R_{标}$,其中 $U_{标}$ 为标准电阻两端的电压降(V),$R_{标}$ 为串联在加热器线路中的标准电阻,$0.01\ \Omega$。

实验中测出试材的密度 ρ,其比热 c 为

$$c = \dfrac{\lambda}{a\rho} \qquad\qquad (6.2\text{-}10)$$

六、实验条件

如图 6.2.1 所示,将同种材料制成的试件 I、II、III 叠置在一起,它们的厚度分别为 δ_1、δ_2、δ_3,且要求 $\delta_3 = \delta_2 + \delta_1$,且 $\delta_3 \geqslant 3\delta_1$,试材的长度为($8\sim10$)$\delta_1$。

本实验取 $\delta_1 = 1\sim3$ cm,试材的长度为 20 cm,试件 I 和 II 中间夹有铜-康铜热电偶,使其与表面接触良好;采用 UJ31 型低电势直流电位差计和 AC15/5 直流辐射式检流计。

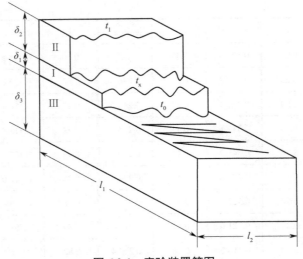

图 6.2.1　实验装置简图

七、实验步骤

（1）按要求选择、制作适宜的试件,测量试件的质量和尺寸,并标出密度。

（2）开启电源,将 45 V 电源调至所需电压值,该所需电压值按选择电压值的参考表（表 6.2.2）确定。

（3）接通稳压电源,输入为 6 V,稳定 30 min。

（4）将试件放在夹具内,放入热电偶及平板加热器。

（5）按各仪表的使用说明书,将检流计、电位差计调校到测试状态。

（6）将电位差计指向"未知 I",测量上下热电偶的电热值即试件表面的初始温度,若相同或差值在 0.04 mV 以内,即可进行实验。

（7）待以上条件满足后,首先按电偶开关"1"测冷表面电势 e_{10},然后按"3"测热表面电势 e_{30}（按"2""4"测出的电势为负值）。按"加热"开关,同时启动秒表,约 5 min 后测出热表面电势 e_3,秒表测得的时间即为 τ_1;再按开关"1"测冷表面电势 e_1 及时间 τ_2。将电位差计指向"未知 II",测出 $U_{标}$。

表 6.2.2　电压选择的参考表

加热器电阻 R/Ω	薄试件厚度 δ_1/m	密度 $\rho/(kg/m^3)$	选用电压 U/V
40	0.015	100 以下	15 以下
		300~400	15~20
		500~600	25~30
		700~800	35~40
		900 以上	40~45

续表

加热器电阻 R/Ω	薄试件厚度 δ_1/m	密度 $\rho/(\text{kg/m}^3)$	选用电压 U/V
40	0.020	300 以下	25 以下
		400~500	30~35
		600~700	35~40
		800~900	40~45
		1 000 以上	45

八、思考题

（1）测试时间和环境温度变化对测试结果有无影响？

（2）热电偶的热惰性会产生什么影响？如何降低这种影响？

（3）欲测试材料在不同温度下的热物性，可采取什么措施？

实验 6.3　二维温度场的热电模拟

一、实验目的和要求

（1）学习电热类比的原理及边界条件的处理。

（2）通过测量电模型的电量，求出墙角导热的温度场，包括：①根据从电阻网络测量的各点电压值计算墙角各相应节点上的温度；②根据求得的温度分布画出等温线，得到墙角导热温度场。

二、实验原理

基于导热与导电两类现象之间的类比关系，利用电场模拟温度场的方法是一种物理模拟法。它可以采用不同的形式实现，如导电纸、导电液、电阻网络，其中电阻网络可以实现二维温度场的模拟。本实验采用电阻网络模拟墙角温度场，以测定在等温和对流边界条件下墙角的温度分布。

导热现象和导电现象的相似之处可以从它们的数学表达式看出。

在导热系统中，二维稳态导热微分方程为

$$\frac{\partial^2 t}{\partial x^2} + \frac{\partial^2 t}{\partial y^2} = 0 \qquad (6.3\text{-}1)$$

在导电系统中，二维稳态导电微分方程为

$$\frac{\partial^2 e}{\partial x^2} + \frac{\partial^2 e}{\partial y^2} = 0 \qquad (6.3\text{-}2)$$

在稳态过程中，电场的电动势的微分方程和温度场的温度的微分方程完全一致，这表明导热与导电两类现象具有相似的规律，彼此可以类比，即导电体内的电位分布可用来模拟导热体内的温度分布，电阻可模拟热阻，电流可模拟热流。因此，只要导电体和导热体几何形状及边界条件相似,通过测定电场电位即可确定导热体内的温度场,这就是电热类比。

固体稳定温度场的电模拟法可分为连续式和网络式两类,连续式是以导电的液体或固体(导电纸)为模型,网络式是以由电阻元件构成的电阻网络为模型。显然,对网络式而言,模拟是建立在差分方程相似的基础上的。

当导热系数为常数时,均匀网络二维稳态导热的差分方程为

$$t_{i+1,j} + t_{i-1,j} + t_{i,j+1} + t_{i,j-1} - 4t_{i,j} = 0 \tag{6.3-3}$$

如图 6.3.1 所示,相应的电阻网络节点上的电动势方程为

$$\frac{e_{i,j-1} - e_{i,j}}{R_1} + \frac{e_{i-1,j} - e_{i,j}}{R_2} + \frac{e_{i+1,j} - e_{i,j}}{R_3} + \frac{e_{i,j+1} - e_{i,j}}{R_4} = 0 \tag{6.3-4}$$

只要满足 $R_1 = R_2 = R_3 = R_4 = R$,则式(6.3-3)和式(6.3-4)完全类似。

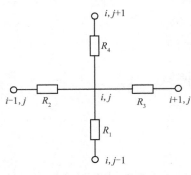

图 6.3.1　电阻网络

式(6.3-3)和式(6.3-4)适用于一切二维稳态无内热源的导热和导电问题的网络内部节点,但是用电阻网络模拟热系统时,还必须满足电热系统之间的边界条件类似的条件,这样电阻网络节点测得的电动势分布才能模拟热系统的温度分布。

对于二维等温、绝热和对流边界条件,稳态热传导的边界电模拟条件如下。

(1)对于等温边界条件,只要在电模拟的边界节点上维持等电动势即可。

(2)对于绝热边界条件,只要取 $R_2 = R_3 = 2R_1$,即可使边界条件类似。

(3)对于对流边界条件,只要取 $R_2 = R_3 = 2R_1$,同时 $R_4 = \frac{\lambda}{h\Delta x}R_1 e_{i+1,j} = Ct_\infty$,就可使边界条件类似。其中,$\lambda$ 为材料导热系数;h 为边界上的对流换热系数;t_∞ 为边界外的环境温度;Δx 为热系统中的网络间距;C 为比例系数,反映电系统中电势差和热系统中温度差的比例尺度,即 $C = \frac{e_1 - e_2}{t_1 - t_2}$。当两个表面均为对流边界条件时,$C = \frac{e_{\infty 1} - e_{\infty 2}}{t_{\infty 1} - t_{\infty 2}}$。其中,$e_1$、$e_2$ 分别为相应于外墙和内墙壁温的电势值;$e_{\infty 1}$、$e_{\infty 2}$ 分别为相应于流体温度的电动势,也就是图 6.3.1 中节点上的电动势。在选定比例系数后,就可选定加在电模型最外层两边界上的电动势差值。利用比例系数可以根据测得的电动势值换算得到相应的温度值。

三、实验装置

本实验装置为一电阻网络模型,用于模拟冷库、烟道等的稳态导热。假设该结构中的导热问题可以作为二维导热问题来处理。对于烟道,墙角由于具有对称性,仅研究对称部分即可。图 6.3.2 所示为模拟墙角尺寸。电阻网络模型自带直流稳压电源,测量时可直接接入 220 V 交流电源;各网络节点的电压用万用表逐个测量并记录。

模拟墙角的几何尺寸为 $L_1 = 2.2$ m, $L_2 = 3.0$ m, $L_3 = 2.0$ m, $L_4 = 1.2$ m；材料的导热系数为 $\lambda = 0.53$ W/(m·K)。

对于等温边界条件,墙角外壁面温度 $t_1 = 30$ ℃,内壁面温度 $t_2 = 10$ ℃；模拟墙角两端应维持 2 V 的电压差,电压与温度的比例系数 $C_1 = \dfrac{e_1 - e_2}{t_1 - t_2} = 0.1$。墙角内各节点温度与电压的换算公式为

$$t_i = t_2 + \frac{\Delta e}{C_1} \qquad （6.3\text{-}5）$$

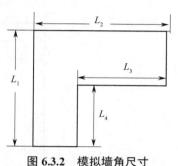

图 6.3.2　模拟墙角尺寸

对于对流边界条件,墙角外壁面与周围流体的换热系数 $h_1 = 9.34$ W/(m²·K),墙角内壁面与周围流体的换热系数 $h_2 = 3.82$ W/(m²·K),墙角外流体的温度 $t_{\infty 1} = 30$ ℃,墙角内流体的温度 $t_{\infty 2} = 10$ ℃；模拟墙角两端应维持 2 V 的电压差；电压与温度的比例系数 $C_2 = \dfrac{e_{\infty 1} - e_{\infty 2}}{t_{\infty 1} - t_{\infty 2}} = 0.1$。墙角内各节点温度与电压的换算公式为

$$t_i = t_{\infty 2} + \frac{\Delta e}{C_2} \qquad （6.3\text{-}6）$$

四、实验步骤

（1）确保模拟箱上的电压逆时针调至最小位置,接通 220 V 交流电源。

（2）万用表测量开关置于直流电压挡,注意量程与所测电压的范围相当。

（3）打开模拟箱上的电源开关,将内外墙角的电压调至所需电压,电压大小以万用表测量为准。

（4）当电压调至额定值后,就可以开始测量,用万用表依次测量各节点的相对电压,并做好记录。

（5）测完所有节点,把万用表置于交流电压最大量程,关闭万用表开关；同时把模拟箱电压调至零,断开电源开关,实验结束。

五、数据记录

（1）按照模拟箱上各测点的数量和位置,自行画出网络图,对应填写测试数据,如图 6.3.3 所示。

（2）计算各节点的温度值,画出三条等温线,形状如图 6.3.4 所示。

（3）计算通过内、外壁的热量。通过墙角内、外壁热量的计算公式为

$$Q = 4\lambda \sum \Delta t \qquad （6.3\text{-}7）$$

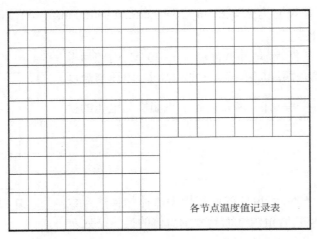

图 6.3.3　节点网络图

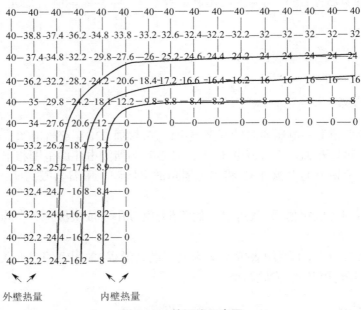

图 6.3.4　等温线示意图

实验 6.4　空气沿横管表面自由运动放热过程的测定

一、实验目的

（1）了解空气沿圆管表面自由运动放热的实验方法。

（2）掌握用热电偶测量圆管壁面温度的基本技能。

二、实验内容

（1）测定空气沿横管表面自由运动时的换热系数。

（2）用最小二乘法整理实验数据，求得自由运动换热准则方程。

三、实验要求

根据本实验的特点，主要采用集中授课形式。实验报告要求语句通顺、字迹端正、图表规范、结果正确、讨论认真。

四、实验准备

预习自然对流的相关理论；预习实验，熟悉实验原理和设备，列出实验步骤及主要仪器的使用方法；做出实验原始记录表格及整理数据表格。

五、实验原理

根据相似理论，空气沿横管表面自由运动的换热系数与横管的尺寸、流体性质、温差等有关，其努塞特数（Nu）是格拉斯霍夫数（Gr）和普朗特数（Pr）的函数，可由如下准则函数来描述：

$$Nu = f(Gr, Pr) = C(Gr \cdot Pr)^n \tag{6.4-1}$$

其中

$$Nu = \frac{hd}{\lambda}, \quad Gr = \frac{g\Delta T \beta d^3}{\nu^2}, \quad Pr = \frac{\nu}{a}$$

式中：h 为自由运动换热系数[W/（m²·K）]；λ 为空气的导热系数[W/（m·K）]；ν 为空气的运动黏度（m²/s）；d 为实验管直径（m）；β 为容积膨胀系数（K⁻¹），$\beta = 1/T$；ΔT 为管壁与周围空气间的温度差（K）；a 为热扩散系数（m²/s）。

实验的任务是确定式（6.4-1）中的 C 和 n，为此应在实验中测量计算 Nu、Pr 及 Gr 的各有关量。

本实验对铜管进行电加热，实验数据应在充分热稳定的状态下测取。因此，对于每根管子，从实验加热开始，每隔一定时间测取一次温度，根据 t_w 随时间 τ 的变化情况，判断是否已达稳态。

实验测得的电加热量是以对流和辐射两种方式来散发的，所以对流换热量 Q_c 等于总电加热量 Q 与辐射换热量 Q_r 之差，即

$$Q_c = Q - Q_r \tag{6.4-2}$$

其中

$$Q_r = C_b \varepsilon F \left[\left(\frac{T_w}{100} \right)^4 - \left(\frac{T_f}{100} \right)^4 \right] \tag{6.4-3}$$

$$Q_c = hF(t_w - t_f) \tag{6.4-4}$$

式中：T_f 为周围壁面的开尔文温度（K），可近似认为等于室内空气温度，$T_f = t_f + 273.15$；T_w

为管壁平均绝对开尔文温度（K）；F 为实验管的换热面积（m^2）；C_b 为黑体辐射系数[W/（$m^2 \cdot K^4$）]；ε 为实验管表面的黑度；h 为自由运动换热系数[W/（$m^2 \cdot ℃$）]；t_f 为测得的室内空气温度（℃）；t_w 为测得的壁面温度（℃）。

各物性参数以壁面温度和周围空气温度的平均值为定性温度来进行确定，温度平均值为

$$t_m = (t_w + t_f)/2。$$

实验过程中改变加热功率，测得一组不同的准则数，将实验点标绘在以 Nu 为纵坐标，以（$Gr \cdot Pr$）为横坐标的双对数坐标图上，或通过最小二乘法确定式（6.4-1）中的常数 C 和 n，并将结果与文献推荐的经验准则式进行比较。

六、实验条件

本实验由四套直径不同的水平圆管组成，配以相应的单相功率表、交流稳压电源及测温用的电位差计、水银温度计等。实验装置如图 6.4.1 和图 6.4.2 所示。

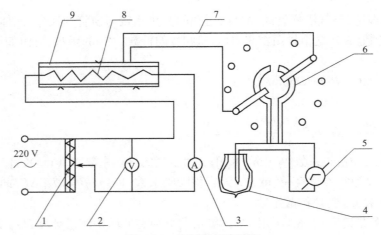

图 6.4.1　实验测量连接图

1—调压变压器；2—电压表；3—电流表；4—冰点保温瓶；5—电位差计；6—转换开关；7—热电偶；8—镍铬丝；9—实验管

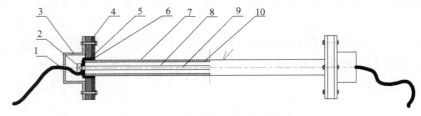

图 6.4.2　实验管段构造示意图

1—加热导线；2—接线柱；3—绝热盖；4—绝缘法兰；5—绝热泡沫垫；6—绝热体；7—实验管；8—管腔；9—加热管；10—热电偶

七、实验步骤

（1）检查各测量仪表,使其处于良好的工作状态。

（2）按电路图接好线路,经指导老师检查无误后接通电源。

（3）调试调压器至所需功率,对实验管进行加热。注意不得超过最大允许功率:
$\phi18$ mm 管的最大允许功率为 200 W;$\phi40$ mm 管为 400 W;$\phi70$ mm 管为 700 W;
$\phi100$ mm 管为 1 000 W。

（4）待 t_w 随时间 τ 的变化基本不变时可认为工况稳定,测量各参数作为一组数据。

（5）改变加热功率 3~4 次,重复步骤(4),获得数据。

（6）测取的参数交由教师检查,经教师许可后,将调压器回零,切断电源。

八、思考题

（1）实验管表面的热电阻应沿长度和圆周均匀分布,为什么?

（2）如果室内空气不平静,会导致何种结果?

（3）本实验的 Gr、Pr 的范围多大? 是否达到紊流?

九、实验报告

（1）写明实验目的、原理。

（2）记录实验过程中测量仪表的原始读数,填入表 6.4.1 中。

（3）实验结果不得省略具体计算过程。

（4）对实验结果进行分析和讨论。

表 6.4.1　测试记录与数据整理

次序	t_w/℃									加热功率/W	t_f/℃	L/m	d/m	Nu	h/[W/(m²·℃)]	$Gr·Pr$
	1	2	3	4	5	6	7	8	平均							

注:C_b=5.669 W/(m²·K⁴); L_1=1 000 mm; d_1=18 mm; L_2=1 400 mm; d_2=40 mm; L_3=2 000 mm; d_3=70 mm; L_4=2 500 mm; d_4=100 mm;
ε=0.11。

十、注意事项及其他说明

把镍铬电阻丝均匀绕制的加热器装在管内,管子两端装有绝热盖以减少热损失,管壁嵌有数对热电偶,以测量圆管表面的温度,管壁平均温度由这些热电偶的算术平均值计算求得。

实验 6.5　空气横掠单管时平均换热系数的测定

一、实验目的

（1）了解实验装置，熟悉空气流速及管壁温度的测量方法，掌握测试仪器、仪表的使用方法。

（2）通过对实验数据的综合、整理，掌握强制对流换热实验数据整理的方法。

（3）了解空气横掠单管时的换热规律。

二、实验内容

本实验要对不同直径的管子进行实验，分别测量管子所处环境的空气流速和温度、管子表面的温度及管子表面散出的热量，然后对全部实验结果进行整理，求得平均换热系数和换热准则关系的具体表达式。

三、实验要求

根据本实验的特点，主要采用集中授课形式。实验报告要求语句通顺、字迹端正、图表规范、结果正确、讨论认真。

四、实验准备

预习强制对流的相关理论；预习实验，熟悉实验原理和设备，列出实验步骤及主要仪器的使用方法；做出实验原始记录表格及整理数据表格。

五、实验原理

根据对流换热的分析，稳定受迫对流的换热规律可表示为

$$Nu = f(Re, Pr) \tag{6.5-1}$$

对于空气，温度变化范围不大时，式（6.5-1）中的普朗特数 Pr 变化很小，可视为常数，故式（6.5-1）可简化为

$$Nu = f(Re) \tag{6.5-2}$$

努塞特数的计算式为

$$Nu = \frac{hl}{\lambda} \tag{6.5-3}$$

雷诺数的计算式为

$$Re = \frac{ul}{\nu} \tag{6.5-4}$$

式中：h 为空气横掠单管时的平均换热系数[W/(m²·℃)]；u 为来流空气的速度(m/s)；l 为定型尺寸，取管子外径(m)；λ 为空气的导热系数[W/(m²·℃)]；ν 为空气的运动黏度(m²/s)。

要通过实验确定空气横掠单管时 Nu 与 Re 的关系，就要求实验中 Re 有较大范围的变

化,这样才能保证求得的准则方程的准确性。要改变 Re 可以通过改变空气流速 u 及管子直径来实现。由于改变流速 u 受风机压头及风量的限制,所以本实验选择采用不同直径的管子作为实验管,并在不同的空气速度条件下进行实验,从而现实 Re 较大范围的变化。

实验使用的锈钢管共六根,直径范围为 2.5~7.3 mm,管长 160 mm,测压点 a、b 间的距离约为 100 mm。

下面对相关参数及换热准则方程进行说明。

（1）空气来流速度可通过下式计算:

$$u = \sqrt{(2 \times 9.81 \times \Delta p)/\rho} \tag{6.5-5}$$

式中: Δp 为毕托管测得的空气流的动压(mmH$_2$O); ρ 为空气密度(kg/m^3)。

（2）管壁温度 t_w。

根据铜-康铜热电偶测得的热电势 $E(t_1 , t_f)$ 和分度表(表 6.5.1)可确定内壁温度 t_1。实验管为有内热源的圆筒形壁,且内壁绝热,因此内壁温度 t_1 大于外壁温度 t_w(根据管内温度可以计算得到外壁温度 t_w)。由于所用管壁很薄,仅 0.2~0.3 mm,且管外空气的换热系数较小,可认为 $t_w = t_1$。

表 6.5.1　铜-康铜热电偶分度表

热端温度/℃	热电动势/mV	热端温度/℃	热电动势/mV
0	0.000	160	7.207
10	0.391	170	7.718
20	0.798	180	8.235
30	1.196	190	8.757
40	1.611	200	9.286
50	2.035	210	9.820
60	2.469	220	10.360
70	2.908	230	10.905
80	3.357	240	11.456
90	3.813	250	12.011
100	4.277	260	12.572
110	4.794	270	13.137
120	5.227	280	13.707
130	5.712	290	14.281
140	6.204	300	14.860
150	6.703		

（3）流过实验管的电流 I。

标准电阻为 150 A/75 mV,即标准电阻上每 1 mV 电压降相当于有 2 A 电流流过,即

$$I = 2V_1 \tag{6.5-6}$$

式中:I 为通过实验管的电流(A);V_1 为标准电阻两端的电压降(mV)。

（4）实验管工作段 a、b 间的电压降可通过下式计算:

$$V = TV_2 \times 10^{-3} \qquad (6.5\text{-}7)$$

（5）实验管工作段 a、b 间的发热量 Q 可通过下式计算:

$$Q = IV \qquad (6.5\text{-}8)$$

（6）空气流对管外壁的平均换热系数可通过下式计算:

$$h = \frac{Q}{S(t_w - t_f)} \qquad (6.5\text{-}9)$$

式中:S 为电压测点 a、b 间实验管的外表面积(m²)。

（7）换热准则方程。

根据每一实验工况所测得的值,可计算出相应的 Nu 及 Re 值。在双对数坐标纸上,以 Nu 为纵轴,Re 为横轴,将各工况画出,它们的规律可近似地用一直线表示,即满足

$$\lg Nu = a + m \lg Re \qquad (6.5\text{-}10)$$

则 Nu 和 Re 之间的关系可近似地表示为一指数方程的形式,即

$$Nu = CRe^m \qquad (6.5\text{-}11)$$

其中 $a = \lg C$。

如取 $x = \lg Re$，$y = \lg Nu$，则式（6.5-10）可表示为

$$y = a + mx \qquad (6.5\text{-}12)$$

根据最小二乘法原理,系数 a 及 m 可按下式计算:

$$a = \frac{\sum xy \sum x - \sum y \sum x^2}{\left(\sum x\right)^2 - n\sum x^2} \qquad (6.5\text{-}13)$$

$$m = \frac{\sum x \sum y - n\sum xy}{\left(\sum x\right)^2 - n\sum x^2} \qquad (6.5\text{-}14)$$

其中

$$xy = (\lg Re)(\lg Nu) \qquad (6.5\text{-}15)$$

$$x^2 = (\lg Re)^2 \qquad (6.5\text{-}16)$$

式中:n 为实验点的数目。

在计算 Nu 及 Re 时,所用的空气物性参数 λ、v 以边界层的平均温度 $t_m = \dfrac{t_w + t_f}{2}$ 为定性温度,通过查阅有关表格确定。

六、实验条件

本实验装置本体由风源和实验段构成。风源为一箱式风洞,风机、稳压箱、收缩口都设置在箱体内,风箱中央为空气出风口,形成一有均匀流速的空气射流。实验段的风道直接放置在出风口上。风机吸入口有一调节风口,可以改变实验段风道中的空气流速。

图 6.5.1 所示为本实验装置及其测量系统。实验段风道由有机玻璃制成,实验管为薄壁不锈钢圆管,横于风道中间。为了保证管子加热量测量及管壁温度测量的准确性,用低压

直流电源接通电加热管子,管子两端与电源导板连接。本实验装置易于更换不同直径的实验管。为了准确测定实验管上的加热功率,在离管端一定距离处焊有两个电压测点 a、b,以排除管子两端的影响。铜-康铜热电偶设置在管内,可在绝热条件下准确地测出管内壁温度,然后确定管外壁温度。

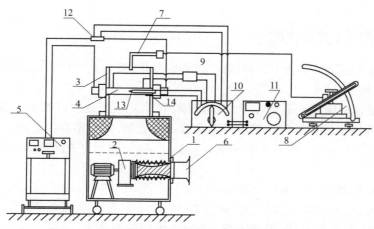

图 6.5.1　空气横掠单管时平均换热系数测定实验装置
1—风箱;2—风机;3—有机玻璃风道;4—薄壁不锈钢圆管;5—硅整流电源;6—调风门;
7—毕托管;8—倾斜式微压计;9—分压箱;10—转换开关;11—电位差计;
12—标准电阻;13—铜-康铜热电偶;14—冷端

实验管加热用的低压大电流直流电由硅整流电源供给,调节整流电源输出电压可改变对管子的加热功率。电路中串联一标准电阻,用电位差计经转换开关测量标准电阻上的电压降,然后确定流过不锈钢圆管的电流量。实验管两测压点 a、b 间的电压亦用电位差计测量。由于受电位差计量程限制,测量 a、b 间电压的电路中接入一分压箱。

为了简化测量系统,测量管内壁温度 t_1 的热电偶的参考点温度不是 0℃,而是来流空气温度 t_f,即热电偶的热端设在管内,冷端则放在风道空气流中。所以,热电偶反映的为管内壁温度与空气温度之差 (t_1-t_f) 的热电势 $E(t_1, t_f)$,亦经过转换开关,用同一电位差计测量。

风道上装有毕托管,通过倾斜式微压计测出实验段中空气流的动压 Δp,以确定实验段中空气流的速度 u。

空气流的温度 t_f 用水银温度计测量。

七、实验步骤

(1)连接并检查所有线路和设备。将硅整流电源电压调节旋钮转至零位;然后接通风机电源,调节风口至最大风量;再接通整流电流,将电流调到指定的参考值,待微压计、热电偶读数稳定后即可测量各有关数据。

(2)保持加热功率基本不变,调节风口关小,稳定后可测得另一组数据。实验时对每一种直径的管子,空气流速可调整 4~5 个工况。加热保持管壁与空气间有适当的温差。每调整一个工况,待微压计、热电偶读数等稳定后方能测量各有关数据。

八、实验报告

（1）在双对数坐标纸上绘出各实验点，并用最小二乘法求出准则方程。

（2）将实验结果与有关参考书给出的空气横掠单管时的换热准则方程和线图进行比较。

九、注意事项及其他说明

（1）了解整个实验装置各个部分，熟悉仪表的使用，特别是电位差计必须按操作步骤使用，以避免损坏仪器。

（2）为确保管壁温度不致超出允许的范围，启动及工况改变时都必须注意操作程序。启动时必须先开风机，调整风速，然后对实验管通电加热，并调整到要求的工况。注意电流表上的读数，不允许超出工作电流参考值。实验完毕后，必须先关闭加热电源，待试件冷却后，再关风机。

①实验过程中禁止人员在风口处走动；

②启动电源前，先将电源调节旋钮转至零位；

③实验结束后，先关闭电源，调至零位，风机风门开至最大位，等加热器件冷却后再关风机。

实验 6.6　中温辐射时物体黑度的测量

一、实验目的

用比较法定性测量中温辐射时物体的黑度 ε。

二、实验原理

对于由 n 个物体组成的辐射换热系统，利用净辐射法可以得求物体 i 的纯换热量 $Q_{net,i}$，即

$$Q_{net,i} = Q_{abs,i} - Q_{e,i}$$
$$= d_i \int_{F_k} E_{eff,k} \psi_{k,i} dF_k - \varepsilon_i E_{b,i} F_i \qquad (6.6\text{-}1)$$

式中：$Q_{net,i}$ 为 i 面的净辐射换热量；$Q_{abs,i}$ 为 i 面从其他表面吸收的热量；$Q_{e,i}$ 为 i 面本身的辐射热量；ε_i 为 i 面的黑度；$\psi_{k,i}$ 为 k 面对 i 面的角系数；$E_{eff,k}$ 为 k 面的有效辐射力；$E_{b,i}$ 为 i 面的辐射力；d_i 为 i 面的吸收率；F_i 为 i 面的面积；F_k 为 k 面的面积。

根据本实验的设备情况，可以认为：①热源 1、传导圆筒 2 为黑体；②热源 1、传导圆筒 2、待测物体（受体）3 表面的温度均匀。因此，式（6.6-1）可写为

$$Q_{net,3} = d_3(E_{b,1}F_1\psi_{1,3} + E_{b,2}F_2\psi_{2,3}) - \varepsilon_3 E_{b,3}F_3 \qquad (6.6\text{-}2)$$

因为 $F_1 = F_3$，$d_3 = \varepsilon_3$，$\psi_{3,2} = \psi_{1,2}$，又根据角系数的互换性 $F_2\psi_{2,3} = F_3\psi_{3,2}$，则

$$q_3 = Q_{net,3}/F_3 = \varepsilon_3(E_{b,1}\psi_{1,3} + E_{b,2}\psi_{1,2}) - \varepsilon_3 E_{b,3}$$
$$= \varepsilon_3(E_{b,1}\psi_{1,3} + E_{b,2}\psi_{1,2} - E_{b,3}) \qquad (6.6\text{-}3)$$

由于受体 3 与环境主要以自然对流方式换热,因此

$$q_3 = \alpha(T_3 - T_f) \tag{6.6-4}$$

式中:α 为换热系数;T_3 为待测物体(受体)的温度;T_f 为环境温度。

由式(6.6-3)和式(6.6-4)可得

$$\varepsilon_3 = \frac{\alpha(T_3 - T_f)}{E_{b,1}\psi_{1,3} + E_{b,2}\psi_{1,2} - E_{b,3}} \tag{6.6-5}$$

当热源 1 和黑体圆筒 2 的表面温度一致时,$E_{b,1} = E_{b,2}$,又考虑到体系 1、2、3 为封闭系统,则 $(\psi_{1,3} + \psi_{1,2}) = 1$。

由此,式(6.6-5)可写为

$$\varepsilon_3 = \frac{\alpha(T_3 - T_f)}{E_{b,1} - E_{b,3}} = \frac{\alpha(T_3 - T_f)}{\sigma(T_1^4 - T_3^4)} \tag{6.6-6}$$

式中:σ 称为斯特藩-玻尔兹曼常数,$5.7 \times 10^{-8}\ \text{W/(m}^2 \cdot \text{K}^4)$。

对不同待测物体(受体)a、b,其黑度 ε 分别为

$$\varepsilon_a = \frac{\alpha_a(T_{3a} - T_f)}{\sigma(T_{1a}^4 - T_{3a}^4)}$$
$$\varepsilon_b = \frac{\alpha_b(T_{3b} - T_f)}{\sigma(T_{1b}^4 - T_{3b}^4)} \tag{6.6-7}$$

设 $\alpha_a = \alpha_b$,则

$$\frac{\varepsilon_a}{\varepsilon_b} = \frac{T_{3a} - T_f}{T_{3b} - T_f} \cdot \frac{T_{1b}^4 - T_{3b}^4}{T_{1a}^4 - T_{3a}^4} \tag{6.6-8}$$

当 b 为黑体时,$\varepsilon_b \approx 1$,式(6.6-8)可写为

$$\varepsilon_a = \frac{T_{3a} - T_f}{T_{3b} - T_f} \cdot \frac{T_{1b}^4 - T_{3b}^4}{T_{1a}^4 - T_{3a}^4} \tag{6.6-9}$$

三、实验装置

本实验装置如图 6.6.1 所示。热源具有一个测温热电偶,传导腔体有两个热电偶,受体有一个热电偶,巡检仪可同时显示并控制四个测温点的温度,通过观察对应的巡检仪通道窗口来记录其温度值。

四、实验方法和步骤

本实验采用比较法定性测定物体的黑度。具体方法是通过对三组加热器电压的调整(热源一组,传导体两组),使热源和传导体的测温点恒定在同一温度上,然后分别将"待测"(受体为待测物体,具有原来的表面温度)和"黑体"(受体仍为待测物体,但表面熏黑)两种状态的受体在相同时间接受热辐射,测出受到辐射后的温度就可按公式计算出待测物体的黑度。

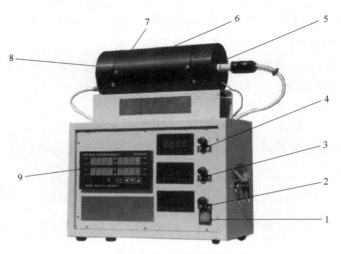

图 6.6.1　实验装置

1—电源开关；2—传导体 2 调压旋钮；3—传导体 1 调压旋钮；
4—热源调压旋钮；5—热源；6—传导体 1；7—传导体 2；
8—受体；9—温度显示及巡检仪

为了测试成功，最好在实测前对热源和传导体的恒温控制方法进行 1~2 次探索，掌握规律后再进行正式测试。具体实验步骤如下。

（1）进行巡检仪设定，详细操作见巡检仪使用说明书。

（2）将热源和受体（先用"待测"状态的受体）对正靠近传导体，在受体与传导体 2 之间插入石棉隔热板。

（3）接通电源，将电压调节旋钮全部向左置零，观察巡检仪四个窗口的温度值。通道"1""2""3"分别对应"热源""传导左""传导右"的温度，通道"4"对应"受体"的温度。未加热时显示的值应视为环境温度。调整通道"1""2""3"对应的数字电压表，通常为 35 V 左右，观察巡检仪上的温度变化和频闪的红绿灯，这时巡检仪已进入自整定状态，随巡检温度的变化而自动通断加热装置，电压表上的值会时有时无。当接近巡检仪事先设定的温度值时，需再微调电压值的大小，通常稳定在 18~21 V，调整电压时避免陡增陡降，以免影响系统温度的稳定，以使"传导左""传导右"的温度尽快与"热源"温度一致。

（4）当系统进入设定的温度范围后，去掉隔热板，将受体段紧靠传导体，此时还应微调电压旋钮以便使各点温度稳定在设定值附近，波动≤3 ℃即可，稳定 10~15 min 后记录巡检仪通道"4"的数值即"受体"的温度。

（5）取下受体段，用蜡烛将受体表面熏黑，冷却至室温，重复以上调试程序，使其温度与未熏黑前一致，在相同的稳定时间后记录测定值，得到第二组数据。

（6）将两组数据进行整理后代入公式，即可得出待测物体的黑度 $\varepsilon_{受}$。

五、注意事项

热源及传导体的温度不宜过高，切勿超过仪器允许的最高温度 200 ℃。一般情况下，按额定温度的 80% 使用，可有效延长仪器的寿命。

每次进行"待测"状态实验时,建议用汽油或酒精将待测物体的表面擦净,否则实验结果将有较大的出入。

六、实验所用计算公式

根据式(6.6-8),本实验所用计算公式为

$$\frac{\varepsilon_{受}}{\varepsilon_0} = \frac{\Delta T_{受}(T_{源}^4 - T_0^4)}{\Delta T_0(T_{源}'^4 - T_{受}^4)} \qquad (6.6\text{-}10)$$

式中:ε_0 为相对黑体的黑度,该值可假设为 1;$\varepsilon_{受}$ 为待测物体(受体)的黑度;$T_{源}$ 为受体为相对黑体时热源的绝对温度;$T_{源}'$ 为受体为被测物体时热源的绝对温度;T_0 为相对黑体的绝对温度;$T_{受}$ 为待测物体(受体)的绝对温度。

七、实验数据记录和处理

实验数据记录和处理见表 6.6.1。

表 6.6.1　实验数据记录和处理表

序号	热源的温度/℃	传导体的温度/℃			受体(紫铜)的温度/℃
		1	2	3	
1					
2					
3					
平均					

序号	热源的温度/℃	传导体的温度/℃			受体(紫铜熏黑)的温度/℃
		1	2	3	
1					
2					
3					
平均					

实验 6.7　换热器综合实验

一、实验目的

(1)熟悉换热器性能的测试方法。
(2)了解套管式换热器、螺旋板式换热器和列管式换热器的结构特点及其性能的差别。
(3)加深对采用顺流和逆流两种流动方式的换热器换热能力差别的认识。

二、实验装置

本实验装置简图如图 6.7.1 所示,其冷水可用阀门换向进行顺逆流实验;换热器综合实验台工作原理如图 6.7.2 所示,换热形式为热水-冷水换热式。

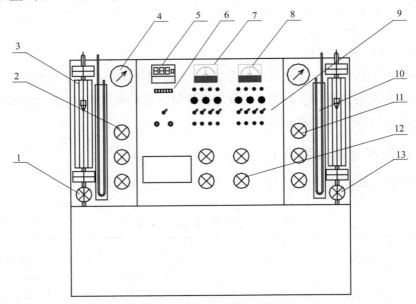

图 6.7.1　实验装置简图

1—热水流量调节阀;2—热水螺旋板、套管、列管启闭阀门组;3—热水流量计;
4—换热器进口压力表;5—数显温度计;6—琴键转换开关;7—电压表;8—电流表;9—开关组;
10—冷水出口压力计;11—冷水螺旋板、套管、列管启闭阀门组;12—顺逆流转换阀门组;
13—冷水流量调节阀

本实验台的热水加热采用电加热方式,冷-热流体的进出口温度用数显温度计测量,可以通过琴键开关来切换测点。具体实验台参数如下。

（1）换热器换热面积。

①套管式换热器:0.45 m²。

②螺旋板式换热器:0.65 m²。

③列管式换热器:1.05 m²。

（2）电加热器总功率:9.0 kW。

（3）冷、热水泵。

①允许工作温度:<80 ℃。

②额定流量:3 m³/h。

③扬程:12 m。

④电机电压:220 V。

⑤电机功率:370 W。

（4）转子流量计型号。

①型号:LZB-15。

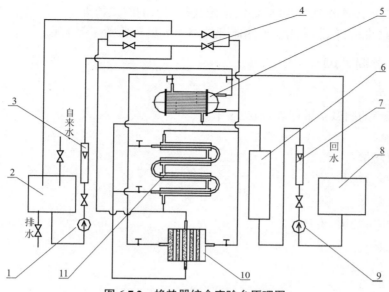

图 6.7.2　换热器综合实验台原理图

1—冷水泵;2—冷水箱;3—冷水浮子流量计;4—冷水顺逆流换向阀门组;5—列管式换热器;
6—电加热水箱;7—热水浮子流量计;8—回水箱;9—热水泵;10—螺旋板式换热器;
11—套管式换热器

②流量:40~400 L/h。

③允许温度范围:0~120 ℃。

三、实验准备与操作

1. 实验准备

(1)熟悉实验装置及所使用的仪表的工作原理和性能。

(2)打开所要实验的换热器阀门,关闭其他阀门。

(3)按顺流(或逆流)方式调整冷水换向阀门的开闭。

(4)向冷、热水箱充水,禁止水泵无水运行(热水泵启动,加热才能供电)。

2. 实验操作

(1)接通电源;启动热水泵(为了提高热水温升速度,可先不启动冷水泵),调整为合适的流量;过 10 min 后再启动冷水泵。

(2)调整温控仪,使其将加热水温控制在 80 ℃以下的某一指定温度。

(3)将加热器开关分别打开(热水泵开关与加热开关已进行联锁,热水泵启动,加热才能供电)。

(4)利用数显温度计和温度测点选择琴键开关按钮,观测和检查换热器冷、热流体的进出口温度。待冷、热流体的温度基本稳定后,即可测读出相应测温点的温度数值,同时测读转子流量计冷、热流体的流量读数,将这些测试结果记录在实验数据记录表中。

(5)如需要改变流动方向(顺逆流)进行实验,或需要绘制换热器传热性能曲线而要求改变工况,如改变冷水(热水)流速(或流量)进行实验,或需要重复进行实验,都要重新做实验,实验方法与上述操作基本相同,如实记录这些实验的测试数据。

（6）实验结束后,首先关闭电加热器开关,5 min 后再切断全部电源。

四、实验数据处理

1. 数据记录

将实验所得的测试结果记入表 6.7.1 中。

2. 数据处理

热流体放热量:

$$Q_1 = c_{p1} m_1 (T_1 - T_2) \tag{6.7-1}$$

冷流体吸热量:

$$Q_2 = c_{p2} m_2 (t_1 - t_2) \tag{6.7-2}$$

平均换热量:

$$Q = \frac{Q_1 + Q_2}{2} \tag{6.7-3}$$

热平衡误差:

$$\Delta = \frac{Q_1 - Q_2}{Q} \times 100\% \tag{6.7-4}$$

对数传热温差:

$$T_m = \frac{\Delta T_2 - \Delta T_1}{\ln \dfrac{\Delta T_2}{\Delta T_1}} = \frac{\Delta T_1 - \Delta T_2}{\ln \dfrac{\Delta T_1}{\Delta T_2}} \tag{6.7-5}$$

传热系数:

$$K = Q/(ST_m) \tag{6.7-6}$$

式中:c_{p1}、c_{p2} 为热、冷流体的定压比热$[J/(kg \cdot K)]$;m_1、m_2 为热、冷流体的质量流量（kg/s）;T_1、T_2 为热流体的进、出口温度（℃）;t_1、t_2 为冷流体的进、出口温度（℃）;$\Delta T_1 = T_1 - t_1$;$\Delta T_2 = T_2 - t_2$;S 为换热器的换热面积（m²）。

注意:热、冷流体的质量流量 m_1、m_2 是根据修正后的流量计体积流量读数 V_1、V_2 换算得到的。

表 6.7.1　实验数据记录表

顺逆流	热流体			冷流体		
	进口温度 T_1/℃	出口温度 T_2/℃	流量计读数 V_1/（L/h）	进口温度 t_1/℃	出口温度 t_2/℃	流量计读数 V_2/（L/h）
顺流						

续表

顺逆流	热流体			冷流体		
	进口温度 T_1/℃	出口温度 T_2/℃	流量计读数 V_1 /(l/h)	进口温度 t_1/℃	出口温度 t_2/℃	流量计读数 V_2 /(l/h)
逆流						

3.绘制传热性能曲线并进行比较

(1)以传热系数为纵坐标,以冷水(热水)流速(或流量)为横坐标绘制传热性能曲线。

(2)对三种换热器的性能进行比较。

五、注意事项

(1)热流体在热水箱中的加热温度不得超过 80 ℃。

(2)实验台使用前应加接地线,以确保安全。

实验 6.8 高热流密度元件冷却散热性能实验

一、实验目的

(1)了解目前高热流密度元件冷却原理及技术。

(2)测定不同类型热管散热器的散热效率。

(3)提交研究报告形式的实践或实验报告。

二、实验内容

(1)根据被冷却元件的类型和负荷进行冷却散热方案的设计,包括散热器选择、风量估算和确定需要测量的热工参数等。

(2)进行不同工况下的实验。

(3)根据实验数据分析所设计的实验方案的科学性和可行性。

三、实验要求

(1)了解实验系统各组成部分的技术原理,仔细阅读测量仪器的使用说明书,了解其技术原理、适用范围以及技术参数。

(2)逐步熟练掌握各类仪器的使用方法和操作要求。

四、实验准备

(1)由 2 人以上组成实验小组,查阅与本人拟研究科研课题相关的近期文献资料。

（2）实验方案须经小组全体成员详细讨论并经指导教师审阅。

五、实验原理、方法和手段

1. 实验原理

根据高热流密度元件（如计算机中的芯片）散热的需要,采用翅片式散热器在模拟风洞中进行冷却散热实验研究。根据（设定的）芯片热流密度,测试并计算芯片表面的平均温度、所选择散热器的扩散热阻和散热热阻以及散热器两端风压等参数,将不同工况下的实验计算结果绘出曲线,分析所提供的散热器的热性能是否满足要求。

本实验装置如图 6.8.1 所示。本实验系统包括风洞、直流稳压电源、直流调速器、加热系统、热线风速仪、多通道温度采集系统、铜-康铜热电偶、计算机等。

风洞本体由有机玻璃制成,全程可分为进口段、测速段、实验段。其中,测速段采用小断面风道,以使流速提高,测量准确。

采用直流硅热源对模拟芯片进行加热,散热器发热量的改变通过改变调压器的输入功率来实现。铜柱内埋入两对热电偶 T_2、T_3,用于计算热流密度;为测量模拟芯片的温度,在模拟芯片内埋有热电偶 T_1;散热器底板上埋入若干热电偶（图 6.8.1 中未画出）,以获得散热器底板的平均温度。风洞内由风机提供不同流速的气流对散热器进行冷却。整个散热过程分为三步:芯片热量传递到散热器底板上,通过热传导的作用将热量传递给散热器,最后通过空气自然对流将热量带走。

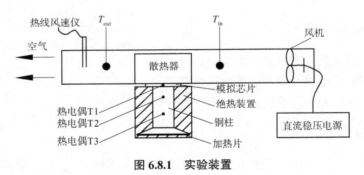

图 6.8.1　实验装置

在模拟芯片与散热器底板之间设有热结合层材料,以改善接触热阻。将散热器压紧在附有热结合层材料的模拟芯片上,实验体置于有机玻璃风道中。风道直管段全长 2.25 m,实验段前管长 1 m。采用模块化设计,以便拆卸、更换不同形式的散热器,从而进行对比实验。在不同工况中,测量温度在 3 min 内的变化不超过 0.5 ℃,即认为模拟芯片与散热器的换热已经达到热平衡,散热器达到稳定的工作状态。

2. 散热器扩散热阻的计算

模拟芯片工作时,首先将高密集度热量扩散到散热器底板,散热器底板不均匀的能量分布将导致模拟芯片表面形成无规则的高温分布点,由于模拟芯片面积与散热器底板面积不相等,而且散热器底板与热管散热器底面的相对位置有差异,会形成扩散热阻。如果散热器底板上的温度能够均匀分布,则会为芯片提供更大的有效散热面积,从而获得更高的散热效率。

扩散热阻 R_s 可表示为

$$R_s = \frac{T_s - T_{base}}{Q} \tag{6.8-1}$$

式中：T_s 为模拟芯片的工作温度；T_{base} 为散热器底板的平均温度；Q 为加热量。

由此可得到散热器在不同风速下的扩散热阻-加热功率（曲线图）情况。

3. 散热器散热热阻的计算

散热热阻能客观地反映散热器性能，它也是散热器冷却模拟芯片的一个重要特性参数。散热器的总热阻可表示为

$$R_{total} = R_{fin} + R_{base} = \frac{T_{base} - T_{amb}}{Q} \tag{6.8-2}$$

式中：R_{total} 为散热器总散热热阻；R_{fin} 为翅片热阻；R_{base} 为散热器底板热阻；T_{amb} 为环境温度；Q 为加热量。

由此可计算出在散热器在不同风速下的发热功率-总散热热阻（曲线图）情况。

六、实验步骤

（1）熟悉实验原理及设备。

（2）连接并检查所有线路和设备。在测速段上安装热线风速仪，使其测风速探头正迎来流方向，并将热电偶与多通道温度采集系统连接。检测调试各测温、测速、测热量的仪表，使其处于良好的工作状态。

（3）将试件放入实验段，与模拟芯片的铜块连接好后，接通电加热器电源，将电功率控制在 200 W 以内。开启风机，然后通过调节风扇转数改变实验工况的空气流速。

（4）确认实验工况处于稳定状态后，进行所有参数的测量记录。

（5）改变风速，重复步骤（4），共测三组数据。

（6）实验结束，关闭电源，片刻后关闭风机及风门，将仪器、仪表归位。

七、实验数据记录和处理

实验数据记录和处理见表 6.8.1。

表 6.8.1　实验数据记录和处理表

测量项目		第一组	第二组	第三组
芯片集成散热器	长 L/m			
	宽 W/m			
	面积 S/m²			
热源	长 L/m			
	宽 W/m			
	面积 S/m²			

续表

工况编号	1	2	3	1	2	3	1	2	3
加热器功率/W									
风道内空气流速/(m/s)									
散热器底板温度/℃									
风洞气流温度/℃									
芯片温度 t_1/℃									
热源温度 t_2/℃									
热源温度 t_3/℃									

八、影响因素分析

（1）本实验装置包括测风速和测温度两个系统。测风速系统使用热线风速仪测定风道内某一点处的风速,所以要求风道中各点处的风速均匀,否则测得的风速不具代表性,会影响实验数据处理的准确性。

（2）本实验属稳态传热,但由于加热系统没有稳压装置,所以换热管表面温度难免有些波动,对测量结果有较大影响。

（3）各种测试仪器在使用前必须进行校正,以保证测试结果的准确性。

九、思考题

（1）测温时应注意什么?

（2）本实验中的风洞边界条件是常热流边界条件,还是常壁温边界条件?

（3）以本实验为例,试讨论研究风冷散热器的其他实验方法。

第 7 章　能源化学

实验 7.1　炉灰中重金属元素的测定（电感耦合等离子体发射光谱法）

垃圾与煤在焚烧过程中都会产生固体残渣——炉灰,炉灰是我国城市大气颗粒物的主要来源之一,含有砷、铬、铅、镉等有毒有害元素,严重污染环境,危害人体健康。煤飞灰中金属的迁移转化研究、环境健康风险评价以及飞灰稳定化和无害化处理处置,都需要准确测定元素组成及含量。

电感耦合等离子体(Inductive Coupled Plasma, ICP)发射光谱是材料研究中的一种重要方法和手段,由于其具有灵敏度高、精确度高、稳定性好、线性范围宽、基体效应小、分析速度快以及多元素同时测定等优点,已被广泛应用在化学、材料等学科中,也是检测炉灰中重金属元素的常用技术手段。

一、实验目的

(1)了解电感耦合等离子体发射光谱仪(ICP-OES)的仪器原理与特点,掌握电感耦合等离子体发射光谱法测量炉灰中重金属元素的原理。

(2)学会使用 ICP-OES。

(3)掌握 ICP-OES 测定炉灰中重金属元素的原理和方法。

二、实验内容

通过任课教师的讲解,理解等离子体发射光谱分析的基本原理;初步掌握仪器的原理及特点、用途和结构组成;掌握 ICP-OES 的使用方法,并对样品进行定性和定量分析。

三、实验原理

1.ICP 基本概念

ICP 光源包括高频等离子体发生器、等离子体炬管(二者合为 ICP)。ICP 原理图如图 7.1.1 所示。高频振荡器发出的高频电流,经过耦合系统传递到位于等离子体发生管上端的内部用水冷却的铜制管状线圈上。石英制成的等离子体发生管内有三个同轴氩气流经通道。冷却气(Ar)通过外部及中间的通道环绕等离子体,起到稳定等离子体焰炬及

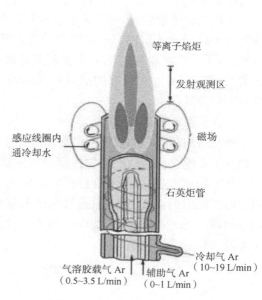

图 7.1.1　ICP 原理图

冷却石英管壁,防止管壁受热熔化的作用。

等离子体(Plasma)又称"电浆",是由离子、电子以及未电离的中性粒子的集合组成的整体呈中性的物质状态,一般指电离度超过 0.1% 被电离了的气体,这种气体不仅含有中性原子和分子,而且含有大量的电子和离子,且电子和正离子的浓度处于平衡状态,从整体来看是处于中性的。

2. 原子发射光谱分析基本原理

由于原子的状态发生变化而产生的电磁辐射即为原子光谱。原子特征光谱是元素的固有特征,原子发射光谱是原子外层价电子受到激发而跃迁到激发态,再由高能态回到各较低能态或基态时,以辐射形式放出其激发能而产生的光谱,如图 7.1.2 所示。

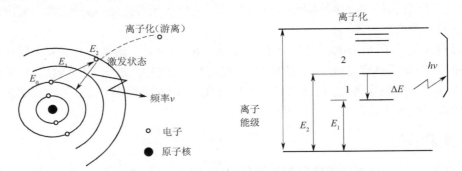

图 7.1.2　在等离子体中元素发射特征波长的光

工作气体(Ar)由中部的石英管道引入,开始工作时启动高压放电装置使工作气体发生电离,被电离的气体经过环绕石英管顶部的高频感应线圈时,线圈产生的巨大热能和交变磁场使电离气体的电子、离子和处于基态的氩原子发生反复猛烈碰撞,各种粒子的高速运动导致气体完全电离形成一个类似线圈状的等离子体炬区,此处温度高达 6 000~10 000 ℃。样品经处理制成溶液后,由超雾化装置变成气溶胶并由底部导入管内,经轴心的石英管道从喷嘴喷入等离子体焰炬内。样品气溶胶进入等离子体焰炬时,绝大部分立即分解成激发态的原子、离子。这些激发态的粒子恢复到稳定的基态会放出一定的能量(表现为一定波长的光谱),测定每种元素特有的谱线和强度,并与标准溶液对比,就可以知道样品中所含元素的种类和含量。

3. 仪器组成与工作原理

Plasma 3000 型 ICP-OES 系统由光谱仪主机和计算机组成,整个仪器可分为进样系统、射频发生系统、分光系统、检测控制与数据处理系统,如图 7.1.3 所示。

其工作原理是:待测试样经雾化器形成气溶胶进入石英炬管等离子体中心通道,经光源激发后所辐射的谱线,经入射狭缝到达色散系统,分光后的待测元素特征谱线光投射到电荷耦合器件(Charge Coupled Device, CCD)上,再经电路处理,由计算机进行数据处理来确定元素的含量。

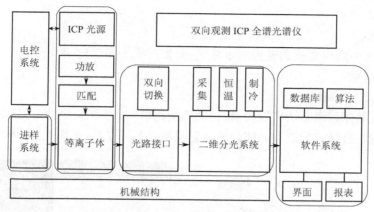

图 7.1.3　Plasma 3000 型 ICP-OES 结构示意图

CCD 能够将光线变为电荷,并存储及转移电荷,即把光学影像转化为数字信号,也可将存储的电荷取出使电压发生变化,因此是理想的相机元件。CCD 相机因具有体积小、质量小、不受磁场影响、具有抗震动和撞击的特性而被广泛应用。

Plasma 3000 型 ICP-OES 外形及安装尺寸为 1 060 mm × 670 mm × 750 mm（宽 × 深 × 高）,质量为 180 kg,如图 7.1.4 所示。

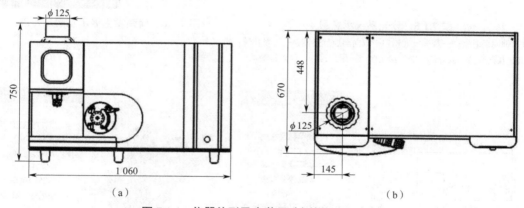

图 7.1.4　仪器外形及安装尺寸(单位:mm)
（a）正视图　（b)俯视图

四、仪器设备

1. 主机部件

主机部件主要包括进样系统、射频发生器、光学系统、测控电路系统、机械框架、计算机软件系统。进样系统主要包括蠕动泵、进排液泵管、雾化器、雾室、炬管。射频发生器包含功放箱、匹配箱。光学系统包含双向观测接口、分光系统、CCD 检测器。测控电路系统包含各控制电路模块。

2. 主要参数

1）分光系统

光路形式为中阶梯光栅和棱镜二维分光，分光系统如图 7.1.5 所示。

2）射频发生器

振荡频率：27.12 MHz。

功放形式：晶体管固态功率放大器，自动匹配调谐。

射频发生器、自激式功放和晶体管的示意及特点如图 7.1.6 至图 7.1.8 所示。

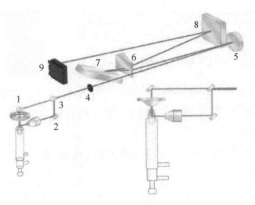

图 7.1.5　分光系统示意图

1—轴向反射镜；2—径向反射镜；3—双向切换反射镜；4—入射狭缝；
5—准直镜；6—棱镜；7—中阶梯光栅；8—聚焦镜；9—面阵检测器

图 7.1.6　射频发生器示意图及特点

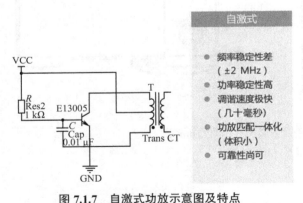

图 7.1.7　自激式功放示意图及特点

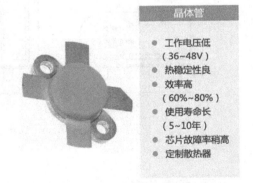

图 7.1.8　晶体管示意图及特点

3）进样系统

进样主要使用四通道 12 滚轮蠕动泵，泵速在 0~50 r/min 范围内连续可调。溶液进样系统由雾化器、雾室、炬管、蠕动泵等组成，如图 7.1.9 所示。雾室有旋流雾室、双筒雾室等，如图 7.1.10 所示。本实验使用的雾化器为同心雾化器（标准雾化器、耐高盐雾化器、耐氢氟酸雾化器）。本实验使用的炬管为可拆卸炬管或一体式炬管（耐高盐炬管、耐氢氟酸炬管和有机进样炬管），如图 7.1.11 所示。

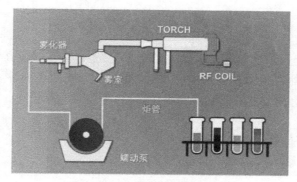

图 7.1.9　溶液进样系统示意图

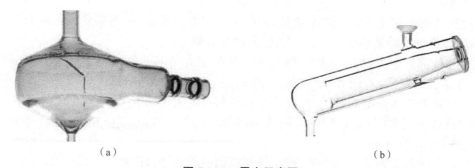

（a）　　　　　　　　　　　　　　　　　（b）

图 7.1.10　雾室示意图

（a）旋流雾室　（b）双筒雾室

应用	中心管口径（mm）
普通应用	1.2~1.5
高盐	2.0~3.0
有机	0.8~1.0

介质	材质
盐酸、硝酸	石英
氢氟酸	Al_2O_3

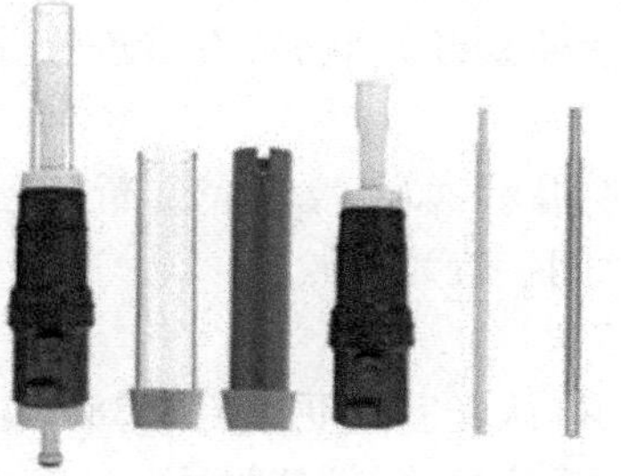

石英　陶瓷　　　陶瓷　石英

图 7.1.11　炬管示意图及分类

4）可连接附件

可连接附件包括氢化物发生器、有机物直接进样装置和自动进样器。

五、实验准备

1. 仪器准备

（1）检查水、电、气和通风。

（2）检查炬管安装正确与否,雾室有无积液,气路快插接头是否紧密。

（3）确认门开关是否锁紧。

（4）检查进排样管路安装是否正确,蠕动泵夹具松紧程度是否合适。

2.试剂准备

1）配制标准溶液

多元素标准溶液要注意元素光谱线的相互干扰，尤其是基体或高含量元素对低含量元素光谱线的干扰，所用基准物质要有 99.9% 以上的纯度。标准溶液中酸的含量应与试样溶液中酸的含量相匹配，两种溶液的黏度、表面张力和密度应大致相同。

2）制备样品

使用预先制备好的标准 ICP 样品。

六、实验步骤

1.开机

（1）确认配电箱中主电源供电正常，ICP-OES 仪器主机电源（包括稳压电源）、计算机电源及循环水箱电源的插座供电正常，检查、清理废液桶。

（2）确认高纯氩气的纯度大于 99.999%，并确保有足够的氩气用于连续工作（储量 ≥1 瓶），打开氩气气瓶阀门，调节分压为 0.6 MPa。

（3）打开循环水箱电源开关，并确认水管内部水流流动畅通、无堵塞。

（4）确认氩气阀门已经打开，并确认室内相对湿度 ≤70%，以防止 CCD 检测器结露而造成 CCD 损坏。

（5）打开仪器背面总电源开关，按下仪器前面电源按钮，使绿灯亮，给仪器通电。

（6）打开排风扇，确认风速为 4~6 m/s。

（7）打开计算机中的 Plasma 3000 操作软件，检查进样系统的完整性，安装蠕动泵管，点击 按钮使蠕动泵旋转，查看进液、排液是否流畅，确认流畅后点击 按钮使蠕动泵停止转动。

特别提示：如果仪器完全断开电源，开机时需预热仪器，打开稳压电源，使光室恒温于 38 ℃，时间一般为 2 h。

2.点火

（1）确认光室温度稳定在 38 ℃。初次通电恒温所需时间较长，请耐心等待。

（2）确认检测器温度稳定在 -35 ℃。

（3）点击"点火"按钮 进行点火。（注意：点击 按钮后，操作人员一定不要离开仪器，可以点击"熄火"按钮 使熄火对话框弹出，保证点火过程一旦出现异常情况能够随时熄火。）

（4）软件中显示点火流程结束后，可以开始正常使用仪器。

3.分析

（1）在软件界面，点击"测试向导"按钮 ，选择"创建新测试"。

（2）激活新测试，在"方法""样品列表""测试结果"三个标签中按照测试需求设置测试条件。

（3）点击"方法"下的"元素"标签，选择要分析的元素和谱线（包括内标和干扰元素）。

（4）点击"方法"下的"标准"标签，输入标准系列的浓度。标准输入完成后，点击快捷键 进行保存。

（5）进入"样品列表"标签,点击快捷键 <kbd>A</kbd> 添加一组样品。

（6）点击 <kbd>▶</kbd> 开始分析,按照样品列表进行分析。

4. 注意事项

（1）有必要时,需要进行炬管校准校直,保证 ICP 火焰正对观察口。

（2）有必要时,先执行波长数据校正,再分析试样。波长数据校正需要使用专用校正液,并定期进行。

（3）有必要时,需要进行载气优化,找到与雾化器最匹配的载气流量。

（4）检查标准曲线线性,一般建议大于 0.999。

（5）观察所选元素谱线是否有干扰,必要时更换谱线。

（6）观察试样背景扣除情况,必要时调整背景扣除位置,以得到较好的分析结果。

5. 关机

（1）依次用稀硝酸和去离子水冲洗进样系统 5 min 后,点击 <kbd>▲</kbd> 按钮进行熄火。

（2）关闭仪器前面电源按钮,关闭仪器背面总电源开关。

（3）松开蠕动泵管。

（4）熄火 2 min 后,关闭循环水箱电源开关。

（5）关闭排风扇,定期检查、清理废液桶。

（6）待 CCD 检测器温度升至 20 ℃以上时,可以关闭氩气（如果只是短时间熄火,请不要关闭氩气）。

（7）退出 Plasma 3000 操作软件,关闭计算机。

6. 停机

（1）若仪器长期停用,可以关闭主机电源（包括稳压电源）和气源,使仪器处于停机状态。短期关机不建议关闭稳压电源。

（2）建议用户定期开机,以免仪器因长期放置而造成仪器故障。

（3）室内相对湿度需要≤70%。

7. 安全须知

（1）严禁自行修理、拆解仪器,打开仪器外壳前,务必切断电源。维修仪器应由专业人员或在专业人员指导下执行。

（2）仪器应有专门的操作人员负责使用维护,操作人员应该接受过专门的培训,并且被告知培训合格才可承担该职责。

（3）仪器禁止雨淋日晒,保证接地良好,注意避雷。

七、软件安装与运行

1. 软件安装

软件安装的操作系统为 Windows。运行"Plasma 3000 setup"安装程序,安装过程中可以指定安装路径,安装完成后点击"确定"即可。

2. 软件运行

点击桌面上的 Plasma 3000 软件快捷方式,进入软件操作界面。该界面从结构上可分为主界面、菜单区、快捷键区和状态显示区,如图 7.1.12 所示。

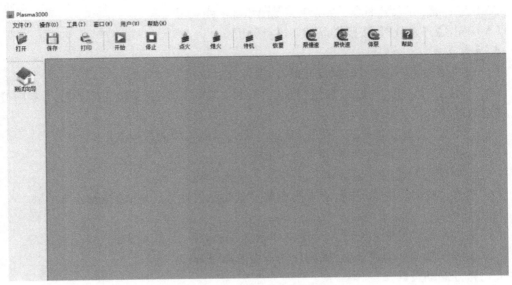

图 7.1.12　软件初始操作界面

　　分析流程通常为创建新测试、设置测试条件、选择测试元素、输入标准样品浓度、添加样品列表、测试及查看测试结果。

　　3. 创建新测试

　　在软件操作界面，点击"测试向导"按钮，选择"创建新测试"，如图 7.1.13 所示。

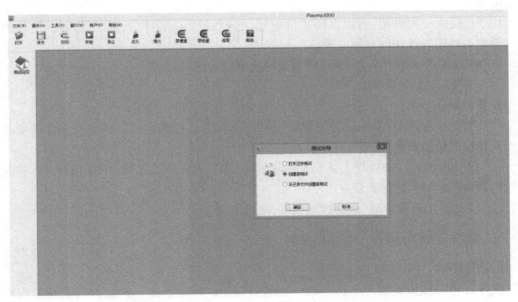

图 7.1.13　创建新测试

　　创建新测试后，进入测试界面（图 7.1.14），该界面上方有"方法""样品列表""测试结果"三个标签，选择新测试并激活。

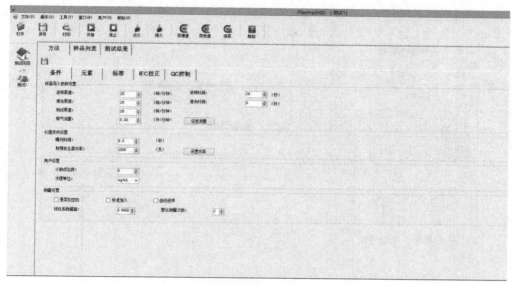

图 7.1.14　实验条件

测试条件设置如图 7.1.15 所示。

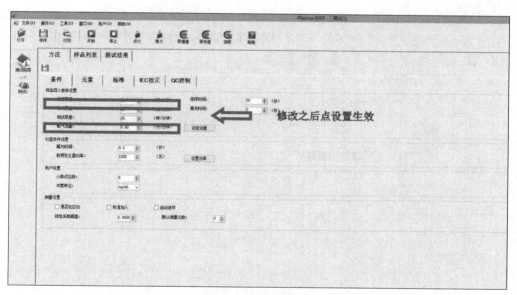

图 7.1.15　仪器设置

点击"方法"下的"元素"标签,选择要分析的元素和谱线(包括内标和干扰元素),如图 7.1.16 所示。

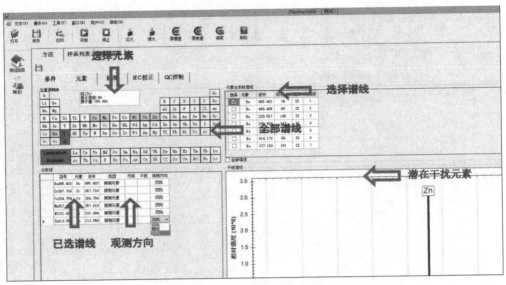

图 7.1.16　选择元素和谱线

点击"方法"下的"标准"标签,输入标准系列的浓度,标准输入完成后点击快捷键进行保存,如图 7.1.17 所示。

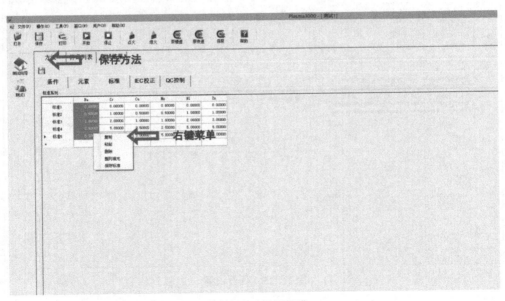

图 7.1.17　设置标准

进入"样品列表"标签,点击快捷键 添加一组样品,如图 7.1.18 所示。

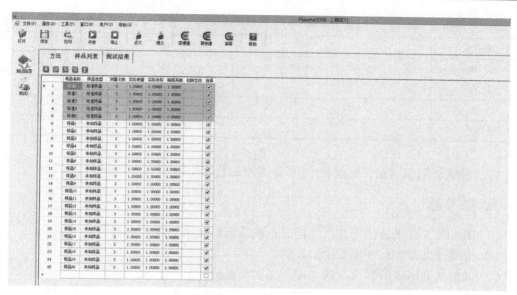

图 7.1.18　样品参数设置

4. 样品分析

点击▶开始分析,按照样品列表进行分析,如图 7.1.19 所示。

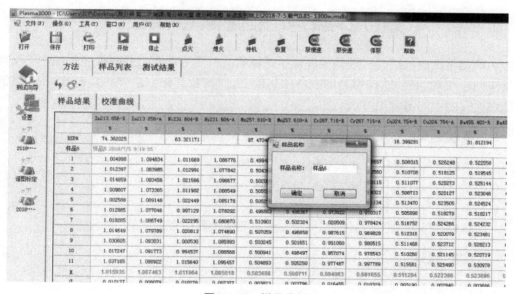

图 7.1.19　样品分析

八、实验结果记录

实验结果记录见表 7.1.1。

表 7.1.1　实验结果记录

数据元素						
第一组						
第二组						
第三组						
平均值						

将实验结果图绘制在实验报告中,可适当增加数据组数。

九、思考题

(1)ICP-OES 光谱仪由哪些系统构成？各系统的作用是什么？

(2)等离子体是如何在炬管中形成的？

(3)如何建立准确的标准曲线来进行元素定量分析？

十、实验报告及要求

实验报告包括实验目的、实验方法(原理和仪器)、实验步骤、测量数据以及数据分析。实验报告要求内容详细完善,数据测量准确。

实验 7.2　燃料官能团的检测(红外光谱法)

明晰化学反应的路径机理是能源化学领域研究的重要内容。要明晰燃料在化学反应中的反应路径机理,必须明确燃料的官能团构成,进而推断其化学组分。其中,红外光谱法是检测燃料官能团的最常用方法。

一、实验目的

(1)了解红外光谱仪的基本结构和工作原理。

(2)学习红外光谱仪实验样品的制备方法。

(3)学习红外光谱仪的基本操作方法。

(4)掌握红外光谱图的解析以及通过谱图鉴定燃料中官能团的一般过程。

二、实验原理

1. 红外光谱的基本概念

当一束具有连续波长的红外光通过物质,物质分子中某个基团的振动频率或转动频率和红外光的频率一样时,分子吸收能量后由原来的基态振(转)动能级跃迁到能量较高的振(转)动能级,分子吸收红外辐射后发生振动和转动能级的跃迁,该处波长的光就被物质吸收。所以,红外光谱法实质上是一种根据分子内部原子间的相对振动和分子转动等信息来确定物质分子结构和鉴别化合物的分析方法。将分子吸收红外光的情况用仪器记录下来,就得到红外光谱图。红外光谱图通常以波长(λ)或波数(σ)为横坐标,表示吸收峰的位置;

以透光率(T)或者吸光度(A)为纵坐标,表示吸收强度。

按波长范围对红外光进行分区,各波段名称及参数见表 7.2.1。

表 7.2.1　红外光的分区

波段名称	波长范围/μm	波数范围/cm⁻¹	频率范围/Hz
近红外	0.75~2.5	4 000~13 300	1.2×10^{14}~4.0×10^{14}
中红外	2.5~50	200~4 000	6.0×10^{12}~1.2×10^{14}
远红外	50~1 000	10~200	3.0×10^{11}~6.0×10^{12}
常用波段	2.5~25	400~4 000	1.2×10^{13}~1.2×10^{14}

2. 红外光谱仪的实验原理

红外光谱仪是利用物质对不同波长的红外辐射的吸收特性,进行分子结构和化学组成分析的仪器。红外光谱仪通常由光源、单色器、探测器和计算机处理信息系统组成。根据分光装置的不同,其可分为色散型和干涉型。对色散型双光路光学零位平衡红外分光光度计而言,当样品吸收了一定频率的红外辐射后,分子的振动能级发生跃迁,透过的光束中相应频率的光被减弱,造成参比光路与样品光路相应辐射的强度差,从而得到所测样品的红外光谱。

光源发出的光被分束器(类似半透半反镜)分为两束,一束经透射到达动镜,另一束经反射到达定镜。两束光分别经定镜和动镜反射再回到分束器,动镜以一个恒定速度做直线运动,因而经分束器分束后的两束光形成光程差,并产生干涉。干涉光在分束器会合后通过样品池,通过样品后含有样品信息的干涉光到达检测器,然后通过傅里叶变换对信号进行处理,最终得到透过率或吸光度随波数或波长变化的红外吸收光谱图。

红外光谱仪实验原理如图 7.2.1 所示。

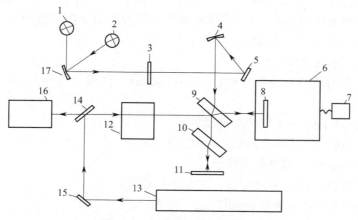

图 7.2.1　红外光谱仪实验原理

1—外置光源;2—内置光源(溴钨灯);3—可变光阑;4—准直灯;5—平面反射镜;
6—精密平移台;7—慢速电机;8—动镜;9—干涉板;10—补偿板;11—定镜;12—接收器 1;
13—参考光源;14—半透半反镜;15—平面反射镜;16—接收器 2;17—光源转换镜(物镜)

三、实验内容

在任课教师的讲解下,熟悉并了解红外光谱仪的基本结构和工作原理。以掌握红外光谱仪的使用为目的,掌握红外光谱样品的制备方法和仪器的基本操作方法,并通过最后的结果分析掌握红外光谱图的解析。

四、实验要求

掌握红外光谱仪的基本操作步骤,学会红外光谱实验样品的制备方法,并学会通过谱图解析来鉴定未知物质的一般过程。

五、实验准备

1. 实验样品制备

要获得一张高质量的红外光谱图,除仪器本身的因素外,还必须有合适的实验样品制备方法。气体、液体、固体样品有不同的制备方法。

（1）气体样品的制备通常使用气体池。气态样品在玻璃气槽内进行测定,其两端粘贴有红外透光的 NaCl 或 KBr 窗片,先将气槽抽真空,再将试样注入。

（2）液体样品的制备可使用液膜法或溶液法。①液膜法是在可拆液体池两片窗片之间滴上 1~2 滴液体试样,形成一层薄液膜,该法适用于沸点较高(难挥发)的试样。②溶液法是将样品溶解于适当溶剂中,配成一定浓度的溶液,用注射器注入液体池中进行测定,该法适用于挥发性试样。

（3）固体样品的制备可使用研糊法、压片法或薄膜法。①研糊法是将干燥处理后的试样研细,并与液体石蜡或全氟代烃混合,调成糊状,夹在窗片中测定。②压片法是将 1~2 mg 固体试样在玛瑙研钵中充分研磨,再加入约 200 mg 纯 KBr 粉末研细研匀,并置于模具中,在油压机上压成透明薄片,用于测定。③薄膜法主要用于高分子化合物的测定,可将样品直接加热熔融后涂制或压制成膜,也可将试样溶解在低沸点的易挥发溶剂中,并涂在盐片上,待溶剂挥发、样品成膜后进行测定。

2. 红外光谱信息区的知识准备

常见有机化合物基团的频率范围为 670~4 000 cm^{-1},依据基团的振动形式,可分为以下 4 个区:

（1）2 500~4 000 cm^{-1},C—H 伸缩振动区;

（2）1 900~2 500 cm^{-1},三键、累积双键伸缩振动区;

（3）1 200~1 900 cm^{-1},双键伸缩振动区;

（4）670~1 200 cm^{-1},X—Y 伸缩、X—Y 变形振动区。

常见有机化合物基团频率范围如图 7.2.2 所示。

常见基团吸收带数据见表 7.2.2。

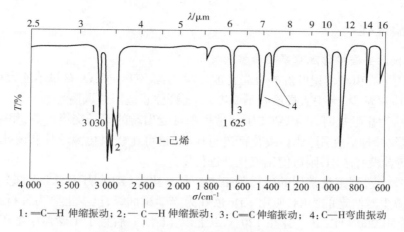

1：＝C—H 伸缩振动；2：— C —H 伸缩振动；3：C＝C 伸缩振动；4：C—H弯曲振动

图 7.2.2　常见有机化合物基团频率范围

表 7.2.2　常见基团吸收带数据

分类			键或基团	波数/cm⁻¹
特征吸收带（伸缩振动）	含氢化学键	活泼氢	O—H	3 630
			N—H	3 350
			P—H	2 400
			S—H	2 570
		不饱和氢	≡C—H	3 330
			Ar—H	3 060
			＝C—H	3 020
		饱和氢	—CH₃	2 960, 2 870
			＞CH₂	2 926, 2 853
			＞CH	2 890
	三键		C≡C	2 050
			C≡N	2 240
	双键		R₂C＝O	1 715
			RHC＝O	1 725
			C＝C	1 650
指纹伸缩带	伸缩振动		C—O	1 100
			C—N	1 000
			C—C	900
	变形振动		C—C—C	<500
			C—N—O	≈500
			H—C＝C—H(反)	960
			R—Ar—H	650~900
			H—C—H	1 450

六、实验过程

1. 阅读仪器安全操作注意事项和特别提示

（1）使用单光束型傅里叶红外分光光度计时，实验室里的 CO_2 含量不能太高，因此实验室里的人数应尽量少，无关人员最好不要进入，还要注意适当通风换气。

（2）样品为盐酸盐时，考虑到在压片过程中可能出现的离子交换现象，用氯化钾（也同溴化钾一样预处理后使用）代替溴化钾进行压片，也可比较氯化钾压片和溴化钾压片测得的光谱，如两者没有区别，则可使用溴化钾进行压片。

（3）红外光谱测定最常用的试样制备方法是溴化钾（KBr）压片法（大部分样品均采用此法）。为减少对测定的影响，所用 KBr 最好为光学试剂级，至少也要为分析纯级，且使用前应适当研细（200 目以下），并在 120 ℃以上烘 4 h 以上后置于干燥器中备用。如发现结块，则应重新干燥。制备好的 KBr 压片应透明，与空气相比，透光率应在 75%以上。

（4）采用压片法取用的样品量一般为 1~2 mg，由于不可能用天平称量后加入，并且每种样品对红外光的吸收程度不一致，故常凭经验取用。一般要求所获得的光谱图绝大多数吸收峰处于 10%~80%透光率范围内。如最强吸收峰的透光率太高（高于 30%），则说明取样太少；相反，如最强吸收峰的透光率接近 0%，且为平头峰，则说明取样太多。这两种情况下均应调整取样量后重新测定。

（5）压片时 KBr 的取用量一般为 200 mg 左右（也是凭经验），应根据制片后的片子厚度来控制 KBr 的量，一般片子厚度应在 0.5 mm 以下，厚度大于 0.5 mm 时，常可在光谱上观察到干涉条纹，即对样品光谱产生了干扰。

（6）压片用模具使用后应立即把各部分擦干净，必要时用水清洗干净并擦干，置于干燥器中保存，以免锈蚀。

2. 熟悉仪器的性能指标以及操作环境

（1）测定时实验室的温度应为 15~30 ℃，相对湿度应在 65%以下，所用电源应配备稳压装置和接地线。由于要严格控制室内的相对湿度，因此红外实验室的面积不要太大，能放得下必需的仪器设备即可，但室内一定要有除湿装置。

（2）为防止仪器受潮而影响使用寿命，红外实验室应经常保持干燥，即使仪器不用，也应每周开机至少两次，每次半天，同时开除湿机除湿。特别是梅雨季节，最好能每天开除湿机。

（3）测定用样品应干燥，否则应在研细后置于红外灯下烘几分钟使其干燥。试样研好并且在模具中装好后，应与真空泵相连后抽真空至少 2 min，以使试样中的水分进一步被抽走，然后再加压到 0.8~1 GPa 后维持 2~5 min。若不抽真空，将影响片子的透明度。

（4）压片时，应先取供试品研细后，再加入 KBr 再次研细研匀，这样比较容易混匀。研磨应使用玛瑙研钵（玻璃研钵内表面比较粗糙，易黏附样品）。研磨时应按同一方向（顺时针或逆时针）均匀用力，如不按同一方向研磨，有可能在研磨过程中使供试品产生转晶，从而影响测定结果。研磨力度不用太大，研磨到试样中不再有肉眼可见的小粒子即可。试样研好后，应通过一小漏斗倒入压片模具中（模具口较小，直接倒入较难），并尽量把试样铺均匀，否则压片后试样少的地方的透明度会比试样多的地方低，并因此对测定产生影响。另外,如压好的片子上出现不透明的小白点,则说明研好的试样中有未研细的小粒子,应重新压片。

3.开机步骤

(1)打开仪器开关,通电后,开启一个自检过程;自检通过以后,待电子部分和光源稳定以后,才可以进行测量。

(2)开启计算机,运行 OPUS 软件,检查计算机与仪器主机通信是否正常。

(3)设定适当的参数,检查仪器信号是否正常,若不正常需要查找原因并进行相应的处理,正常后方可进行测量。

(4)仪器稳定后,进行测量。

4.测量步骤

(1)根据实验要求,设置实验参数。

(2)根据样品选择背景。

(3)测量背景谱图。

(4)准备样品(如压片机压片或液体池等)。

(5)将样品放入样品室的光源下。

(6)测量样品谱图。

(7)对谱图进行相应处理。

5.关机步骤

(1)移走样品室内的样品,确保样品室清洁。

(2)关闭电源开关,关闭仪器。

(3)关闭计算机。

6.实验记录

实验记录见表 7.2.3。

表 7.2.3　实验记录表

序号	峰位/cm^{-1}	透过率/%	半峰宽/cm^{-1}	峰差/%
1				
2				
3				

七、思考题

(1)红外光谱可以分析哪些样品?一般有哪些制样方法,分别适用于什么样品?

(2)红外光谱分析测定的过程中需要注意什么?

(3)红外光谱在哪些领域具有较广泛的应用?

(4)红外光谱分析与质谱、磁共振相比,对样品要求具有广泛适应性的显著优点是什么?

八、实验报告

实验报告包括实验目的、实验方法（原理和仪器）、实验步骤、测量数据以及数据分析。实验报告要求内容详细完善，数据测量准确。

九、注意事项

（1）仪器一定要安装在稳定牢固的实验台上，远离振动源。

（2）实验样品测试完毕后应及时取出，长时间放置在样品室中会污染光学系统，引起仪器性能下降，且样品室应保持干燥，及时更换干燥剂。

（3）制备固体样品时器具的清洗要求：每次测量后，用脱脂棉或纱布蘸上易挥发的溶剂，轻轻地擦拭窗片、压片等模具，将器具擦洗干净后，再用红外灯烘干，放入保干器内保存，以免受到腐蚀。

（4）所用的试剂、试样保持干燥，用完后及时放入干燥器中。

（5）使用夹片法或压片法得到的红外吸收光谱中常出现水的吸收峰，解析谱图时应注意。

（6）光路中有激光，开机时严禁眼睛进入光路。

实验 7.3　燃气组分的测定（气相色谱法）

生物质燃气化制备沼气、合成气等是生物质能源化利用的重要途径。然而，受限于生物质自身构成的复杂性，生物质通过厌氧发酵、热解气化等方式制取的生物质燃气具有复杂的组分，只有明晰燃气的具体组分构成，才能够更好地对其进行品质监控与利用。目前，在燃气组分测定的方法中，气相色谱法是敏感性和准确性最强的方法之一。

一、实验目的

（1）了解气相色谱仪的原理和使用方法。
（2）学习气相色谱仪的数据采集和数据分析的基本操作。
（3）掌握采用气相色谱仪对燃气组分进行定性、定量分析的方法。

二、实验内容

通过任课老师的讲解，掌握气相色谱仪的基本原理，并学会采用气相色谱仪对燃气组分进行定性、定量分析的方法。

三、实验要求

掌握气相色谱仪的操作步骤，学会使用气相色谱仪对未知物进行分析。

四、实验准备

1. 气源

载气/尾吹气：N_2 或 He，一般性分析载气纯度在 99.995%以上，高敏度分析载气纯度须在 99.999%以上。

空气：最好选用钢瓶空气（无油）。载气须保证有 10%钢瓶气保有量。

2. 石英棉

分流进样在进样口填装 5~10 mm 高的石英棉；不分流进样在进样口填装 2 mm 高的石英棉（也可不填）。

3. 色谱柱

长时间使用，色谱柱会因吸附、固定液流失、固定液分解及污染而劣化，这时需要更换新柱。

4. 进样针

进样针选用 10 μL 的注射器。

5. 样品瓶

本实验需准备 6 个容积为 1.5 mL 的样品瓶。

五、实验原理

1. 气相色谱仪分离原理

气相色谱仪是利用色谱分离技术和检测技术，对多组分的复杂混合物进行定性和定量分析的仪器，通常可用于分析土壤中热稳定且沸点不超过 500 ℃的有机物，如挥发性有机物、有机氯、有机磷等。

对含有未知组分的样品，首先必须将其分离，然后才能对有关组分进行进一步分析。混合物的分离原理是组分的物理化学性质存在差异。气相色谱仪主要利用物质的沸点、极性及吸附性质的差异来实现混合物的分离。

待分析样品在气化室气化后，被惰性气体即载气（一般是 N_2、He 等）带入气相色谱仪色谱柱，由于样品中各组分的沸点、极性或吸附性能不同，每种组分都倾向于在流动相和固定相之间形成分配或吸附平衡。但由于载气是流动的，这种平衡实际上很难建立起来，也正是由于载气的流动，样品组分在运动中进行反复多次的分配或吸附/解附，最后在载气中分配浓度大的组分先流出色谱柱，而在固定相中分配浓度大的组分后流出。

当组分流出色谱柱后，立即进入检测器，检测器能够将样品组分的存在与否转变为电信号，在记录仪上表现为一个个的峰，称为色谱峰。色谱峰上的极大值是定性分析的依据。色谱峰面积则取决于对应组分的含量，故峰面积是定量分析的依据。一个混合物样品注入后，由记录仪记录得到的曲线，称为色谱图。分析色谱图就可以得到定性分析和定量分析结果。

2. 仪器组成

气相色谱仪由载气部分、进样系统、色谱柱、检测器、数据分析五部分组成。

1）载气部分

载气部分的作用是供给载气，并对气体进行减压、稳压、稳流和净化。载气必须是惰性气体且必须纯净。本仪器采用 N_2 或 He 作为载气。

2）进样系统

本仪器采用 GC 进样方式，其作用是有效地将样品导入色谱柱进行分离，包括自动进样器、进样阀、各种进样口（如填充柱进样口、分流/不分流进样口、冷柱上进样口、程序升温进样口等）以及顶空进样器、吹扫-捕集进样器等辅助进样装置。对于热稳定样品，优先选择分流/不分流进样口。

3）色谱柱

试样在柱内运行的同时得到所需要的分离。色谱柱是色谱仪的核心部件，根据分离机理可将色谱柱分为气液色谱柱和气固色谱柱。

4）检测器

检测器的作用是指示与测量载气流已分离的各种组分，测定流动相中的组分。常用的检测器有氢火焰离子化检测器（FID）、电子捕获检测器（ECD）、火焰光度检测器（FPD）、火焰热离子检测器（FTD）、热导检测器（TCD）等。

5）数据分析部分

数据处理系统对 GC 原始数据进行处理，画出色谱图，并获得相应的定性、定量数据。

六、实验条件

本实验采用 Nexis GC-2030 型气相色谱仪（图 7.3.1），气相色谱仪的基本流路如图 7.3.2 所示。

图 7.3.1 Nexis GC-2030 型气相色谱仪

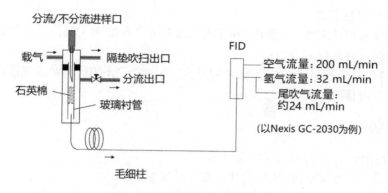

图 7.3.2　气相色谱仪基本流路

七、实验步骤

（1）开机：连接好流路，先开载气，再开电源，后开辅助气。一般载气钢瓶输出压力为 0.6 MPa，氢气和空气输出压力为 0.4 MPa。

（2）设定流量、温度、检测器参数：进样口的最高温度为 470 ℃，初始压力可选择 500~900 kPa，检测器最高温度为 450 ℃。

（3）用默认处理参数进行单一标品分析，确定单一标品保留时间。

（4）分析混合标品，根据图谱调整分析条件，直至得到理想谱图。

（5）确定定量方法（外标、内标等）。

（6）选择校正点数，编辑 ID 表（输入组分的保留时间和标样浓度）。

（7）选择校正次数（每个浓度取几次均值）。

（8）选择曲线计算方式（直线、最小二乘或折线方式）。

（9）按从低浓度到高浓度的顺序，分析所有标样，完成曲线制作。

（10）进行未知样分析，每次分析结束，自动计算定量结果。

（11）分析完成，关机；系统降温后，关电源；关载气；在检测器温度、进样口温度、柱箱温度降低到 50 ℃后，关闭系统和软件。

（12）实验数据记录及整理于表 7.3.1 中，绘制不同样品的峰面积的线性曲线，并进行数据分析。

表 7.3.1　各样品实验数据表

实验设备名称：＿＿＿＿＿＿＿＿＿　　设备编码：＿＿＿＿＿＿＿

名称	峰高	峰面积	半峰宽	斜率	面积

（13）数据可靠性判断：

①良好的峰面积重现性，一般 RSD（相对标准偏差）为 0.5%~3%；

②工作曲线具有良好的线性；

③峰形正常，避免拖尾峰和前沿峰（柱选择恰当、衬管无污染、温度及流量准确设定）；

④色谱峰分离良好（分离度>1.5）。

八、思考题

（1）气相色谱仪为什么采用双柱双气流程？

（2）在使用火焰光度检测器时，为什么要保持富氢火焰？

九、实验报告

实验报告包括实验目的、实验方法（原理和仪器）、实验步骤、实验数据以及数据分析。实验报告要求内容详细完善，数据处理准确。

十、注意事项及其他说明

（1）载气纯度应在 99.999% 以上，气瓶更换时特别注意不要混入空气。

（2）检测器的温度是指检测器加热块温度，而不是实际监测点（如火焰）的温度。

（3）检测器温度、进样口温度、柱箱温度降低到 50 ℃后，方可关闭系统和软件。

（4）石英棉填装一定要准确。

实验 7.4 煤中水分的测定

一、实验目的

了解煤中水分存在的形态，掌握煤样水分的测定方法。

二、实验原理

煤中水分的结合状态有两种：一种为游离水，是以机械的方式吸附或者附着在煤上的水分；另一种为化合水，是以化合的方式与煤中矿物质结合的水分，也就是无机化合物的结晶水。游离水又可分为外在水分和内在水分。前者是煤在开采、运输、贮存、洗煤时附着在煤粒表面及大毛细孔（直径大于 10 cm）中的水分。后者是吸附或凝聚在煤粒内表面的毛细孔（直径小于 10 cm）中的水分。

游离水可以在温度稍高于 100 ℃的条件下，经足够时间的加热全部除去，而化合水则要温度在 200 ℃以上的条件下才能分解析出。

煤的工业分析中测定的水分一般有应用煤样的全水分和分析煤样的水分两种。应用煤样指已准备好并即将使用（如进入锅炉燃烧或焦炉炼焦）的煤。分析煤样指在周围环境条件下大致达到水分平衡的风干煤样。

水分测定最常用的方法是间接测定法，即将已知一定质量的煤放在一定温度下干燥到恒重,煤样减少的质量即为煤的水分质量。

分析煤样水分指样品在 105~110 ℃条件下干燥至恒重所失去的质量占原质量的百分数。

三、实验设备

（1）干燥箱:带有自动调温装置,内附鼓风机,能保持温度在 105~110 ℃。

（2）干燥器:内装有变色硅胶或块状无水氯化钙干燥剂。

（3）玻璃称量瓶或瓷皿:主要尺寸分别如图 7.4.1 和图 7.4.2 所示,玻璃称量瓶或瓷皿均附有密合的（磨口）盖。

（4）分析天平:精确到 0.000 2 g。

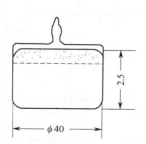

图 7.4.1　小型玻璃称量瓶（单位:mm）

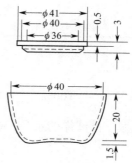

图 7.4.2　瓷皿（单位:mm）

四、实验步骤

烟煤和无烟煤的水分测定方法可分为常规测定法和快速测定法。

1. 常规测定法

用预先烘干并已称出质量（称准到 0.000 2 g）的带盖玻璃称量瓶（或瓷皿）称取粒度为 0.2 mm 以下的分析试样（1±0.1 g）（称准到 0.000 2 g）。然后将盖开启,将玻璃称量瓶（或瓷皿）放入预先鼓风并加热到温度为 105~110 ℃的干燥箱中,在不断鼓风的条件下,烟煤干燥 1 h,无烟煤干燥 1~1.5 h。从干燥箱中取出玻璃称量瓶（或瓷皿）并加盖,在空气中冷却 2~3 min 后,放入干燥器中冷却到室温（约 20 min）再称重。最后进行检查性干燥,每次 30 min,直到试样的质量变化小于 0.001 g 或质量增加时为止（在后一种情况下要采用增重前的质量为计算依据）。水分在 2%以下时不再进行检查性干燥。

2. 快速测定法

用预先烘干并已称出质量（称准到 0.000 2 g）的带盖玻璃称量瓶称取粒度为 0.2 mm 以下的分析试样（1±0.1）g（称准到 0.000 2 g）。然后将盖开启,将玻璃称量瓶放入预先鼓风并加热到温度为 150~160 ℃的烘箱内,在（145±5）℃的温度下一直鼓风并干燥 10 min,再从干燥箱中取出玻璃称量瓶,立即将盖盖好,在空气中冷却 2~3 min,放入干燥器内冷却到室温（约 20 min）再称重。试样减轻的质量占试样原质量的百分数就是分析煤样的水分。

五、数据记录及计算结果

数据记录及整理如表 7.4.1 所示。

表 7.4.1　数据记录及整理表

称量瓶重/g			
试样+称量瓶重/g			
煤样重/g			
干燥后试样+称量瓶重/g	第一次干燥		
	第二次干燥		
	第三次干燥		
测得煤中水分重 G_1/g			

计算公式：

$$M_{ad} = \frac{G_1}{G} \times 100\%$$

式中：M_{ad} 为分析试样的水分（%）；G_1 为分析试样干燥后失去的质量（g）；G 为分析试样的质量（g）。

六、注意事项

（1）快速测定法不适用于仲裁分析。

（2）为了使干燥箱的温度均匀和稳定，在放入煤样前，干燥箱必须预先鼓风，并在鼓风条件下调节所需温度。

（3）褐煤、自然氧化或风化烟煤中的水分测定：称取一定质量的试样，置于温度为（145±5）℃的干燥箱内，在一直鼓风的条件下干燥 1 h，从干燥箱中取出称量瓶（或瓷皿），立即盖好，在空气中冷却 2~3 min 后，放入干燥器中冷却到室温（约 25 min）称重，其所失去的质量占试样原质量的百分数即为水分。

（4）凡需根据水分测定结果进行校正和换算的分析实验，应和水分测定同时进行，如不能同时进行，两者测定也应在煤样水分不发生显著变化的期限（最多不超过 7 d）内进行。

七、思考题

（1）为什么不同变质程度的煤要使用不同的测定条件？

（2）实验测得的水分与煤样的真实水分有什么差别？

第8章 新能源热利用原理与技术

实验 8.1 太阳能热辐射强度的测量

一、实验目的

（1）了解太阳总辐射表、净辐射表、直接辐射表以及太阳辐射记录仪的使用方法。

（2）学会测量太阳总辐射、散射辐射、直接辐射、反射辐射以及净辐射。

二、实验内容

利用总辐射表、净辐射表、直接辐射表以及太阳辐射记录仪测量太阳总辐射、散射辐射、直接辐射、反射辐射以及净辐射。

三、实验要求

根据本实验的特点，主要采用集中授课形式。实验报告要求语句通顺、字迹端正、图表规范、结果正确、讨论认真。

四、实验准备

开展相关预实验，熟悉实验原理和设备。主要包括简述实验原理，列出主要仪器的使用方法，做出实验原始记录表格及整理数据表格。

五、实验仪器原理和方法

1. 实验仪器及原理

1）总辐射表

在水平表面上，2π 立体角内所接收到的太阳直接辐射和散射辐射之和称为总辐射。总辐射是辐射观测最基本的项目。总辐射采用总辐射表（亦称天空辐射表）测量，如图 8.1.1 所示。

总辐射表的工作原理为热电效应原理，感应元件采用绕线电镀式多接点热电堆，其表面涂有高吸收率色，热接点在感应面上，冷接点则位于机体内，冷热接点产生温差电势。在线性范围内，输出信号与太阳辐照度成正比。温度补偿线路可减小温度的影响，采用两层经过精密光学冷加工磨制而成的石英玻璃罩可以防止环境对其性能产生影响。

2）净辐射表

由天空（包括太阳和大气）向下投射的和由地表（包括土壤、植物、水面）向上投射的全波段辐射量之差称为净全辐射，简称净辐射。净辐射用于研究地球热量的"收支"状况。净辐射为正表示地表增加热量，即地表接收到的辐射大于发射的辐射；净辐射为负表示地表损失热量。净辐射采用净辐射表测量，如图 8.1.2 所示。

净辐射表的工作原理为热电效应原理，感应部分是由康铜及镀铜组成的快速响应线绕、多圈电镀式热电堆，热电堆的上下两个面紧贴着涂有无光黑漆的感应面。上下两个感应面受到不同的光辐射时加热其各自的热电堆，形成冷热接点，产生温差电势。当太阳辐射大于地面辐射时输出为正，反之为负。

图 8.1.1　总辐射表　　　　　　　　　图 8.1.2　净辐射表

3）直接辐射表

垂直太阳表面（视角约 0.5°）的辐射和太阳周围很窄的环形天空的散射辐射称为太阳直接辐射。太阳直接辐射由太阳直接辐射表（简称直接辐射表或直射表）测量，如图 8.1.3所示。

直接辐射表主要由光筒和自动跟踪装置组成。光筒内部由七个光阑和内筒、热电堆、干燥剂筒等组成。七个光阑用来减小内部反射、构成仪器的开敞角并且限制仪器内部空气的湍流。光阑的外面是内筒，作用是保证光阑内部和外筒的干燥空气密闭，以减小环境温度对热电堆的影响。筒上装设石英玻璃片，它可透过 0.27~3.2 μm 波长的辐射光，便于太阳直接辐射的测量。筒内装有干燥剂，以防止生成水汽凝结物。感应部件是光筒的核心部分，它由快速响应的线绕电镀式热电堆组成。感应部件面对太阳一面涂有无光黑漆，下面是热电堆的热接点，当有阳光照射到热接点时，温度升高，它与另一面的冷接点形成温差电动势，该电动势与太阳辐射照度成正比。自动跟踪装置由底板、纬度架、步进电机、导电环、涡轮箱（用于太阳倾角调整）等组成，其中步进电机是动力源。该跟踪装置精度高，一星期内转角误差在 0.25° 以内，即少于 1 min，可实现准确的自动跟踪。

4）散射辐射表

把太阳直射的部分遮蔽后测得的辐射量称为散射辐射或天空辐射。散射辐射是短波辐射。散射辐射表由总辐射表和遮光环两部分组成，如图 8.1.4 所示。遮光环的作用是保证从日出到日落连续遮住太阳直接辐射，它由遮光环圈、标尺、丝杆调整螺旋、支架、底盘组成。遮光环圈固定在标尺的丝杆调整螺旋上，标尺上刻有纬度刻度与赤纬刻度。标尺与支架固定在底盘上，根据架设地点的地理纬度固定。总辐射表安装在支架平台上，其高度应正好使辐射感应平面（黑体）位于遮光环中心。通过调节赤纬度，可使遮光环全天遮住太阳直接辐射。散射辐射表配合散射装置可测量散射辐射，表头对着地面可测量反射辐射，也可根据要求将辐射表倾斜任意角度进行测量。

图 8.1.3　直接辐射表

图 8.1.4　散射辐射表

5）反射辐射表

把太阳直射的部分遮蔽后,感应面朝下所接收的辐射量称为反射辐射。反射辐射是短波辐射。反射率是指非发光体表面反射的辐射与入射到该表面的总辐射之比,它是表征物体表面反射能力的物理量。绝对黑体的反射率为 0,纯白物体的反射率为 1,实际物体的反射率介于 0 到 1 之间,可用小数或百分数表示。反射辐射表是一种用于测量太阳入射辐射量、地面反射辐射量以及太阳反射率的仪器。它由一个辐射表安装套件和两个光谱平坦的 A 类总辐射表组成,如图 8.1.5 所示。

6）太阳辐射记录仪

太阳辐射记录仪采用高性能微处理器作为主控 CPU,大容量数据存储器可连续存储数据且存储时间可以设定,显示屏可以显示多路监测要素。该记录仪具有停电保护功能,当交流电停电后,由充电电池供电,可维持 72 h 以上,既可与微机同时监测,又可以断开微机独立监测。具体显示内容包括日期、时间、辐射瞬时值、小时累计量及最大值、日累计量及最大值,如图 8.1.6 所示。

图 8.1.5　反射辐射表

图 8.1.6　太阳辐射记录仪

7）辐射观测支架

如图 8.1.7 所示,通过辐射观测支架将所有辐射表安装至符合国家标准要求的高度,其为固定式钢制结构,抗腐蚀、抗风能力强,可安装十多种辐射传感器。

2. 实验方法和注意事项

将辐射表正确放置后,将辐射表的输出电缆与太阳辐射记录仪连接,即可显示、记录太阳辐射瞬时值及累计值,选取不同的时刻记录总辐射强度、净辐射强度、散射辐射强度、直接辐射强度、反射辐射强度。

太阳总辐射表应安装在四周空旷、感应面以上没有任何障碍物的地方,将辐射表的电缆插头正对北方,调整好水平位置,并牢牢固定,再将总辐射表输出电缆与太阳辐射记录仪相连接,即可进行观测。

图 8.1.7　辐射观测支架

净辐射表可以安装在专用台柱上,也可临时装在三脚架上。如果安装在台柱上,用两个螺钉固定,其感应面离地高度为 1.5 m,调整水平后将螺钉拧紧,再将净辐射表输出电缆与太阳辐射记录仪相连接,即可进行观测。每次测量时,应检查薄膜罩是否充气,薄膜罩是否清洁。聚乙烯薄膜罩经长期照射会老化,如发现其损坏,应立即更换。干燥剂失效应及时更换。

直接辐射表的安置地要保证在所有季节和时间(从日出到日落)太阳直射光不受任何障碍物影响,如有障碍物,日出、日落方向障碍物高度角不得超过 5°,同时要尽量避开有烟、雾等严重大气污染的地方。直接辐射表通常与其他辐射表一起装设于观测场内,但也可装设于屋顶平台上。台架安装要牢固,即使受到严重的冲击和振动(如大风等),也不致改变仪器的水平状态。

散射辐射表应安装在周围 20 m 范围内无阳光遮挡的地方,通过机体所带的孔将其牢牢地固定在安装架上,调好水平位置,再锁紧螺钉。散射辐射表与记录仪的连接电缆应为双股导线,并应具有防水性能。电缆应牢固地固定在安装架上,以减少断裂或在有风天发生间歇中断的情况,每次使用前都应先调整底角螺栓,使水平泡内的小气泡处于中心圈内。散射辐射表配合散射装置可测量散射辐射,表头对着地面可测量反射辐射,也可根据要求将辐射表倾斜任意角度进行测量。辐射表连接太阳辐射记录仪可显示、记录太阳辐射瞬时值及累计值。

六、实验数据记录

实验数据记录见表 8.1.1。

表 8.1.1　实验数据记录表

时刻	总辐射强度	散射辐射强度	直接辐射强度	反射辐射强度	净辐射强度

七、实验报告

（1）写明实验目的、意义。
（2）阐明实验的基本原理。
（3）记录实验所用仪器和装置。
（4）记录实验的全过程,包括实验步骤、各种实验现象和数据处理等。
（5）对实验结果进行分析、研究和讨论。

实验 8.2　太阳能光伏发电原理实验

一、实验目的

（1）了解太阳能电池板伏安特性曲线（I-U）的概念。
（2）了解太阳能电池板的功率-电压（P-U）特性。
（3）掌握太阳能电池板相关特性的测试。

二、实验原理

太阳能光伏发电是利用太阳能电池半导体材料的光伏效应,将太阳光辐射能直接转换为电能的一种发电方式。太阳能电池是一种对光有响应,并能将光能转换成电能的器件。其发电原理是 P 型晶体硅经过掺杂磷可得 N 型硅,形成 P-N 结。当光线照射太阳能电池表面时,一部分光子被硅材料吸收,光子的能量传递给硅原子,使电子发生跃迁,成为自由电子,自由电子在 P-N 结两侧集聚,从而形成电位差,当外部接通电路时,在该电压的作用下,将会有电流流过外部电路,从而产生一定的输出功率。这个过程实质上是光子能量转换成电能的过程。

太阳能电池是一个限功率的电源,光照情况不同,其输出功率发生变化。太阳能电池在带载时,如果电流增大,电压下降,在同样光照条件下,通过调整负载阻值可对电压输出特性进行测试。

三、实验装置

本实验采用太阳能光伏发电系统实训装置（图8.2.1）进行。该装置采用串联式 PWM（脉冲宽度调制）充电控制方式,充电回路的电压损失较原二极管充电方式降低一半,充电效率较非 PWM 高 3%~6%;过放恢复的提升充电、正常的直充、浮充自动控制方式有利于提高蓄电池寿命;本装置具有多种保护功能,包括蓄电池反接保护、蓄电池过压/欠压保护、太阳能电池组件短路保护、自动输出过流保护和输出短路保护等功能。

图 8.2.1　太阳能光伏发电系统实训装置

四、注意事项

进行电池板 I-U 和 P-U 测试时,考虑到电阻箱内部分电阻的功率,只允许开一个卤灯(500 W),同时将电池板下面的并联线全部分开,将最长线的电池板放置在光源的下方,防止由于开灯过多而造成回路的电流过大,烧坏电阻箱内的电阻。

五、实验内容及步骤

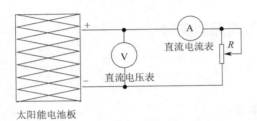

太阳能电池板

图 8.2.2　实验线路连接图

(1)在实验台上按照图 8.2.2 连接好导线。

(2)打开总电源开关,将万用表调到直流"200 mA"挡,将"12 点太阳"的开关开到最大进行测量。

(3)按表 8.2.1 调节电阻箱阻值,并记录对应的电流、电压值,同时查看直流电流表、直流电压表的显示数字。

表 8.2.1　实验数据记录 1

R/Ω	0	50	100	150	200	250	300	400	500	700	1 000	2 000	3 000	9 000	开路
I/mA															
U/V															

(4)测量完成后恢复到原来的状态,根据表 8.2.1 中的电流、电压值在图 8.2.3 中画出太阳能电池的伏安特性曲线。

(5)打开总电源开关,将"12 点太阳"的开关开到最大进行测量。

(6)按表 8.2.2 调节电阻箱阻值,并记录对应的电流、电压值。

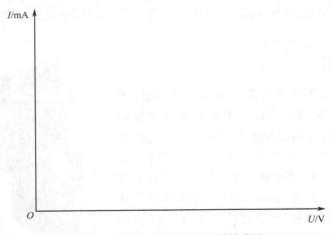

图 8.2.3　太阳能电池的伏安特性曲线

表 8.2.2　实验数据记录 2

R/Ω	0	50	100	150	200	250	300	400	500	700	1 000	2 000	3 000	9 000	开路
I/mA															
U/V															
P/mW															

（7）根据表 8.2.2 中的电压、功率值在图 8.2.4 中画出太阳能电池的功率-电压特性曲线。

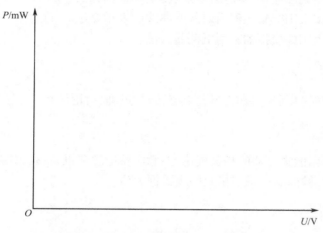

图 8.2.4　太阳能电池的功率-电压特性曲线

六、实验结论

通过曲线可以得出以下结论。

（1）太阳能电池的电压增大，电流变小。

（2）太阳能电池的输出功率与电压不完全是线性的增长关系，功率达到峰值后，不再随电压的升高而升高，反而降低。

七、实验报告要求

（1）写明实验目的、意义。

（2）阐明实验的基本原理。

（3）记录实验所用仪器和装置。

（4）记录实验的全过程，包括实验步骤、各种实验现象和数据处理等。

（5）对实验结果进行分析、研究和讨论。

实验 8.3　平板型太阳能集热器瞬态性能测试

一、实验目的

（1）掌握平板型太阳能集热器的构造及其管路连接，理解各个部件的用途。
（2）掌握太阳能热水系统、太阳能+地板采暖系统的构造及原理。
（3）掌握平板型太阳能集热器热性能的测定和计算方法。
（4）熟悉平板型太阳能集热器瞬时效率曲线的表示方法。
（5）了解人工太阳能模拟器辐射的测量方法。

二、实验要求

实验报告语句通顺、字迹端正、图表规范、结果正确、讨论认真。

三、实验准备

预习平板型太阳能集热器的相关理论，熟悉实验原理和设备，列出实验步骤及主要仪器的使用方法，做出实验原始记录表格及整理数据表格。

四、实验装置

1. 太阳能热水系统性能测试仪

太阳能热水系统性能测试仪由以下部件组成：①太阳能系统，包括平板型太阳能集热器、蓄热水箱；②实验控制系统操作台；③热水系统，包括水龙头；④太阳能集热性能测试系统；⑤配套管件。

本实验装置及管道连接方式如图 8.3.1 所示。本实验为固定实验台的室外实验，传热工质从集热器进口流向集热器出口。实验使用的测量仪器包括一级总日射表、地球辐射表、温度传感器、压力传感器、流量计、热线风速仪、秒表和直尺等。太阳能地板采暖系统如图 8.3.2 所示。太阳能+地板采暖+生活热水系统如图 8.3.3 所示。

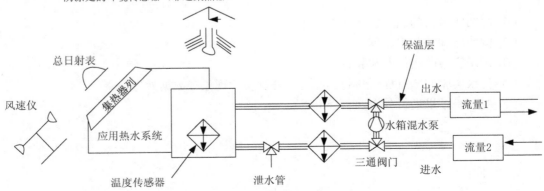

图 8.3.1　太阳能光热系统原理图

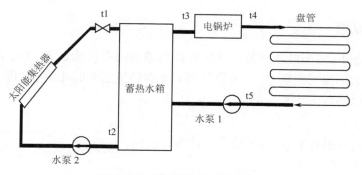

图 8.3.2　太阳能地板采暖系统

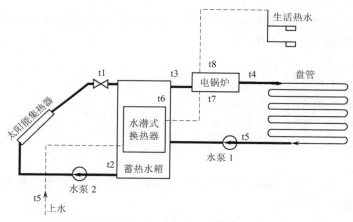

图 8.3.3　太阳能+地板采暖+生活热水系统

2. 人工太阳能模拟器

稳态人工太阳能模拟器（图 8.3.4）是根据多年太阳能模拟器生产经验开发的矩阵式模拟光源，又被称为人造太阳，它是专用于太阳能产品室内测试的实验设备。该模拟器光源采用 12 组独立的线光源组成矩阵式结构，光源的个数、位置、光强都灵活可调，以保证有效辐照面积内的光的均匀性和稳定性；采用主机现场与微机网络联合定时控制功能，可以手动或自动启动光源，定时控制发光；为保证光源质量，采用太阳能辐射仪实时监测光源的辐射及亮度，由于氙灯照射温度较高，故设有测温报警功能以保证系统的安全性。

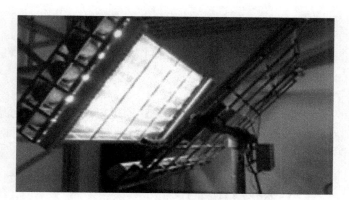

图 8.3.4　人工太阳能模拟器

五、实验原理

在稳定状态下,太阳能集热器在规定时间内输出的有用能量 Q_U 等于同一时段内入射到集热器上的太阳辐照能量 Q_A 减去集热器对周围环境散失的能量 Q_L,即实际获得的有用功率 Q_U 按下式计算:

$$Q_U = Q_A - Q_L \tag{8.3-1}$$

实际获得的有用功率 Q_U 还可按下式计算:

$$Q_U = \dot{m}c_p(T_o - T_i) \tag{8.3-2}$$

式中: c_p 为与平均工质温度相对应的传热介质的比热; $\dot{m}$ 为传热介质的质量流量; T_i 和 T_o 分别为集热器进口流体温度、出口流体温度。

在稳态条件下运行的太阳能集热器的瞬时效率 η 定义为集热器实际获得的有用功率与集热器接收的太阳辐射功率之比,即

$$\eta = \frac{Q_U}{Q_A} = \frac{Q_U}{AG} \tag{8.3-3}$$

式中: A 为集热器总面积; G 为太阳辐照度。

当以采光面积 A_a 为参考时,集热器接收的太阳辐射功率为 $A_a G$,故有

$$\eta_a = \frac{Q_U}{A_a G} \tag{8.3-4}$$

在直角坐标系中,可绘出瞬时效率与归一化温差 T^* 的函数图形。若采用传热工质平均温度 t_m,归一化温差可计算为

$$T_m^* = \frac{T_m - T_a}{G} \tag{8.3-5}$$

$$T_m = \frac{T_i + T_o}{2} \tag{8.3-6}$$

式中: T_a 为环境或周围空气温度。

若使用集热器进口温度,归一化温差可计算为

$$T_i^* = \frac{T_i - T_a}{G} \tag{8.3-7}$$

基于集热器采光面积和集热器进口温差的归一化温差 T_i^* 计算瞬时效率,有

$$\eta_a = \eta_{0a} - U_a T_i^* \tag{8.3-8}$$

式中: U_a 为集热器特征参数。

六、实验内容

太阳能集热器的热性能可以通过获得不同入射辐射组合的瞬时效率值、环境温度值和进水温度值来确定。这要求在稳态或准稳态条件下,实验测定照射到太阳能集热器上的入射辐射率和通过集热器后介质流体的能量增加率。

对于稳态测试,在测试期间环境条件和集热器运行必须是恒定的,因此选取人工太阳能模拟器模拟恒定的太阳辐射。

　　瞬态测试包括某个辐射和入射角度条件下集热器性能的监测,随后通过一个基于时间的数学模型分析瞬态数据,从而确定集热器的性能参数。

　　这些测试需要测定如下参数:①集热器平面上太阳能总辐照度 I_t;②环境空气温度 T_a;③集热器入口流体温度 T_i;④集热器出口流体温度 T_o;⑤流体质量流量 $\dot{m}$;⑥集热器总面积 A。

　　对于一个在稳定辐射和稳定介质流量下运行的集热器系统,热损失系数几乎恒定。因此,平板型集热器的热损失系数 $(T_i-T_a)/I_t$ 对集热器效率的影响在直角坐标系中为一条直线,直线的斜率为效率差与相应的水平尺度差之比。

　　应使集热器工质平均温度与环境空气温度之差在 ±3 ℃内。应根据集热器的最高工作温度确定最高工质进口温度,对于平板型集热器,集热器最高进口温度不应超过 70 ℃。

　　在集热器工作温度范围内,至少取四个间隔均匀的介质进口温度,对每个工质进口温度至少取四个独立的数据点,每个瞬时效率点的测定时间间隔应不少于 3 min。

　　在实验期间,应按规定的项目进行测量。在上述时间间隔内,每分钟至少一次定时采集参数的数据,并以其算术平均值作为该参数的测定值。

七、注意事项及其他说明

　　(1)使用氙灯时,不可用手触及灯管泡壳,以防手汗、油污、灰尘沾污泡壳,点燃后高温会造成灯管玻璃结晶失透,影响光通量和灯管寿命。

　　(2)氙灯正负极绝对不能接反,否则点燃几分钟后氙灯即会报废。氙灯工作电流大,为保证电路引线良好接触,必须定期检查接头情况,以免发热而烧坏氙灯。

　　(3)电源要求:交流 380 V,50 A,50/60 Hz,三相五线制进线,带漏电保护功能。

　　(4)设备需确保接地。不要在有可燃气体的环境中操作设备,设备运行中可能产生电火花,为了防止气体燃烧和爆炸,不能在此环境中操作。设备不能移除面板和盖板,设备内部具有高压电和热源,为了避免人身伤害,不能打开面板操作,在操作前应确保面板和盖板正确安装。

八、实验报告

　　对测量结果进行整理,将数据用表格(表 8.3.1)表示出来,并绘制基于进口温度的归一化温差与瞬时效率曲线(图 8.3.5)。

表 8.3.1　实验数据记录和整理

样品描述	平板型太阳能集热器	集热器型号	
盖板材料		盖板层数/层	
盖板厚度/mm		采光面尺寸/mm	
采光面积/m²		总面积尺寸/mm	
总面积/m²		传热工质	
吸热体材料		吸热体面积/m²	

续表

$G/(W/m^2)$	$T_a/℃$	$T_i/℃$	$t_o/℃$	$m/(kg/s)$	Q_U/W	$T_i^* = \dfrac{T_i - T_a}{G}$	$\eta_a/\%$

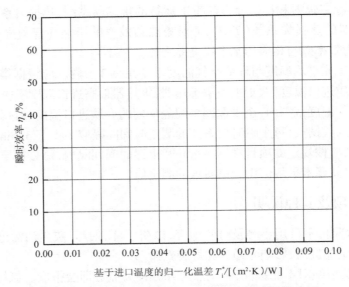

图 8.3.5　基于进口温度的归一化温差与瞬时效率曲线

九、思考题

（1）使用集热器前应进行哪些准备工作？

（2）应注意哪些实验条件？

（3）效率曲线的截距和斜率分别是多少？有什么物理意义？

（4）什么是归一化温差？它有什么物理意义？

实验 8.4　生物质/有机固废热重特性测试

一、实验目的

（1）了解同步热分析仪的构造和基本操作，掌握测试原理和方法。

（2）掌握采用同步热分析仪对生物质/有机固废热重特性进行测试的方法，绘制热重特性曲线。

二、实验内容

掌握热重测试的基本原理，学会采用同步热分析仪对生物质/有机固废进行热重测试；学会绘制热重特性曲线，并对热重特性曲线进行分析。

三、实验要求

掌握同步热分析仪的原理及操作步骤,学会分析热重特性曲线。根据本实验的特点,主要采用集中授课形式进行,实验报告要求语句通顺、字迹端正、图表规范、结果正确、讨论认真。

四、实验准备

预习实验,熟悉实验原理和设备,主要内容如下。

(1)简述实验原理。

(2)列出主要仪器的使用方法。

(3)确定实验条件,包括测试温度范围、升温速率、实验气氛及实验样品量。

五、实验仪器原理和方法

1. 实验仪器和原理

差示扫描量热法(Differential Scanning Calorimetry, DSC)是使样品处于一定的温度程序(升、降、恒温)控制下,观察样品端和参比端的热流功率差随温度或时间的变化过程,以此获取样品在温度程序控制过程中的吸热、放热、比热变化等相关热效应信息,计算热效应的吸放热量(热焓)与特征温度(起始点、峰值点、终止点等),可以研究材料的熔融与结晶过程、玻璃化转变、相转变、液晶转变、固化、氧化稳定性、反应温度与反应热焓,测定物质的比热、纯度,研究混合物各组分的相容性,计算结晶度、反应动力学参数等。

热重分析法(Thermogravimetric Analysis, TG 或 TGA)是使样品处于一定的温度程序(升、降、恒温)控制下,观察样品的质量随温度或时间的变化过程,获取失重比例、失重温度(起始点、峰值点、终止点等)以及分解残留量等相关信息,可以测定材料在不同气氛下的热稳定性与氧化稳定性,可以对分解、吸附、解吸、氧化、还原等物化过程进行分析,包括利用TG 测试结果进一步进行表观反应动力学研究,可以对物质进行成分的定量计算,测定水分、挥发成分及各种添加剂与填充剂的含量。

同步热分析法(Simultaneous Thermal Analysis, STA)是将热重分析法(TG)与差示扫描量热法(DSC)或其前身差热分析法(DTA)结合为一体,在同一次测量中同步得到同一样品的质量变化与吸放热相关信息。同步热分析仪如图 8.4.1 所示。现代的 STA 仪器结构较为复杂,除基本的传感器、加热炉体与高精度天平外,还有电子控制部分、软件以及一系列辅助设备。

同步热分析仪测量部分的基本结构如图 8.4.2 所示。

样品坩埚与参比坩埚(一般为空坩埚)置于同一导热良好的传感器盘上,两者之间的热交换满足傅里叶热传导方程。使用控温炉按照一定的温度程序进行加热,通过定量标定可以将升温过程中两侧热电偶实时测量到的温度信号差转换为热流信号差,对时间/温度连续作图后,即得到 DSC 曲线。同时,整个传感器(样品支架)插在高精度的天平上。参比端无重量变化,样品本身在升温过程中的重量变化由天平进行实时测量,对时间/温度连续作图后,即得到 TG 曲线。

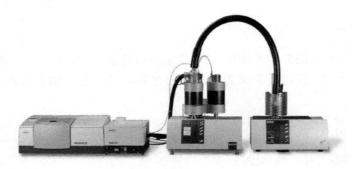

图 8.4.1　同步热分析仪

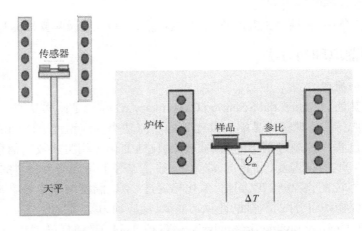

图 8.4.2　同步热分析仪测量部分基本结构

2. 实验步骤和注意事项

1）实验步骤

（1）开机。打开计算机与主机电源,打开恒温水浴,在水浴与天平打开 2~3 h 后开始测试,并打开测量软件。

（2）气体与液氮。确认测量所使用的吹扫气情况,气体钢瓶减压阀的出口压力（显示的是高出常压的部分）通常调到 0.5 bar 左右,最高不能超出 1 bar,否则易损坏质量流量计。

（3）样品制备与装样。准备一个干净的空坩埚,根据样品的不同形态,对样品进行适当的制备。样品的称重可使用精度在 0.01 mg 以上的外部天平,或使用内部天平称重（精度更高）。若使用外部天平称重,则先将空坩埚放在天平上称重,并去皮,随后将样品加入空坩埚中,称取样品重量,再将装有样品的坩埚放到 STA 传感器的样品位上,并在参比位放上一个相同的空坩埚作为参比,最后按下按钮关闭炉体;若使用内部天平称重,则整个称重操作可在软件输入测试条件的过程中完成。

（4）新建测量。STA 是 TG 与 DSC 的结合体,由于 TG 类仪器浮力效应的客观存在,一般需进行基线扣除。同时, DSC 信号客观上也存在基线漂移,往往也需要进行基线扣除。因此,常见的做法是根据样品所需的测试条件（升温速率、气氛类型、坩埚类型）,事先准备相应的基线文件,然后在测试样品时打开该基线,在基线基础上进行测试,这样当测完的数据载入分析软件时,会自动对基线进行扣除。

（5）快速设定。输入样品名称与样品编号,输入样品质量（或内部设定）,设定存盘路径与文件名,确认其他设置（基本信息、温度程序）。

（6）开始测量。观察显示框仪器状态满足以下条件,即可开始测量:①炉体温度、样品温度相近而稳定,且与设定起始温度相吻合;②气体流量稳定;③ TG 信号稳定,基本无漂移;④ DSC 信号稳定。

（7）测量运行。在测试过程中可将当前曲线（已完成的部分）载入分析软件中进行分析,也可以提前终止测试。

（8）测量完成。打开炉盖,按动仪器左侧的按钮以升起支架,取出样品;再按动按钮降下支架,合上炉盖。测试结束后,将测量曲线载入分析软件中进行分析。

2）注意事项

（1）水浴温度:比室温高 2~3 ℃。

（2）气体压力:0.03 MPa。

（3）保护气流量为 10~20 mL/min,吹扫气流量为 20~50 mL/min,且保护气必须为惰性。

（4）DSC-TG 支架样品质量:5~15 mg。

（5）在 1 200 ℃以上时,升温速率应控制在 5~20 K/min。

（6）基线一般 2~3 个月制作一次,制作基线时,使用“初始等待”。

（7）尽量避免无意义升到很高温度和在较高温度下长时间停留的测试。

（8）温度降至 200 ℃以下才可以打开炉体。

六、实验数据记录

由计算机导出实验数据。

七、实验报告

（1）写明实验目的、意义。

（2）阐明实验的基本原理。

（3）记录实验所用仪器和装置。

（4）记录实验的全过程,包括实验步骤、各种实验现象和数据处理等。

（5）对实验结果进行分析、研究和讨论。

第9章 能量储存原理与技术

实验9.1 蓄电池充放电实验

一、实验目的

（1）掌握电池充电效率、放电效率的测量方法。
（2）认识储能过程中的能量损耗。

二、实验要求

（1）绘制电池充放电曲线。
（2）计算电池充放电效率。

三、实验原理

锂离子电池具有高电压、高容量、循环寿命长、安全性能好、便于携带等优点，故得到了普遍应用。在锂离子电池充放电过程中，电池内阻和连接件内阻会消耗部分电能，同时锂离子嵌脱的电化学极化和浓差极化也会导致部分能量损失，因此能量转换率低于100%。电池在一次充放电循环过程中放电时放出的能量（电池输出能量）与充电时消耗的能量（电网输出能量）之比为充放电能量效率，其是储能电站的关键参数。由能量守恒定律可知，电池在充放电过程中损失的能量主要转化为不可逆的热能，即克服电子、离子在电池内部传导的阻力所产生的热量，因此在储能电站设计时需要配置合适功率的空调系统将热量置换出来，以免热量积累造成内部温度升高，进而导致电池性能衰退。在计算储能电站的经济效益时，成本按电网输出能量结算，收益按电池输出能量结算，因此充放电过程中的能量损耗成为制约储能电站成本回收的重要因素之一。

图9.1.1所示为电池充放电曲线。电池的电压在充电初期有较大上升，之后趋向平缓。电池在恒流放电条件下的工作电压变化可分为3个阶段：①放电初期，电压下降较快；②之后放电曲线逐渐趋于平缓，进入"平台区"，这一阶段持续的时间与电压值、环境温度、放电倍率、电池的质量和寿命等有关；③放电末期，电压急速下降。

由于电化学极化、浓差极化等电化学现象所导致的能量损耗，以及电池本身内

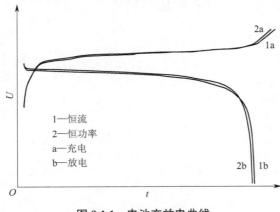

图9.1.1　电池充放电曲线

阻、线路等存在的电能损耗,充电过程能量无法 100%转化为化学能存储到电池中,放电过程存储的能量也无法 100%释放给负载,充放电效率按下式计算:

$$\eta = \frac{\int_0^{t_0} U_b I_b \mathrm{d}t}{\int_0^{t_1} U_a I_a \mathrm{d}t} \times 100\% \tag{9.1-1}$$

式中:U_a、U_b 分别为电池充、放电时的端电压;I_a、I_b 分别为对应的充、放电电流;t_1、t_0 分别为对应的充、放电时间。

电池容量按下式计算:

$$C = \int_0^t I(t)\mathrm{d}t \tag{9.1-2}$$

式中:$I(t)$ 为不同时间 t 对应的电流值。

由于充、放电容量偏差不超过 1%,因此充、放电能量效率可简化为放电端与充电端的电压比,即放电中值电压与充电中值电压的比值。

四、实验步骤

(1)保持电池静置,调节实验箱温度,保证电池处于稳定的标准充放电环境温度。

(2)以 550 mA 的大电流进行恒流充电,充电至电池电压为 4.20 V,然后转为恒压充电,直到充电电流小于 50 mA 为止,记录电池充电曲线。

(3)保持动力电池静置,直至电压、温度达到稳定状态。

(4)完全充满以后进行 550 mA 的恒流放电,当单体电池的最低端电压低于 3.0 V 时,停止放电,记录电池放电曲线。

五、实验报告

实验报告应包括:①实验名称;②实验目的;③实验内容及原理;④实验仪器;⑤实验步骤;⑥实验过程及实验数据记录。

实验 9.2　相变储能材料相变温度与相变焓的测量

一、实验目的

测定相变储能材料的相变温度及相变焓。

二、实验原理

在相变材料发生相转化的过程中,储存或放出的热量即属于相变潜热。相变过程通常在恒温恒压下进行,而在恒压条件下,相变材料吸收/释放的热量从数值上用焓值表示。由于相变过程中没有产生非体积功且始终恒压,相变焓也被称为相变热。本实验采用差示扫描量热法(DSC)对相变材料的熔点和相变焓进行测试。DSC 是根据差热分析技术研发出的新型检测技术,它是通过程序控温检测一定时间内的样品与参比物的功率差随升温或降温过程的变化的测试技术。DSC 的基本构造如图 9.2.1 所示。

DSC 检测是在恒定升温速度下测量装在试样和参比物托架下面两个电流器的热功率差来实现的,记录热功率差随温度的变化可得到 $\frac{dQ}{dt}$-T 图谱,如图 9.2.2 所示,图中所围面积就是试样的热效应。

$$\Delta Q = \int \frac{dQ}{dt} dt \qquad\qquad (9.2\text{-}1)$$

如图 9.2.2 所示,T_1 为熔化起始点,是曲线偏离基线的起点;T_2 为熔化起始外延点,是峰谷前沿最大斜率点的切线与基线的交点,该点对应的温度被视为相转变过程的开始温度;T_3 为峰温点,对应的温度为峰值温度;T_4 为熔化终止外延点,指峰谷后沿最大斜率点的切线与基线的交点,该点对应的温度被视为相转变过程的终止温度;T_5 为熔化终止点,即曲线重新回到基线的点。T_1、T_5 与测量设备的灵敏程度有关,有一定的随意性。

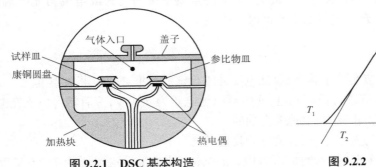

图 9.2.1　DSC 基本构造　　　　图 9.2.2　DSC 测试结果示意图

三、实验步骤

（1）称取试样 10~15 mg,称取参比物 α-Al_2O_3 10~15 mg,试样和参比物在称取时尽可能相等,并分别将称量的试样和参比物放入铝坩埚。

（2）开启 DSC 分析仪电源、电炉电源,使仪器预热 30 min;在仪器预热期间,称量试样及参比物 α-Al_2O_3 并记录其质量。

（3）开启加热炉,将试样和参比物置于各自的托架上,关闭炉子,并接通 N_2 气氛,流量为 60 mL/min。

（4）打开计算机,启动程序升温系统,调好实验参数,开始实验。

（5）实验结束后,在计算机上利用相关程序计算实验结果,打印图谱和结果。

（6）关闭计算机、DSC 分析仪、电炉电源等。

四、实验报告

实验报告应包括:①实验名称;②实验目的;③实验内容及原理;④实验仪器;⑤实验步骤;⑥实验过程及实验数据记录。

实验 9.3　储能系统蓄热、放热实验

一、实验目的

认识相变储能吸热、放热过程,获得相变储能装置吸热、放热过程温度曲线,区分显热蓄热与潜热蓄热过程,分析其特性。

二、实验装置

相变蓄放热实验台主要由电加热水箱、流量计、水泵、蓄热罐、板式换热器、数据采集仪、阀门及其连接管道等构成。蓄热罐设计为圆柱形桶状,桶高 950 mm,内径为 500 mm。蓄热罐内的换热盘管为铜管,管径为 6 mm,采用立体双渐开线结构,共有 32 层,供、回水管路相互错开,该结构在保证换热面积的同时,减小了水流管道阻力,保证了蓄热器内换热管分布的均匀性。实验采用的相变材料 SXR-S 分布在换热盘管外,填满整个蓄热罐。相变材料总容积约为 150 L。为了减少热损失,对蓄热罐外壁进行保温,蓄热罐可近似看成绝热。蓄热罐内共布置 11 根热电偶,并用铁丝制作热电偶支架,所有热电偶都固定在铁丝支架上,与相变材料直接接触。实验系统如图 9.3.1 所示。

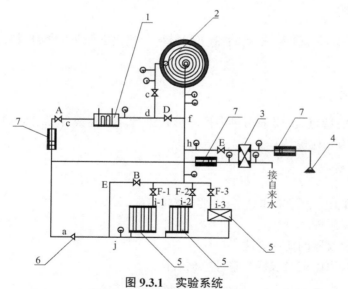

图 9.3.1　实验系统

1—加热水箱;2—相变材料箱;3—换热器;4—喷头;5—散热器;6—泵;7—流量计

三、实验步骤

(1)加热电加热水箱,使其达到初始温度 T_0。

(2)开启水泵,调节到所需要的流量,使水温保持初始温度进入蓄热罐来加热罐内的相变材料,直至相变材料的各点温度都接近 T_0,蓄热过程结束。

（3）关闭蓄热罐的入口阀门,使水箱中的热水流经板式换热器,并与流入板式换热器中的凉水进行换热,使水箱中的水温迅速降低到预定值 T_1。

（4）打开蓄热罐入口阀门,使相变材料在 T_1 的进口温度下放热。通过阀门来控制流入板式换热器中的凉水的流量,以使流入蓄热罐内的水温 T_1 恒定。低温水吸收相变材料的热量,直至蓄热罐内相变材料的温度接近 T_1,放热过程结束。

四、实验报告

实验报告应包括:①实验名称;②实验目的;③实验内容及原理;④实验仪器;⑤实验步骤;⑥实验过程及实验数据记录。

实验 9.4　新能源储热材料的制备与性能测定

一、实验目的

（1）了解储热方式、储热材料种类以及储热材料制备仪器的使用方法。

（2）学会测量储热材料的导热系数、循环性能及化学相容性,为使用新能源材料的能源动力设备的优化提供基础数据。

二、实验内容

制备显热储热（冷）材料、相变储热（冷）材料及热化学储热（冷）材料,测量各种材料储热（冷）性能。

三、实验要求

根据本实验的特点,主要采用集中授课形式进行。实验报告要求语句通顺、字迹端正、图表规范、结果正确、讨论认真。

四、实验准备

预习实验,熟悉实验原理和设备,主要内容如下。

（1）简述实验原理。

（2）列出主要仪器的使用方法。

（3）做出实验原始记录表格及整理数据表格。

五、实验仪器、方法和注意事项

1. 实验仪器

1）行星式球磨机

使用行星式球磨机（Planetary Activator）对储热材料进行混合、磨细、小样制备、纳米材料分散,配用真空球磨罐,可在真空状态下磨制试样。行星式球磨机如图 9.4.1 所示。

行星式球磨机是为粉碎、研磨、分散金属、非金属、有机物、中草药等粉体设计的,特别适合实验室研究使用。其工作原理是利用磨料与物料在研磨罐内高速翻滚,对物料产生强力剪切、冲击、碾压,达到粉碎、研磨、分散、乳化物料的目的。行星式球磨机在同一转盘上装有四个球磨罐,当转盘转动时,球磨罐在绕转盘轴公转的同时又围绕自身轴心自转,做行星式运动。球磨罐中研磨球在高速运动中相互碰撞,研磨和混合样品。其能用干、湿两种方法研磨和混合粒度不同、材料各异的产品,研磨产品最小粒度可至 0.1 μm,能很好地满足各种工艺参数要求。

2)真空管式炉反应器

复合材料含有多种材料,在低温情况下可以相容,但当温度升高就可能发生化学反应。真空管式炉反应器可用于研究高温下复合材料的性质是否会发生变化。另外,采用凝胶溶胶法、前驱体法制备新型储能材料时,需要用高温进行灼烧,并通入保护气和反应气体使材料发生化学反应,以得到所需的材料,也常用到真空管式炉反应器(图 9.4.2)。

真空管式炉反应器可通过程序自动精确控温,并且可以通过滑轨实现快速降温,提供真空、气氛可控及高温的实验环境,其已应用在半导体、纳米技术、碳纤维等新材料、新工艺领域。

图 9.4.1　行星球磨机

图 9.4.2　真空管式炉反应器

2. 实验方法和注意事项

将材料放入行星式球磨机中,再放入研磨球,根据实验设计要求的材料尺寸,设定研磨程序并进行研磨,最后得到所需粒度的材料,再辅以粒度仪和 SEM(扫描电子显微镜)精确分析行星式球磨机得到的粉体及其微结构。

得到的粉体可以进行冷压成型,然后放入真空管式炉反应器,进行高温烧结定型,可得到定型储热材料,最后可以对材料进行多次冷却、灼烧,来分析材料的循环稳定性。同时,辅助以导热系数仪和差示扫描量热仪分析储能材料的导热系数、熔值、储热密度等参数。

行星式球磨机与真空管式炉反应器均应该放在平整的地面上,同时周边不可以有易燃易爆物品存在,而且房间要配有灭火器。

六、实验数据记录

实验数据记录见表 9.4.1。

表 9.4.1　实验数据记录表

材料种类	研磨时间	粒径	烧结时间	形貌变化
种类 1				
种类 2				
种类 3				
种类 4				
种类 5				

七、实验报告

（1）写明实验目的、意义。

（2）阐明实验的基本原理。

（3）记录实验所用仪器和装置。

（4）记录实验的全过程，包括实验步骤、各种实验现象和数据处理等。

（5）对实验结果进行分析、研究和讨论。

第 10 章　生物质能源转换与利用

实验 10.1　生物质热值的测定（氧弹法）

一、实验目的

（1）了解氧弹热量计的构造和使用方法，掌握生物质热值的测定原理和方法。

（2）测定生物质的热值。

二、实验内容

通过任课教师的讲解，以生物质为实验对象，测定其燃烧热值。掌握氧弹热量计的操作步骤，学会判断点火成功与否及生物质燃烧的充分程度。

三、实验准备

（1）燃料准备：每次测定生物质 1.0~1.2 g，精确至 0.002 g。

（2）点火丝：选用直径约 0.1 mm、长 80~100 mm 的镍铬丝，将等长的 10~15 根点火丝同时放在分析天平上称量，计算每根点火丝的平均质量。

（3）氧气：准备纯度为 99.5% 的工业氧气用于氧弹内，禁止使用电解氧。

四、实验原理

本实验的原理是将已知量的生物质置于密封容器（氧弹）中，并通入氧气，点火使之完全燃烧，生物质所放出的热量传给周围的水，根据水温升高值计算出燃料热值。

测定时，除生物质外，点火丝燃烧、热量计本身（包括氧弹、温度计、搅拌器和外壳等）也吸收热量，此外热量计还向周围散失部分热量，这些在计算时都应考虑，并加以修正。

热量计系统在实验条件下温度升高 1 ℃ 所需要的热量称为热量计的热容量。测定前，先使已知发热量的苯甲酸（热量计标准物质，热值为 26 466 J/g）在氧弹内燃烧，标定热量计的热容量 K。设标定时总热效应为 Q，测得温度升高值为 Δt，则热容量 $K = Q/\Delta t$。

热量计的热容量已由实验室测得，即 $K=15\,155$ J/℃，可不必再测。测定时，将被测生物质置于氧弹中燃烧，如测得温度升高 Δt，则燃烧总效应 $Q = K\Delta t$。进而修正计算得出生物质的热值，具体计算方法如下。

（1）热量计的热容量按下式计算：

$$K = \frac{Q_1 M_1 + Q_2 M_2}{(t_n - t_0) + \Delta\theta} \tag{10.1-1}$$

式中：K 为热量计的热容量（J/℃）；Q_1 为苯甲酸（热量计标准物质）的热值，26 466 J/g；M_1 为苯甲酸的净质量(g); Q_2 为点火丝的热值, 6 000 J/g; M_2 为点火丝的净质量(g); t_0 和 t_n 分别为主期(实验分为初期、主期和末期三期)初温和末温(℃); $\Delta\theta$ 为热量体系与环境的热交换修正值(℃),采用式(10.1-2)(瑞-芳法)计算。

$$\Delta\theta = \frac{V_n - V_0}{\theta_n - \theta_0}\left(\frac{t_0 + t_n}{2} + \sum_{i=1}^{n-1} t_i - n\theta_n\right) + nV_n \qquad (10.1-2)$$

式中: V_0 和 V_n 分别为初期和末期的温度变化率(℃/30 s); θ_0 和 θ_n 分别为初期和末期的平均温度(℃); n 为主期读取温度的次数; t_i 为主期按次序的温度读数。

(2)生物质燃烧的氧弹热值按下式计算:

$$Q = \frac{K(t_n - t_0 + \Delta\theta) - Q_2 M_2}{G} \qquad (10.1-3)$$

式中: Q 为试样燃料的氧弹热值(kJ/kg); G 为试样质量(g);其他符号含义同前。

五、实验条件

本实验采用 XRY-1A 型数显氧弹热量计(图 10.1.1),氧弹的构造如图 10.1.2 所示。

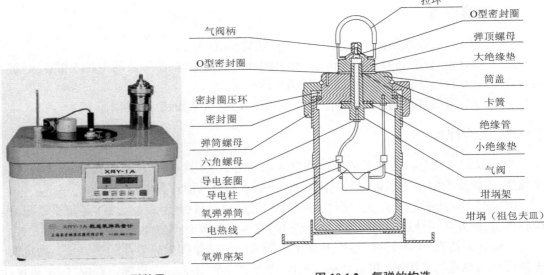

图 10.1.1　XRY-1A 型数显
氧弹热量计

图 10.1.2　氧弹的构造

六、实验步骤

(1)将热量计外筒装满水(与室温相差不超过 0.5 ℃的水),实验前用外筒搅拌器(手拉式)搅拌使外筒水温均匀。

(2)称取生物质 1.0~1.2 g,再称准至 0.002 g,放入坩埚中。

(3)把氧弹的弹头放在弹头架上,将盛有试样的坩埚固定在坩埚架上,将 1 根点火丝的两端固定在两个电极柱上,并使其与试样良好接触(点火丝与坩埚壁不能相碰),然后在氧弹中加入 10 mL 蒸馏水,拧紧氧弹盖,并用进气管缓慢地充入氧气,直至氧弹内压力为 2.5~3.0 MPa 为止,且氧弹不应漏气。

（4）把上述氧弹放入内筒中的氧弹座架上,并向内筒中加入 3 000 g（称准至 0.5 g）蒸馏水（温度已调至比外筒低 0.2~0.5 ℃）,水面应至氧弹进气阀螺帽高度的约 2/3 处,每次用水量应相同。

（5）接上点火导线,并连好控制箱上的所有电路导线,盖上胶木盖,将测温传感器插入内筒,打开电源和搅拌开关,仪器开始显示内筒水温,每隔 30 s 蜂鸣器报时一次,实验开始读数。

（6）实验读数分为初期、主期和末期三期,且三期互相衔接。

初期:由读数开始至点火为初期,用以记录和观察周围环境与热量计在实验开始温度下的热交换情况,以求得散热校正值。在初期内,每隔 30 s 记录温度一次,直至得到 10 个读数为止。

主期:从第 10 个读数开始,在此阶段燃烧试样所放出的热量传给水和热量计,并使热量计设备的各部分温度达到平衡。当记下第 10 个读数时,同时按"点火"键,点火指示灯亮,随之在 1~2 s 内熄灭,表示点火完毕,测量次数自动复零。以后每隔 30 s 储存测温数据一个,共 31 个,第一个读数作为主期初温 t_0,第一个开始下降的温度读数作为主期末温 t_n,到开始下降的第一个温度读数为止为主期。

末期:这一阶段的目的与初期相同,是为了观察实验终了温度下的热交换情况。将主期的最后一个温度读数 t_n 作为末期的第一个读数,此后仍每隔 30 s 读取一次温度读数,至第 11 次读数,末期结束,读数也结束,按"结束"键结束实验。

（7）关闭搅拌开关和电源开关,拔出测温传感器探头,打开热量计盖（注意:先拿出传感器,再打开水筒盖）,取出氧弹并擦干,并通过放气阀小心放掉氧弹内的氧气（切不可先拧开氧弹盖）,放出废气,响声停止后再拧开盖,检查弹内与弹盖,若试样燃烧完全,实验有效,取出未烧完的点火丝称重;若有试样燃烧不完全,则此次实验作废。

（8）将内筒的水倒掉,用蒸馏水洗涤氧弹内部及坩埚并将它们擦拭干净,将弹头置于弹头架上。

（9）数据记录及整理。

记录:①实验设备名称;②设备编号;③室温（℃）;④实验温度（℃）;⑤镍铬合金丝长（cm）;⑥剩余镍铬合金丝长（cm）;⑦试样质量（g）。

测温实验记录见表 10.1.1。

表 10.1.1　测温实验记录表　　　　　　　　　　单位:℃

时期	1	2	3	4	5	6	7	8	9	10
初期										
主期										

时期	1	2	3	4	5	6	7	8	9	10
末期										

利用实验数据计算生物质热值。

七、思考题

生物质的燃烧机理与煤炭的燃烧机理有什么不同?

八、实验报告

实验报告包括实验目的、实验方法(原理和仪器)、实验步骤、测量数据以及数据分析。实验报告要求内容详细完善、数据测量准确。

实验 10.2　生物质挥发分含量的测定

一、实验目的

掌握生物质中挥发分含量测定的基本方法,并根据测定的数值,确定该种生物质转换为气体或液体燃料的产率。

二、实验原理

称取一定质量空气中的干燥样品,放入带盖的瓷坩埚中,在675~725 ℃条件下,隔绝空气加热一段时间,使生物质中的有机质发生热分解而生成气态产物,这些产物占生物质样品的质量分数就是生物质的挥发分含量。

三、实验设备

坩埚(瓷制带盖)、坩埚架、马弗炉、坩埚夹、万分之一天平、干燥器。

四、实验步骤

称取粒径小于 0.2 mm 的空气中的干燥样品 0.5 g(精确至 0.000 2 g),放入预先在675~725 ℃条件下灼烧恒重的带盖瓷坩埚中,然后轻击坩埚,将试样摊平,盖上坩埚盖,放在坩埚架上,迅速将摆好坩埚的架子送入炉内恒温区,立即开启秒表、关闭炉门,使坩埚在炉内加热 6 h,达到 6 h 时立即将坩埚从炉中取出,在空气中冷却 5~10 min 后,再置于干燥器中冷却至室温(20~30 min)后称量。

五、实验记录及计算

1. 实验记录

可燃基挥发分含量测定记录在表 10.2.1 中。

表 10.2.1　实验记录表

实验项目	实验记录	
	实验序号 1	实验序号 2
坩埚与试样的总质量(m_0+m_1)/g		
坩埚质量 m_0/g		
试样质量 m_1/g		
加热后坩埚与试样的总质量(m_0+m_2)/g		
试样减少的质量(m_1-m_2)/g		

2. 计算

试样中挥发分的含量可根据工业分析指标,按式(10.2-1)计算:

$$挥发分的含量=\frac{烘干样品重-灰分量}{烘干样品重}$$

$$=\frac{m_1-m_2}{m_1}\times100\% \qquad\qquad (10.2-1)$$

式中:m_1 为烘干样品的质量(g);m_2 为灼烧后残留物的质量(g)。

六、注意事项

(1)坩埚盛试样前,必须灼烧恒重才能使用。

(2)生物质因挥发分含量高,应事先压扁,并切成小块(3 mm),供称量使用。

实验 10.3　基质碳素的测定

一、实验目的

(1)了解基质碳素的基本内容。

(2)熟悉碳素的测定方法。

二、实验内容

碳素是沼气发酵的主要成分,许多物质可作为碳素营养而被微生物转化利用,如糖类、脂类、醇类、有机酸。在沼气发酵中,基质碳素是发酵产生沼气的主要生物转化成分。测定基质碳素含量可以了解基质的负荷水平,同时可以通过碳素含量的测定,进行碳氮比的调节,以建立合适的 C-N 关系。

碳素的测定手段很多,但总体来说,选择方法的依据除实验室的条件外,更重要的是待测试样的性状。当基质为液态时,可选用 COD(化学需氧量)、BOD(生物化学需氧量)、TOC(总有机碳)法;当基质为固态时,可选用改良的丘林法,即 $K_2Cr_2O_7$-外热源法,此法的有机碳氧化率可达 90%~95%,本实验采用此法。

三、实验原理

在有外热源的条件下,以过量的标准重铬酸钾($K_2Cr_2O_7$)-硫酸(H_2SO_4)溶液氧化待测样品,剩余的重铬酸钾则用标准硫酸亚铁滴定,用消耗的重铬酸钾量来计算有机碳的含量。其反应式如下:

$$2K_2Cr_2O_7+8H_2SO_4+3C \rightarrow 2K_2SO_4+2Cr_2(SO_4)_3+3CO_2+8H_2O$$

$$K_2Cr_2O_7+6FeSO_4+7H_2SO_4 \rightarrow K_2SO_4+Cr_2(SO_4)_3+3Fe_2(SO_4)_3+7H_2O$$

四、仪器及试剂

万分之一分析天平;甘油浴;50 mL 滴定管一个;250 mL 三角瓶三个;浓硫酸,分析纯,相对密度为 1.84;0.4 mol/L $K_2Cr_2O_7$-H_2SO_4 溶液;邻二氮菲指示剂;0.2 mol/L 硫酸亚铁($FeSO_4$)溶液;0.100 0 mol/L $K_2Cr_2O_7$-H_2SO_4 基准液。

五、测定步骤

1. 样品处理

将称取的样品混匀,以四分法取某一份置于红外灯或蒸汽浴上干燥,再于 60 ℃烘箱中干燥、粉碎,并过 60 目筛,测定水的百分含量。

2. 氧化

称取过 60 目筛的样品 20 mg,准确到 0.000 1 g,置于 250 mL 三角瓶中,用移液管加入 15.0 mL 0.4 mol/L $K_2Cr_2O_7$-H_2SO_4 溶液,摇匀,一式两份,同时作一空白,然后将三角瓶放入甘油浴中,在油温为 170 ℃的条件下煮沸 5 min,取出冷却。

3. 滴定

往上述氧化后的 250 mL 三角瓶中加水约 85 mL,使总液体体积为 100 mL。加入 3 滴邻二氮菲指示剂,用硫酸亚铁溶液滴定,溶液由橙黄色经绿色突变到砖红色时为滴定终点。同时进行空白滴定,分别记录 $FeSO_4$ 溶液的用量。

六、实验结果及计算

$$总有机碳含量 = \frac{(V_1 - V_0)c \times 0.003 \times 1.1}{W} \times 100\% \tag{10.3-1}$$

式中:V_1 为样品消耗的硫酸亚铁量(mL);V_0 为空白消耗的硫酸亚铁量(mL);c 为 $FeSO_4$ 的浓度(mol/L);0.003 为 1/4 碳原子的毫摩尔质量(g/mmol);1.1 为校正系数(有机碳氧化率约为 90%);W 为样品干重(g)。

第 11 章　电子技术

实验 11.1　集成门电路实验

一、实验目的

通过实验测试集成门电路的逻辑功能,能用集成门组成基本应用电路,并测试其逻辑功能。

二、实验内容

(1)了解逻辑电路学习机的组成和使用方法。在不接通电源的情况下,熟悉学习机组件板上各种集成组件的排列,了解控制板各部分的功用及使用方法。

(2)掌握与非门逻辑功能的测试。

三、实验仪器

逻辑电路学习机、万用表。

四、实验步骤及实验数据记录

(1)在学习机上任选一个三输入端与非门,按图 11.1.1 接线,当输入端为表 11.1.1 所列的情况时,观察输出端所接发光二极管所显示的状态,并将结果填入表 11.1.1 中。

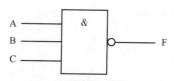

图 11.1.1　三输入端与非门接线

表 11.1.1　三输入端与非门输入与输出

A	B	C	F
0	0	0	
0	0	1	
0	1	1	
1	1	1	

(2)用与非门组成或门,按图 11.1.2 接线,并按表 11.1.2 所列的情况,测试其输出与输

入的逻辑关系,验证或门的功能。

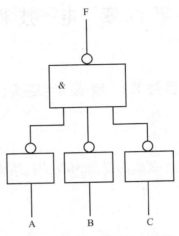

图 11.1.2　与非门组成或门接线

表 11.1.2　与非门组成或门输入与输出

A	B	C	F
0	0	0	
0	0	1	
0	1	1	
1	1	1	

（3）用与非门组成同或电路,按图 11.1.3 接线,并按表 11.1.3 所列的情况,测试其输出与输入的逻辑功能,结果填入表 11.1.3 中。

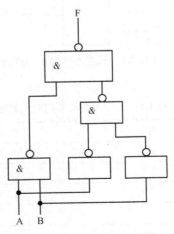

图 11.1.3　与非门组成同或电路

表 11.1.3　与非门组成同或电路输入与输出

A	B	F
0	0	
0	1	
1	0	
1	1	

（4）用与非门组成半加器，按图 11.1.4 接线，并按表 11.1.4 所列的情况，测试其输出与输入的逻辑关系。

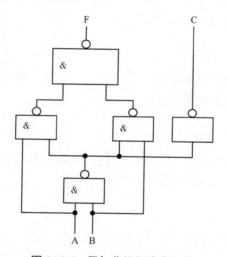

图 11.1.4　用与非门组成半加器

表 11.1.4　用"与非"门组成半加器输入与输出

A	B	F	C
0	0		
0	1		
1	0		
1	1		

五、思考题

（1）为什么与非门悬空的输入端在逻辑上相当于"1"？

（2）对实验中出现的现象进行必要的分析与讨论。

六、实验报告

实验报告包括实验目的、实验方法（原理和仪器）、实验步骤、测量数据以及数据分析。实验报告要求内容详细完善、数据测量准确。

实验 11.2　组合逻辑电路实验

一、实验目的

掌握 TTL（晶体管-晶体管逻辑）、CMOS（互补金属氧化物的半导体）器件的使用规则及测试方法，熟悉组合逻辑电路的分析方法。

二、实验内容

（1）用与非门设计一组合逻辑电路。
（2）掌握门电路逻辑功能的测试。

三、实验仪器

数字电路实验箱、双踪示波器、74LS00 二输入端四与非门、74LS04 六反相器、CC4001 二输入端四或非门、CC4011 二输入端四与非门。

四、实验步骤

最常见的逻辑电路是使用中、小规模集成电路设计的组合电路。根据设计要求建立输入、输出变量，并列出真值表。然后用逻辑表达式或卡诺图化简法求出化简后的逻辑表达式，并根据实际选用的逻辑门的类型修改逻辑表达式。根据化简后的逻辑表达式，画出逻辑图，用标准器件构成逻辑电路。最后用实验来验证设计的正确性。组合逻辑电路设计流程如图 11.2.1 所示。

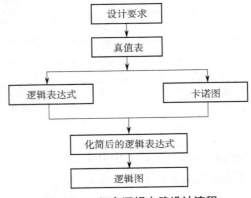

图 11.2.1　组合逻辑电路设计流程

五、实验过程及实验数据记录

（1）74LS00 门电路逻辑功能测试如图 11.2.2 和表 11.2.1 所示。

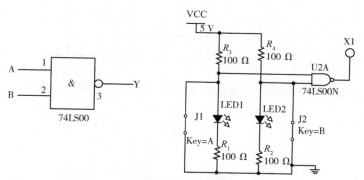

图 11.2.2　74LS00 门电路逻辑功能测试示意图

表 11.2.1　74LS00 真值表

A	B	灯亮/灭	Y	逻辑表达式
0	0			
0	1			
1	0			Y=＿＿＿
1	1			

（2）74LS08 门电路逻辑功能测试如图 11.2.3 和表 11.2.2 所示。

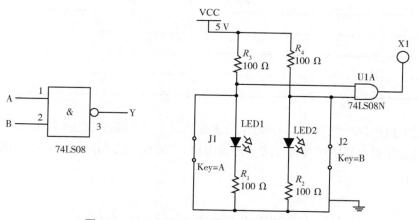

图 11.2.3　74LS08 门电路逻辑功能测试示意图

表 11.2.2 74LS08 真值表

A	B	灯亮/灭	Y	逻辑表达式
0	0			
0	1			Y=_____
1	0			
1	1			

（3）74LS32 门电路逻辑功能测试如图 11.2.4 和表 11.2.3 所示。

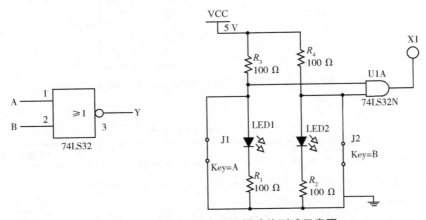

图 11.2.4 74LS32 门电路逻辑功能测试示意图

表 11.2.3 74LS32 真值表

A	B	灯亮/灭	Y	逻辑表达式
0	0			
0	1			Y=_____
1	0			
1	1			

（4）门电路逻辑功能测试（74LS00IC）仿真如图 11.2.5 和表 11.2.4 所示。

（5）组合逻辑电路测试按图 11.2.6 连接电路,完成表 11.2.5,并说明该电路的功能。

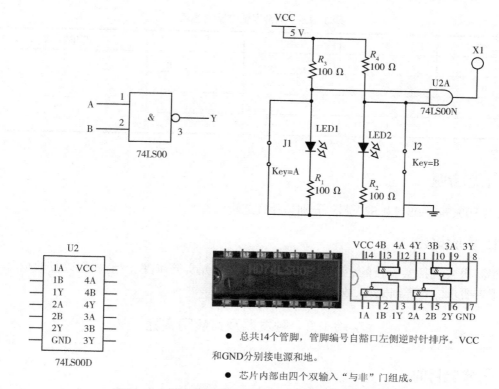

● 总共14个管脚，管脚编号自豁口左侧逆时针排序。VCC和GND分别接电源和地。

● 芯片内部由四个双输入"与非"门组成。

图 11.2.5 门电路逻辑功能测试(74LS00IC)仿真示意图

表 11.2.4 74LS00IC 真值表

A	B	灯亮/灭	Y	逻辑表达式
0	0			
0	1			Y=_____
1	0			
1	1			

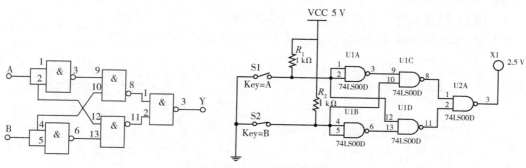

图 11.2.6 组合逻辑电路示意图

表 11.2.5　组合逻辑电路真值表

A	B	灯亮/灭	Y	逻辑表达式
0	0			
0	1			Y=_____
1	0			
1	1			

六、思考题

74LS00、74LS08、74LS32 芯片分别是什么逻辑门?

七、实验报告

实验报告包括实验目的、实验方法(原理和仪器)、实验步骤、测量数据以及数据分析。实验报告要求内容详细完善、数据测量准确。

实验 11.3　触发器及其应用实验

一、实验目的

熟悉并掌握 RS、D、JK 触发器的构成、工作原理和功能测试方法,学会正确使用触发器集成芯片。

二、实验内容

(1)基本 RS 触发器功能测试。
(2)维持-阻塞 D 触发器功能测试。
(3)负边沿 JK 触发器功能测试。

三、实验原理

(1)基本 RS 触发器功能测试采用芯片 74LS00,该芯片的相关信息可参见实验 11.2。
(2)维持-阻塞 D 触发器功能测试使用芯片 74LS74,如图 11.3.1 所示。
(3)负边沿 JK 触发器功能测试使用芯片 74LS112,如图 11.3.2 所示。

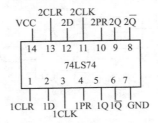

图 11.3.1　芯片 74LS74 示意图

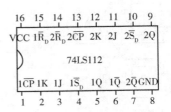

图 11.3.2　芯片 74LS112 示意图

四、实验仪器

数字电路实验箱、实验器件（74LS00、74LS74、74LS112）。

五、实验步骤及实验数据记录

（1）基本 RS 触发器功能测试电路如图 11.3.3 所示，实验结果填入表 11.3.1 中。

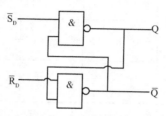

图 11.3.3　基本 RS 触发器功能测试电路

表 11.3.1　基本 RS 触发器功能测试实验记录表

$\bar{S}_D$	$\bar{R}_D$	Q	$\bar{Q}$
0	1		
1	1		
1	0		
1	1		

（2）维持-阻塞 D 触发器功能测试（74LS74）如图 11.3.4 所示，实验结果填入表 11.3.2 中。

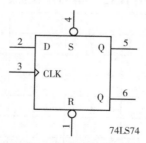

图 11.3.4　维持-阻塞 D 触发器功能测试（74LS74）示意图

表 11.3.2　74LS08 真值表

输入					输出	功能
$\bar{S}_D$	$\bar{R}_D$	CP	D	Q^n	Q^{n+1}	
0	1	×	×	×		
1	0	×	×	×		

输入					输出	功能
$\overline{S}_D$	$\overline{R}_D$	CP	D	Q^n	Q^{n+1}	
1	1	↑	0	0		
				1		
		↓	0	0		
				1		
		↑	1	0		
				1		
		↓	1	0		
				1		

（3）负边沿 JK 触发器功能测试（74LS112）如图 11.3.5 所示,实验结果填入表 11.3.3 中。

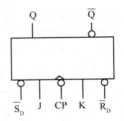

图 11.3.5　负边沿 JK 触发器功能测试（74LS112）示意图

表 11.3.3　74LS112 真值表

输入						输出	功能
$\overline{S}_D$	$\overline{R}_D$	CP	J	K	Q^n	Q^{n+1}	
0	1	×	×	×	×		
1	0	×	×	×	×		
1	1	↑	0	0	0		
			0	0	1		
		↓	0	0	0		
					1		
		↑	0	0	0		
					1		
		↓	0	1	0		
					1		
		↑	1	0	0		
					1		

续表

输入						输出	功能
$\bar{S}_D$	$\bar{R}_D$	CP	J	K	Q^n	Q^{n+1}	
1	1	↓	1	0	0		
					1		
		↑	1	1	0		
					1		
		↓	1	1	0		
					1		

六、思考题

总结各类触发器的特点。

七、实验报告

实验报告包括实验目的、实验方法（原理和仪器）、实验步骤、测量数据以及数据分析。实验报告要求内容详细完善、数据测量准确。

实验 11.4　模拟运算电路实验

一、实验目的

研究由集成运算放大器组成的比例、加法、减法等基本运算电路的功能，掌握运算放大器的使用方法，了解其在实际应用时应考虑的一些问题。

二、实验内容及原理

集成运算放大器是一种具有高电压放大倍数的直接耦合多级放大装置。本实验采用的集成运放的引脚排列如图 11.4.1 所示。它是八脚双列直插式组件，2 脚和 3 脚为反相和同相输入端，6 脚为输出端，7 脚和 4 脚为正、负电源端，1 脚和 5 脚为失调调零端，1 脚与 5 脚之间可接入一个几十千欧的电位器，并将滑动触头接到负电源端，8 脚为空脚。当外部接入不同的线性或非线性元器件组成输入和负反馈电路时，可以灵活地实现各种特定的函数关系。在线性应用方面，可组成比例、加法、减法、积分、微分、对数等模拟运算电路。

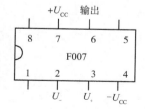

图 11.4.1　集成运放
引脚排列

三、实验步骤及实验数据记录

1. 反相比例运算电路

反相比例运算电路如图 11.4.2 所示，对于理想运放，该电路的输出电压 u_o 与输入电压

u_i 之间的关系为

$$u_o = \frac{R_F}{R_1} u_i \qquad\qquad (11.4\text{-}1)$$

为了减小输入偏置电流引起的运算误差,应在同相输入端接入平衡电阻 R_2,且有

$$R_2 = R_1 /\!/ R_F \qquad\qquad (11.4\text{-}2)$$

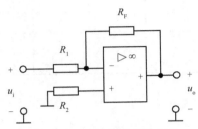

图 11.4.2　反相比例运算电路

实验中,$R_1 = R_F = 10\ \mathrm{k\Omega}$,$R_2 = 5\ \mathrm{k\Omega}$;$u_i$ 取一正、一负,分别测量 u_o 的大小,验证反相比例运算关系,实验结果填入表 11.4.1。

表 11.4.1　反相比例运算实验数据

输入/V			
输出/V	理论值		
	实测值		

2. 反相加法运算电路

反相加法运算电路如图 11.4.3 所示,对于理想运放,该电路的输出电压 u_o 与输入电压 u_{i1} 和 u_{i2} 之间的关系为

$$u_o = -\frac{R_F}{R_1}(u_{i1} + u_{i2}) \qquad\qquad (11.4\text{-}3)$$

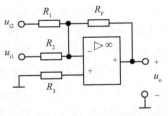

图 11.4.3　反相加法运算电路

实验中,$R_1 = R_2 = R_F = 10\ \mathrm{k\Omega}$,$R_3 = 5\ \mathrm{k\Omega}$;$u_{i1}$ 和 u_{i2} 取两正、两负、一正一负,分别测量 u_o 的大小,验证加法关系。实验结果填入表 11.4.2。

表 11.4.2 反相加法运算实验数据

输入 1/V				
输入 2/V				
输出/V	理论值			
	实测值			

3. 减法运算电路

减法运算电路如图 11.4.4 所示,对于理想运放,电路的输出电压 u_o 与输入电压 u_{i1} 和 u_{i2} 之间的关系为

$$u_o = \frac{R_F}{R_1}(u_{i2} - u_{i1})$$ (11.4-4)

实验中, $R_1 = R_2 = R_3 = R_F = 10 \text{ k}\Omega$; u_{i1} 和 u_{i2} 取两正、一正一负、两负,分别测量 u_o 的大小,验证减法关系,实验结果填入表 11.4.3。

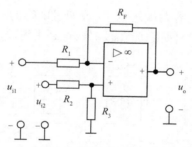

图 11.4.4 减法运算电路

表 11.4.3 减法运算实验数据

输入 1/V				
输入 2/V				
输出/V	理论值			
	实测值			

四、思考题

(1)若将输入信号改为交流输入,结果会怎样? 观察输出波形。

(2)电路的输出在什么情况下会达到饱和?

五、实验报告

实验报告包括实验目的、实验方法(原理和仪器)、实验步骤、测量数据以及数据分析。实验报告要求内容详细完善、数据测量准确。

实验 11.5　整流、滤波、稳压电路实验

一、实验目的

通过集成稳压电源的实验方法,掌握用变压器、整流二极管、滤波电容和集成稳压器设计直流稳压电源,了解直流稳压电源的主要性能参数及测试方法,进一步培养工艺素质和提高基本技能。

二、实验原理

1. 直流稳压电源

直流稳压电源是一种将 220 V 工频交流电转换成稳压输出的直流电压的装置,其包括变压、整流、滤波、稳压四个环节,如图 11.5.1 所示。

2. 滤波

滤波电路利用储能元件电容两端的电压(或通过电感的电流)不能突变的特性,滤掉整流电路输出电压中的交流成分,保留其直流成分,达到平滑输出电压波形的目的。

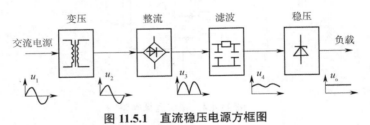

图 11.5.1　直流稳压电源方框图

三、实验过程及实验数据记录

1. 整流电路

整流电路常采用二极管单相全波整流电路,如图 11.5.2 所示。在 u 的正半周内,二极管 D1、D2 导通,D3、D4 截止;在 u 的负半周内,D3、D4 导通,D1、D2 截止。正负半周内都有电流流过负载电阻 R_L,且方向一致。整流电路的输出波形如图 11.5.3 所示,输出结果记入表 11.5.1。

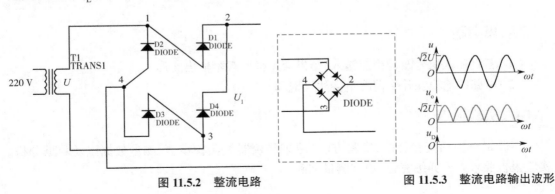

图 11.5.2　整流电路　　　　　　　　　　　**图 11.5.3　整流电路输出波形**

表 11.5.1　整流电路输出结果

U/V	U_1/V
14	
16	
18	

2. 滤波电路

将电容与负载 R_L 并联(或将电感与负载 R_L 串联)组成滤波电路,滤波电路如图 11.5.4 所示,电路的输出波形如图 11.5.5 所示,输出结果记入表 11.5.2。

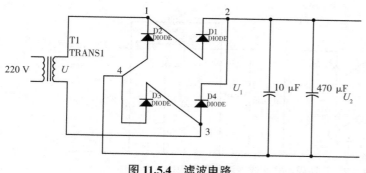

图 11.5.4　滤波电路

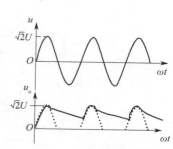

图 11.5.5　滤波电路输出波形

表 11.5.2　滤波电路输出结果

U/V	U_2/V
14	
16	
18	

3. 稳压管稳压电路

稳压管稳压电路如图 11.5.6 所示,输出结果记入表 11.5.3。

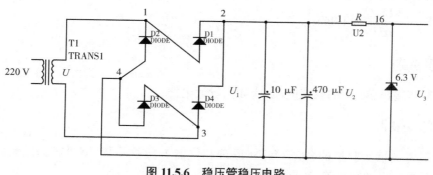

图 11.5.6　稳压管稳压电路

表 11.5.3　稳压管稳压电路输出结果

U/V	U_3/V
14	
16	
18	

4. 稳压电路选用三端集成直流稳压器

实验采用三端固定式集成稳压器 7805，电路连接如图 11.5.7 所示，输出结果记入表 11.5.4。

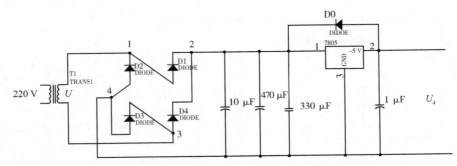

图 11.5.7　三端固定式集成直流稳压器电路

表 11.5.4　稳压器稳压电路输出结果

U/V	U_4/V
14	
16	
18	

5. 电压调整率 S_U（稳压系数）

为了反映输入电压波动对输出电压的影响，常用输入电压一定变化时引起输出电压的相对变化即稳压系数来表示：

$$S_U = \frac{\Delta U_o/U_o}{\Delta U_i} \times 100\% \Big|_{\substack{\Delta I_o=0 \\ \Delta T=0}} \tag{11.5-1}$$

四、思考题

若希望能输出 ±5 V 的直流电压，应如何设计电路？

五、实验报告

实验报告包括实验目的、实验方法（原理和仪器）、实验步骤、测量数据以及数据分析。实验报告要求内容详细完善、数据测量准确。

第 12 章　自动控制原理与技术

实验 12.1　典型环节的电路模拟与软件仿真

一、实验目的

（1）熟悉并掌握 THBCC-1 型信号与系统、控制理论及计算机控制技术实验平台的结构组成及上位机软件的使用方法。

（2）通过实验进一步了解和熟悉各典型环节的模拟电路及其特性，掌握典型环节的软件仿真研究。

（3）测量各典型环节的阶跃响应曲线，了解相关参数的变化对其动态特性的影响。

二、实验内容

（1）设计并构建各典型环节的仿真模型。

（2）测量各典型环节的阶跃响应，研究参数的变化对其输出响应的影响。

三、实验原理

自动控制系统由比例、积分、惯性环节等按一定的关系连接而成，熟悉这些环节对阶跃输入的响应对分析线性系统是十分有益的。

1. 比例（P）环节

比例环节的方框图如 12.1.1 所示，传递函数为

$$G(s) = \frac{u_o(s)}{u_i(s)} = K \tag{12.1-1}$$

2. 积分（I）环节

积分环节的传递函数为

$$G(s) = \frac{u_o(s)}{u_i(s)} = \frac{1}{T_i s} \tag{12.1-2}$$

积分环节的方框图和单位阶跃响应曲线如图 12.1.2 所示。

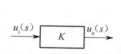

图 12.1.1　比例环节方框图

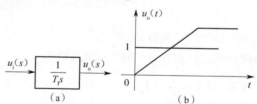

图 12.1.2　积分环节的方框图和单位阶跃响应曲线

（a）方框图　（b）单位阶跃响应曲线

图 12.1.2 中积分时间常数 $T_{\mathrm{I}}=RC$ ，这里取 $C=10~\mu\mathrm{F}$ ，此外 $R=100~\mathrm{k\Omega}$ ，$R_0=200~\mathrm{k\Omega}$ 。通过改变 R、C ，可改变响应曲线的上升斜率。

3. 比例积分（PI）环节

比例积分环节的传递函数为

$$G(s)=\frac{u_{\mathrm{o}}(s)}{u_{\mathrm{i}}(s)}=\frac{R_2Cs+1}{R_1Cs}=\frac{R_2}{R_1}+\frac{1}{R_1Cs}=\frac{R_2}{R_1}\left(1+\frac{1}{R_2Cs}\right) \tag{12.1-3}$$

比例积分环节的方框图和单位阶跃响应曲线如图 12.1.3 所示。

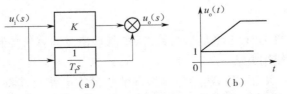

图 12.1.3　比例积分环节的方框图和单位阶跃响应曲线

（a）方框图　（b）单位阶跃响应曲线

图 12.1.3 中放大系数 $K=\dfrac{R_2}{R_1}$ ，积分时间常数 $T_{\mathrm{I}}=R_2C$ ，这里取 $C=10~\mu\mathrm{F}$ ，$R_1=100~\mathrm{k\Omega}$ ，$R_2=100~\mathrm{k\Omega}$ ，此外 $R_0=200~\mathrm{k\Omega}$ 。通过改变 R_2、R_1、C ，可改变比例积分环节的 K 和 T 。

4. 比例微分（PD）环节

比例微分环节的传递函数为

$$G(s)=K(1+T_{\mathrm{D}}s)=\frac{R_2}{R_1}(1+R_1Cs) \tag{12.1-4}$$

其中放大系数 $K=R_2/R_1$ ，微分时间常数 $T_{\mathrm{D}}=R_1C$ ，这里取 $C=1~\mu\mathrm{F}$ ，$R_1=100~\mathrm{k\Omega}$ ，$R_2=200~\mathrm{k\Omega}$ ，此外 $R_0=200~\mathrm{k\Omega}$ 。通过改变 R_2、R_1、C ，可改变比例微分环节的 K 和 T 。

比例微分环节的方框图和单位阶跃响应曲线如图 12.1.4 所示。

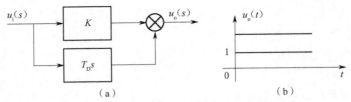

图 12.1.4　比例微分环节的方框图和单位阶跃响应曲线

（a）方框图　（b）单位阶跃响应曲线

5. 比例积分微分（PID）环节

比例积分微分（PID）环节的传递函数为

$$G(s)=K+\frac{1}{T_{\mathrm{I}}s}+T_{\mathrm{D}}s \tag{12.1-5}$$

其中 $K=\dfrac{R_1C_1+R_2C_2}{R_1C_2}$ ，$T_{\mathrm{I}}=R_1C_2$ ，$T_{\mathrm{D}}=R_2C_1$ ，则有

$$G(s) = \frac{(R_2 C_2 s + 1)(R_1 C_1 s + 1)}{R_1 C_2 s}$$

$$= \frac{R_2 C_2 + R_1 C_1}{R_1 C_2} + \frac{1}{R_1 C_2 s} + R_2 C_1 s$$

当 $K = 2$，$T_1 = 0.1$，$T_D = 0.1$ 时

$$G(s) = 2 + \frac{1}{0.1 s} + 0.1 s$$

比例积分微分环节的方框图和单位阶跃响应曲线如图 12.1.5 所示。

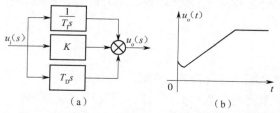

(a)　　　　　　　　(b)

图 12.1.5　比例积分微分环节的模拟电路和单位阶跃响应曲线

（a）方框图　（b）单位阶跃响应曲线

这里取 $C_1 = 1\ \mu F$，$C_2 = 1\ \mu F$，$R_1 = 100\ k\Omega$，$R_2 = 100\ k\Omega$，$R_0 = 200\ k\Omega$。通过改变 R_2、R_1、C_1、C_2，可改变比例积分微分环节的放大系数 K、微分时间常数 T_D 和积分时间常数 T_1。

6. 惯性环节

惯性环节的传递函数为

$$G(s) = \frac{u_o(s)}{u_i(s)} = \frac{K}{Ts + 1} \qquad (12.1\text{-}6)$$

惯性环节的方框图和单位阶跃响应曲线如图 12.1.6 所示。

其中放大系数 $K = R_2 / R_1$，时间常数 $T = R_2 C$，这里取 $C = 1\ \mu F$，$R_1 = 100\ k\Omega$，$R_2 = 100\ k\Omega$，$R_0 = 200\ k\Omega$。通过改变 R_2、R_1、C，可改变惯性环节的 K 和 T。

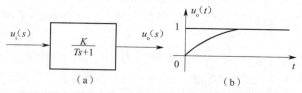

(a)　　　　　　　　(b)

图 12.1.6　惯性环节的方框图和单位阶跃响应曲线

（a）方框图　（b）单位阶跃响应曲线

四、实验报告要求

（1）画出各典型环节的实验图并注明参数。

（2）写出各典型环节的传递函数。

（3）根据实测的各典型环节单位阶跃响应曲线，分析相应参数的变化对其动态特性的影响。

五、思考题

（1）用运放模拟典型环节时，其传递函数是在什么假设条件下近似导出的？

（2）积分环节和惯性环节的主要差别是什么？ 在什么条件下，惯性环节可以近似地视为积分环节？ 在什么条件下，惯性环节可以近似地视为比例环节？

（3）在积分环节和惯性环节的实验中，如何根据单位阶跃响应曲线的波形，确定积分环节和惯性环节的时间常数？

实验12.2　线性定常二阶系统的瞬态响应

一、实验目的

（1）掌握线性定常系统动态性能指标的测试方法。

（2）研究线性定常系统的参数对其动态性能和稳定性的影响。

二、实验内容

（1）观测二阶系统的阶跃响应，并测出其超调量和调整时间。

（2）调节二阶系统的开环增益 K，使系统的阻尼比 $\xi=1/\sqrt{2}$，测出此时系统的超调量和调整时间。

三、实验原理

本实验研究的是二阶系统的瞬态响应。为了使二阶系统的研究具有普遍意义，通常把它的闭环传递函数写成如下的标准形式：

$$\frac{C(s)}{R(s)}=\frac{\omega_n^2}{s^2+2\xi\omega_n s+\omega_n^2} \qquad (12.2\text{-}1)$$

式中：ξ 为系统的阻尼比；ω_n 为系统的无阻尼自然频率。

任何系统的二阶系统都可以化为上述标准形式。对于不同的系统，它们的 ξ 和 ω_n 所包含的内容也是不同的。

调节系统的开环增益 K，可使系统的阻尼比为 $0<\xi<1$，$\xi=1$ 和 $\xi>1$。与这三种情况对应的系统的阶跃响应曲线，在实验中都能观测到，它们分别如本实验附录中的图 12.2.3 所示。

二阶系统相关参数的理论计算和实验系统的模拟电路参阅本实验附录。

四、实验步骤

（1）利用实验平台上的模拟电路单元，设计（具体可参考本实验附录中的图 12.2.2）由一个积分环节和一个惯性环节串联组成的二阶闭环系统的模拟电路。待检查电路接线无误后，接通实验装置的总电源，将直流稳压电源接入实验箱中。

（2）利用示波器观测二阶模拟电路的阶跃响应特性，测出其超调量和调整时间，并保存所观察到的实验波形。

（3）改变二阶系统模拟电路的开环增益 K，观测阻尼比 ξ 为不同值时系统的动态性能。

（4）利用软件仿真的功能，完成典型线性定常系统的动态性能研究，并与模拟电路测得的结果进行比较，保存仿真图形。

注：未特别指出，本书中示波器是指虚拟示波器中的"数字存储示波器"。

五、实验报告要求

（1）根据本实验附录中的图 12.2.1 至图 12.2.3 画出对应的二阶线性定常系统的实验电路图，写出它们的闭环传递函数，并标明电路中的各参数。

（2）根据测得的系统单位阶跃响应曲线，分析开环增益 K 和时间常数 T 对系统动态特性及稳定性的影响。

（3）设计一个一阶线性定常闭环系统，并根据系统的阶跃输入响应确定该系统的时间常数。

六、思考题

（1）如果阶跃输入信号的幅值过大，实验会产生什么后果？

（2）在电路模拟系统中，如何实现负反馈和单位负反馈？

（3）为什么本实验中二阶系统对阶跃输入信号的稳态误差都为零？

（4）在二阶系统中，为使系统能稳定工作，开环增益 K 应适量取大还是取小？系统中的小惯性环节和大惯性环节哪个对系统稳定性的影响大，为什么？

七、附录

典型二阶系统的方框图如图 12.2.1 所示。

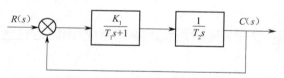

图 12.2.1　典型二阶系统的方框图

典型二阶系统的开环传递函数为

$$G(s) = \frac{K}{s(T_1 s + 1)} = \frac{\omega_n^2}{s(s + 2\xi\omega_n)} \qquad (12.2\text{-}2)$$

其中：$K = \dfrac{K_1}{T_2}$。

典型二阶系统的闭环传递函数为

$$W(s) = \frac{\dfrac{K}{T_1}}{s^2 + \dfrac{1}{T_1}s + \dfrac{K}{T_1}} = \frac{\omega_n^2}{s^2 + 2\xi\omega_n s + \omega_n^2} \qquad (12.2\text{-}3)$$

所以有 $\omega_n = \sqrt{\dfrac{K_1}{T_1 T_2}}$，$\xi = \dfrac{1}{2}\sqrt{\dfrac{T_2}{K_1 T_1}}$。

　　系统的模拟电路和不同 ξ 时系统的单位阶跃响应分别如图 12.2.2 和图 12.2.3 所示，对应于二阶系统的欠阻尼 $(0 < \xi < 1)$、临界阻尼 $(\xi = 1)$ 和过阻尼 $(\xi > 1)$ 三种情况。

　　其中 $C_1 = 1\ \mu F$，$C_2 = 10\ \mu F$，$R_1 = 100\ k\Omega$，$R_2 = 100\ k\Omega$，$R_0 = 200\ k\Omega$，待定电阻 R_x 的可调阻值范围为 $0 \sim 100\ k\Omega$。改变图 12.2.2 中的 R_x，可以观察到系统在不同阻尼比时的时域响应特性，其中：①$R_x = 20\ k\Omega$ 时，$\xi = 1$；②$R_x = 10\ k\Omega$ 时，$0 < \xi < 1$；③$R_x = 30\ k\Omega$ 时，$\xi > 1$。

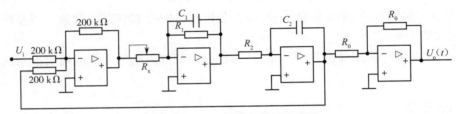

图 12.2.2　二阶系统的模拟电路图

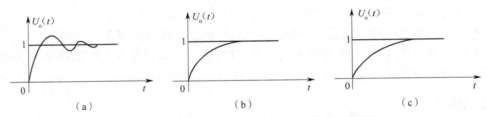

图 12.2.3　不同 ξ 时二阶系统的单位阶跃响应曲线

（a）$0 < \xi < 1$　（b）$\xi = 1$　（c）$\xi > 1$

实验 12.3　高阶系统的瞬态响应和稳定性分析

一、实验目的

（1）通过实验，进一步理解线性系统的稳定性仅取决于系统本身的结构和参数，与外部作用及初始条件均无关的特性。

（2）研究系统的开环增益 K 或其他参数的变化对闭环系统稳定性的影响。

二、实验设备

（1）THBDC-1 型技术实验平台。

（2）计算机（含 THBDC-1 软件）、USB 数据采集卡、37 针通信线、16 芯数据排线、USB 接口线。

三、实验内容

观测三阶系统的开环增益 K 为不同数值时的阶跃响应曲线。

四、实验原理

三阶系统及三阶以上系统统称为高阶系统。一个高阶系统的瞬态响应由一阶和二阶系统的瞬态响应组成。控制系统能投入实际应用,必须首先满足稳定的要求。线性系统稳定的充要条件是其特征方程的根全部位于 s 平面的左方。应用劳斯判据就可以判别闭环特征方程的根在 s 平面上的具体分布,从而确定系统是否稳定。

本实验研究的是一个三阶系统的稳定性与其参数 K 对系统性能的影响。三阶系统的方框图和模拟电路图分别如图 12.3.1 和图 12.3.2 所示。

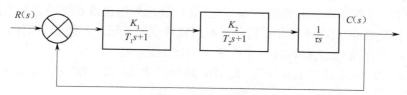

图 12.3.1　三阶系统的方框图

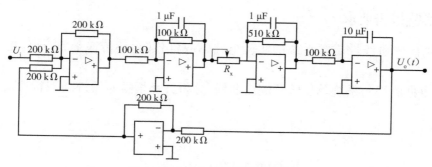

图 12.3.2　三阶系统的模拟电路图

图 12.3.1 的开环传递函数为

$$W(s) = \dfrac{\dfrac{K}{T_1}}{s^2 + \dfrac{1}{T_1}s + \dfrac{K}{T_1}} = \dfrac{\omega_n^2}{s^2 + 2\xi\omega_n s + \omega_n^2} \qquad (12.3\text{-}1)$$

式中:$\tau = 1\,\text{s}$,$T_1 = 0.1\,\text{s}$,$T_2 = 0.5\,\text{s}$,$K = \dfrac{K_1 K_2}{\tau}$,$K_1 = 1$,$K_2 = \dfrac{510}{R_x}$(其中待定电阻 R_x 的单位为 $\text{k}\Omega$)。改变 R_x 的阻值,可改变系统的放大系数 K。

由开环传递函数可得到系统的特征方程为

$$s^3 + 12s^2 + 2s + 20K = 0 \qquad (12.3\text{-}2)$$

由劳斯判据得:①$0<K<12$,系统稳定;②$K=12$,系统临界稳定;③$K>12$,系统不稳定。

三种状态的不同响应曲线如图 12.3.3 所示。

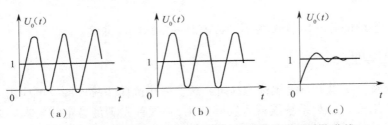

图 12.3.3　不同放大系数条件下三阶系统的单位阶跃响应曲线
（a）不稳定　（b）临界　（c）稳定

五、实验步骤

根据图 12.3.2 所示的三阶系统的模拟电路图，设计并组建该系统的模拟电路。当系统输入一单位阶跃信号时，在下列几种情况下利用软件观测并记录不同 K 值时的实验曲线：

（1）若 $K=5$，系统稳定，此时电路中的 R_x 取 100 kΩ 左右；

（2）若 $K=12$，系统处于临界状态，此时电路中的 R_x 取 42.5 kΩ 左右（实际值为 47 kΩ 左右）；

（3）若 $K=20$，系统不稳定，此时电路中的 R_x 取 25 kΩ 左右。

六、实验报告要求

（1）画出三阶线性定常系统的实验电路，并写出其闭环传递函数，标注电路中的各参数。

（2）根据测得的系统单位阶跃响应曲线，分析开环增益对系统动态特性及稳定性的影响。

第13章 热质交换原理与设备

实验 13.1 冷却塔热工性能的测定

一、实验目的

通过本实验,加深对冷却塔结构的认识,掌握冷却塔的工作原理,了解冷却塔在空调与制冷系统中的作用,掌握冷却塔的热工计算。

二、实验内容

(1)认识冷却塔的结构,了解冷却塔的工作原理。

(2)理解冷却塔在空调制冷系统中的作用。

(3)掌握热工仪表的使用方法。

(4)进行冷却塔的热工计算,根据默克尔(Merkel)方程推导该冷却塔在确定温度下的容积传质系数 $\beta_{x,V}$。

三、实验原理

冷却塔作为典型的直接接触式热质交换设备,在暖通空调领域有广泛的应用场景。在空调系统中,冷却塔常用来降低制冷设备中冷凝器循环水的温度。冷却塔主要通过水的蒸发换热和气水之间的接触传热实现水的降温。由于冷却塔多为封闭形式,且水温与周围构件的温度都不很高,故辐射传热量不予考虑。

在逆流式冷却塔中,水和空气参数在高度方向上变化。水能被冷却的理论极限是空气的湿球温度。目前,广泛应用的计算方法是 Merkel 方程。

对逆流式冷却塔某一微元段 dz 进行研究,可得到 Merkel 焓差方程:

$$dQ = \beta_x (i'' - i) \alpha A dz \tag{13.1-1}$$

式中:dQ 为微元段内总的传热量(kW);β_x 为以含湿量差表示的传质系数[kg/(m²·s)];i'' 为水面饱和空气层的焓(kJ/kg);i 为塔内任何部位空气的焓(kJ/kg);α 为填料的比表面积(m²/m³);A 为塔的横截面积(m²);d 为塔内填料微元段的高度(m)。

式(13.1-1)表示塔内任何部位水气交换的总热量与该水温下饱和空气焓值与该处空气焓值之间的关系。

除 Merkel 方程外,水和空气之间还存在热平衡关系,可得到热平衡方程:

$$KG(i_2 - i_1) = c_p W(t_1 - t_2) \tag{13.1-2}$$

式中:K 为考虑蒸发水量带走热量的调节系数,接近于 1;G 为空气的质量流量(kg/s);i_2、i_1 分别为空气的进、出塔焓值(kJ/kg);c_p 为水的定压比热,4.186 8 kJ/(kg·℃);W 为水的质量流量（kg/s）；t_1、t_2分别为进、出塔水温（℃）。

由式（13.1-1）和式（13.1-2）可得到冷却塔的基本计算方程：

$$\frac{C}{K}\int_{t_2}^{t_1}\frac{\mathrm{d}t}{i''-i}=\beta_x\frac{\alpha AZ}{W} \tag{13.1-3}$$

设$N=\dfrac{C}{K}\int_{t_2}^{t_1}\dfrac{\mathrm{d}t}{i''-i}$，称为冷却数，表示空气的冷却能力。其与冷却塔的构造和形式无关，只与空气的参数有关。N越大，表示空气本身的冷却能力越小，所需冷却塔淋水装置的体积越大。

设$N'=\beta_x\dfrac{\alpha AZ}{W}$，称为冷却塔特性数，表示冷却塔所具有的冷却能力。其与冷却塔的构造、散热性能及气水流量有关。

对于冷却塔的设计计算，要求冷却任务与冷却能力相适应，因而在设计中应保证$N=N'$，以保证冷却任务正常完成。而对于一个确定的冷却塔，其冷却任务应与冷却能力相符。

对于冷却数N，由于水温与空气焓值之间的函数关系极为复杂，不可能直接积分求解，因此一般采用近似求解法。当要求精度不高时，常用下列两段公式简化计算：

$$N=\frac{C\Delta t}{6K}\left(\frac{1}{i_1''-i_1}+\frac{4}{i_m''-i_m}+\frac{1}{i_2''-i_2}\right) \tag{13.1-4}$$

式中：i_1、i_2分别为冷却塔进、出口空气的焓值（kJ/kg）；i_1''、i_2''、i_m''是与水温t_1、t_2、t_m对应的饱和空气焓值，有

$$t_m=\frac{t_1+t_2}{2} \tag{13.1-5}$$

$$i_m=\frac{i_1+i_2}{2} \tag{13.1-6}$$

对于特性数N'，可将$N'=\beta_x\dfrac{\alpha AZ}{W}$简化为

$$N'=\beta_{x,V}\frac{V}{W} \tag{13.1-7}$$

式中：$\beta_{x,V}$为容积传质系数[kg/(m³·s)]，$\beta_{x,V}=\beta_{x,\alpha}$；$V$为填料体积（m³）。

由此可见，冷却塔特性数取决于容积传质系数、冷却塔的构造及淋水情况等因素。

式（13.1-7）中，容积传质系数$\beta_{x,V}$通常通过实验求得。

本实验利用中央空调实验台的冷却水系统进行实验，如图13.1.1所示。

四、实验准备

参加实验的学生，应在实验前认真学习热质交换原理与设备课程中有关冷却塔的知识，复习冷却塔的热工计算方法。

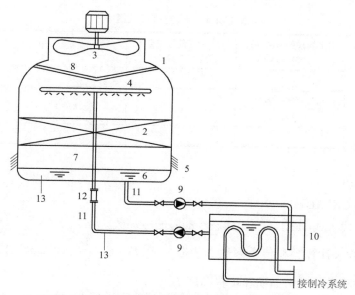

图 13.1.1　中央空调实验台的冷却水系统示意图

1—风筒(壳体)；2—淋水装置(填料)；3—风机；4—配水系统；5—百叶进风窗；
6—集水池；7—空气分配区；8—收水器；9—循环水泵；10—冷凝水箱；
11—冷凝水循环管路；12—浮子流量计；13—温度传感器

五、实验步骤

(1)计算该冷却塔的冷却数,确定该工况下该冷却塔的空气冷却能力。在稳定工况下首先测量空气流量和水流量(在实验前应先了解冷却塔空气出口面积 A)。相关参数记入表 13.1.1 至表 13.1.3。

表 13.1.1　空气流速　　　　　　　　　　　　　　　　　单位:m/s

v_1	v_2	v_3	v_4	v

表 13.1.2　空气流量与水流量　　　　　　　　　　　　　　单位:kg/s

空气流量 $G=AV$	水流量 W

表 13.1.3　空气的进口温度和水的进、出口温度　　　　　　单位:℃

水的进口温度 t_1	水的出口温度 t_2	空气的进口温度 t

查表或计算完成表 13.1.4。

表 13.1.4　水、空气参数值

水的进出口温差 Δt/℃	与 t_1 对应的饱和空气的焓 i_1''/(kJ/kg)	与 t_2 对应的饱和空气的焓 i_2''/(kJ/kg)	t_m/℃	与 t_m 对应的饱和空气的焓 i_m''/(kJ/kg)
进口空气的焓 i_1/(kJ/kg)	出口空气的焓 i_2/(kJ/kg)	K	i_m/(kJ/kg)	

空气出口焓值

$$i_2 = i_1 + CW/KG(t_1 - t_2)$$

（13.1-8）

将以上结果代入式（13.1-4），计算该冷却塔的冷却数。

（2）由 $N = N'$，计算容积传质系数。依据公式 $N' = \beta_{x,V} \dfrac{V}{W}$，计算容积传质系数 $\beta_{x,V}$（实验前应了解该冷却塔的淋水面积和填料高度）。

（3）调整水流量，根据不同的气水比，绘制该填料的特性曲线，共测三个点，相关参数记入表 13.1.5 和表 13.1.6。

表 13.1.5　风量、水量记录　　　　　　　　　　　　　　　　单位：kg/s

G	W_1	W_2	W_3

表 13.1.6　不同气水比下的特性数 N'

λ_1	λ_2	λ_3

六、注意事项及其他说明

（1）参加实验的学生要严格遵守实验室的规定，服从实验教师的指导。

（2）注意人身安全和实验设备的安全。

（3）爱护实验设备。

七、思考题

（1）冷却塔的冷却能力与周边环境温度、湿度之间存在怎样的关系？

（2）当制冷负荷增大后，冷却塔的进、出水温度有何变化？

八、实验报告

实验完成后应提交实验报告，实验报告包括实验目的、实验内容、实验原理、实验方法和手段、实验条件、实验步骤等。同时，要按要求记录和整理实验数据，并对思考题进行解答。

实验 13.2　表面式冷却器热工性能的测定

一、实验目的

（1）深刻认识表面式冷却器可以实现两种空气处理过程,即等湿冷却过程和减湿冷却过程。

（2）深刻理解表面式冷却器的热交换效率,即全热交换效率和通用热交换效率。

（3）了解空气放出的热量应等于冷水吸收的热量。

二、实验内容

（1）测定表面式冷却器的阻力和风速,并计算两者之间的关系。

（2）测定空气的冷却量。

（3）观察表面式冷却器表面的结露情况,并解释成因。

三、实验原理

1. 风速和空气侧阻力的关系方程

表面式冷却器的阻力与通过它的风速相关,本实验的内容之一就是测定表面式冷却器在干工况下的阻力。在制冷系统运行前,调整风机的转数,以改变风道(相关参数见表 13.2.1)内空气的风速,分别测量六个不同的风速,并分别记录相应风速下,表面式冷却器前后的压差,将结果填在表 13.2.2 中,利用数学方法(最小二乘法)回归计算该表面式冷却器的阻力与风速的关系,将方程整理成 $\Delta p = av^b$ 的形式,并在坐标纸上画出该方程的曲线。

表 13.2.1　风道的截面尺寸和微压计的安装角度

风道的截面尺寸(高 × 宽)/(mm×mm)	微压计的安装角度

表 13.2.2　表面式冷却器在不同风速下的阻力

项目	1	2	3	4	5	6
风速 v/(m/s)						
ΔL/mm						
Δp/Pa						

2. 空气冷却量计算

表面式冷却器对空气的冷却量与表面式冷却器内冷媒的状态相关,本实验仅测量某一确定状态下的冷却量。首先测量通过表面式冷却器的风速,并由此计算出相应的风量,同时测量出表面式冷却器进出口的干球温度和相对湿度,并进行记录(表 13.2.3)。在风量恒定的状态下共测量三次,利用焓湿图计算该状态下的冷却量,将该过程表示在焓湿图上,并计算其含湿量的变化。

表 13.2.3 表面式冷却器的冷却去湿参数

项目	1	2	3
风速 $v/(\text{m/s})$			
进口干球温度 $t_1/℃$			
进口相对湿度 $\Phi_1/\%$			
出口干球温度 $t_2/℃$			
出口相对湿度 $\Phi_2/\%$			

3. 表面式冷却器表面的结露情况

当表面式冷却器的表面温度低于空气的露点温度时,表面式冷却器的外表面就会结露,使空气的含湿量减少。

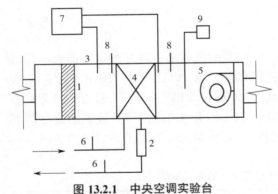

图 13.2.1 中央空调实验台

1—过滤器;2—流量计;3—风道;4—表面式冷却器;5—风机;
6—温度测点;7—微压计;8—温度湿度测头;9—风速仪

四、实验装置

本实验使用中央空调实验台,相关结构如图 13.2.1 所示。

五、实验准备

参加实验的学生,应在实验前认真学习热质交换原理与设备课程中表面式冷却器的有关知识,学习表面式冷却器的阻力与风速的关系以及在特定温度下的制冷量,同时复习利用最小二乘法进行数据处理的相关知识。

六、实验步骤

(1)在未启动风机和制冷机的情况下,测量风道的几何尺寸和微压计的倾斜角度。

(2)开启风机进行表面式冷却器的阻力实验,通过调整风机的转数改变风机的风速和风量,分别记录风速仪和微压计的数据。

(3)开启制冷系统,进行制冷量的测定实验。注意干球温度和相对湿度的读取要同时进行。

七、注意事项及其他说明

(1)参加实验的学生要严格遵守实验室的规定,服从实验教师的指导。

(2)注意人身安全和实验设备的安全。

八、思考题

（1）分析方程 $\Delta p = av^b$ 的变化规律。

（2）实验台测定表面式冷却器热工性能的基本原理是什么？

（3）分析影响表面式冷却器表面结露的因素。

九、实验报告

实验报告应包括实验目的、实验内容、实验原理、实验方法和手段、实验条件、实验步骤等。要求记录实验数据，整理计算出该表面式冷却器的阻力与风速的关系方程并绘出曲线，以及对思考题进行解答。

实验 13.3　散热器热工性能的测定

一、实验目的

（1）了解在实验室环境下测定散热器热工性能的原理，掌握以热水为热媒时散热器的传热系数的影响因素及其计算公式的确定方法。

（2）了解散热器热工性能实验台的构造和组成。

（3）掌握相关仪表的正确使用方法。

二、实验装置

本实验所用的实验台如图 13.3.1 所示，散热器平面图如图 13.3.2 所示。

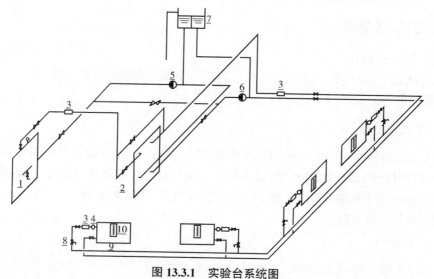

图 13.3.1　实验台系统图

1—电锅炉；2—板式换热器；3—机械式热量表；4—温控阀；5—一次循环泵；6—二次循环泵；
7—膨胀水箱；8—锁闭阀；9—散热器；10—蒸发式热量表

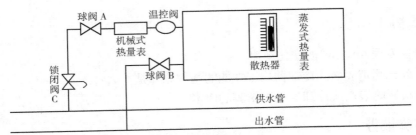

图 13.3.2　散热器平面图

三、实验步骤

1. 准备工作

打开电锅炉进出口总阀门,通过膨胀水箱向系统充自来水,当溢流管溢流时,关闭上水阀门。

2. 启动及加热

(1)接通电源。

(2)启动循环水泵,将水泵上的流量开关旋到最低挡位置。

(3)接通加热器的电源,使系统工作。

(4)打开阀门 A、B、C。

3. 实验

(1)对固定流量 G 求出 K-Δt 的变化曲线。

(2)当各参数稳定后,在指定的工况下开始测定。

(3)测定时,间隔 5 min 或 10 min 读值一次,每组不少于 7 次,取算术平均值作为一次稳定工况,7 次读值温度偏差应小于 ±0.1 ℃,并将读值记录在相应表格中。

四、实验数据整理

1. 传热系数 K 的计算

在稳定状态下,流过散热器的热水的散热量等于散热器散到室内的热量。

(1)水的散热量:

$$Q = \frac{1\ 000}{3\ 600} cG\Delta t \tag{13.3-1}$$

式中: Q 为水的散热量(W); c 为水的比热,4.187 kJ/(kg·℃); Δt 为散热器进出口水的温差(℃); G 为通过散热器的水的流量(kg/h), $G = \rho V$, ρ 为水的密度(kg/m³),视流量计安装位置确定对应温度下的密度值,见表 13.3.1,V 为水的体积流量(m³/h)。

(2)散热器的散热量:

$$Q = KF\Delta t \tag{13.3-2}$$

式中: K 为散热器的传热系数[W/(m²·℃)]; ΔT 为传热温差(℃), $\Delta t = \dfrac{t_s - t_r}{2} - t_n$,其中 t_s 为散热器进口水的温度(℃), t_r 为散热器出口水的温度(℃), t_n 为室内参考点空气的温度(℃); F 为散热器的散热面积(m²),5.64 m²。

表 13.3.1　水在各种温度下的密度 ρ（压力为 100 kPa 时）

温度/℃	密度/(kg/m³)	温度/℃	密度/(kg/m³)	温度/℃	密度/(kg/m³)	温度/℃	密度/(kg/m³)
0	999.80	56	985.25	72	976.66	88	966.68
10	999.73	58	984.25	74	975.48	90	965.34
20	998.23	60	983.24	76	974.29	92	963.99
30	995.67	62	982.20	78	973.07	94	962.61
40	992.24	64	981.13	80	971.83	95	961.92
50	988.07	66	980.05	82	970.57	97	960.51
52	987.15	68	978.94	84	969.30	100	958.38
54	986.21	70	977.81	86	968.00		

2. 实验记录表格

实验记录表见表 13.3.2。

表 13.3.2　铝合金散热器散热实验记录表

序号	工况	体积流量 V	进口水温 t_s	出口水温 t_r	进出口水温差	室内温度 t_n	室外温度 t_w	质量流量 G	散热器散热量 Q	传热温差 Δt	传热系数 K
1	I										
2	I										
3	I										
4	I										
5	I										
工况 I 平均											
1	II										
2	II										
3	II										
4	II										
5	II										
工况 II 平均											
1	III										
2	III										
3	III										
4	III										
5	III										
工况 III 平均											
$K=A\Delta t^B$										$A=$＿＿	$B=$＿＿

3.计算结果分析与整理

根据以上三个工况的实验平均值,得到传热系数与传热温差 $K\text{-}\Delta t$ 的关系式,将结果整理成如下形式:

$$K = A\Delta t^{B} \qquad\qquad (13.3\text{-}3)$$

式中:A、B 为利用最小二乘法求出的系数;Δt 为传热温差(℃)。

$$\overline{A} = \frac{\displaystyle\sum_{i=1}^{n} \ln K_i \sum_{i=1}^{n} (\ln \Delta t_i)^2 - \sum_{i=1}^{n} (\ln K_i \ln \Delta t_i) \sum_{i=1}^{n} \ln \Delta t_i}{n\displaystyle\sum_{i=1}^{n} (\ln \Delta t_i)^2 - \left(\sum_{i=1}^{n} \ln \Delta t_i\right)^2}$$

$$A = e^{\overline{A}}$$

$$\overline{B} = \frac{n\displaystyle\sum_{i=1}^{n} (\ln K_i \ln \Delta t_i) - \sum_{i=1}^{n} \ln K_i \sum_{i=1}^{n} \ln \Delta t_i}{n\displaystyle\sum_{i=1}^{n} (\ln \Delta t_i)^2 - \left(\sum_{i=1}^{n} \ln \Delta t_i\right)^2}$$

式中:n 为实验的次数;K_i、Δt_i 为各次实验所得出的传热系数及对应的温差。

五、思考题

(1)影响散热器传热系数 K 的因素有哪些? 如何提高散热器的传热系数?

(2)分析 K 与 Δt 的关系。

实验 13.4　空气加热器热工性能的测定

一、实验目的

(1)了解空气加热器的构造及组成。

(2)掌握空气加热器热工性能的测定。

(3)掌握空气加热器有关热量及传热系数的计算。

二、实验原理

空气加热器有很多类型,通风工程中常用的有串片式、绕片式、轧片式等,其可使用蒸汽或热水作为热媒。

在设计空气加热器的结构时,应满足热工、流体阻力、安装使用、工艺和经济等方面的要求。最重要的是在一定的外形尺寸和金属消耗量下,使空气加热器的换热量最大和空气流通的阻力最小。

研究结果表明,空气加热器的传热系数及空气阻力与下列因素有关:①空气加热器有效断面上的空气平均速度 v(m/s);②空气密度 ρ(kg/m³);③空气通过的管子排数及管径;④管内热水的流速 w(m/s)。

从理论上来确定以上影响因素是很复杂的,一般都是采用实验方法来确定。空气加热器的传热系数及空气阻力可由下列关系式表示。

热媒为水时,有

$$K = A(v\rho)^n w^p \tag{13.4-1}$$

$$H = B(v\rho)^m \tag{13.4-2}$$

式中:K 为空气加热器的传热系数[kW/(m²·℃)];H 为空气阻力(压降)(Pa);A、B 均为经验系数,与空气加热器的结构有关;v 为空气加热器有效断面上的空气流速(m/s);ρ 为空气密度(kg/m³);w 为加热器管束内水的流速(m/s);m、n、p 均为经验指数,与空气加热器的结构有关。

热媒为蒸汽时,蒸汽在空气加热器管束中的流速对传热的影响很小,可不予考虑,则关系式为

$$K = A(v\rho)^n \tag{13.4-3}$$

$$H = B(v\rho)^m \tag{13.4-4}$$

本实验的目的是研究上述公式中 K、H 与 v、ρ 的函数关系,确定各经验系数 A、B、m、n 等的值。

三、实验装置及实验方法

空气在风机作用下流入风管,经空气加热器加热后排出。风量用毕托管及微压计测量。调节风机前的阀门,即可控制系统的进风量。

空气被加热前后的温度由玻璃温度计或热电偶测得,在空气加热器前后各设一个测点。

空气加热器的热媒为低压蒸汽,由蒸汽发生器流出后,经汽水分离器、蒸汽过热器,进入空气加热器,与空气进行冷凝换热后流出,再经冷却器回到冷凝水箱,由泵打入蒸汽发生器。

冷凝水量即进入空气加热器的蒸汽量,由重量法测得。蒸汽进出口的参数由热电偶确定。实验系统安装的空气加热器形式为钢管绕铝片。其结构尺寸记录如下。

散热面积:$F = $ _____。

管道流通截面积:$f = $ _____。

传热基本计算公式为

$$Q_1 = FK\left(t_q - \frac{t_1 + t_2}{2}\right) \tag{13.4-5}$$

$$Q_2 = G_z(i'' - i') \tag{13.4-6}$$

$$Q_3 = G_z c_p(t_2 - t_1) \tag{13.4-7}$$

式中:Q_1 为空气加热器的散热量(kW);Q_2 为蒸汽传给空气的热量(kW);Q_3 为空气通过加热器后得到的热量(kW);F 为空气加热器的散热面积(m²);t_q 为空气加热器蒸汽进口的温度(℃);t_1、t_2 分别为空气的初温和终温(℃);G_z 为蒸汽量(kg/s);G_k 为空气量(kg/s);i'' 为入口蒸汽的焓(kJ/kg);i' 为出口冷凝水的焓(kJ/kg);c_p 为空气定压比热,1.01 kJ/(kg·℃)。

在稳定传热状态下,$Q_1 = Q_2 = Q_3$,并要求 $\dfrac{Q_2 - Q_3}{2} \times 100\% < 5\%$。

空气加热器的散热量 $Q_1 = \dfrac{Q_2 + Q_3}{2}$。

空气加热器的传热系数 $K = \dfrac{Q_1}{F\left(t_q - \dfrac{t_1 + t_2}{2}\right)}$，空气通过空气加热器的阻力 H 可通过测量

空气加热器前后的静压差直接得出。

空气通过空气加热器的质量流速按下式计算：

$$v = \sqrt{2p_d / \rho} \tag{13.4-8}$$

$$G_K = v\rho f \tag{13.4-9}$$

式中：v 为空气的流速（m/s）；p_d 为动压（Pa）；ρ 为进口空气的密度（kg/m³）。

实验过程中应在不同风量即不同的质量流量下进行测定，一般取 4~6 个实验工况，每次测定均应在系统运行稳定后进行，每个工况测 4 次，间隔时间为 5 min。

四、实验步骤

（1）实验前，先熟悉实验装置和实验流程、测试步骤，以及实验中要调节的部件，并准备好测试仪器。

（2）给电加热锅炉加水，使水位达到玻璃管水位计的上部。（注意：水位不得低于水位计管的 1/3，以免烧毁电加热管。）若水位不够，可给锅炉补水。具体步骤：启动水泵电源开关，打开锅炉下部的进水球阀向其补水，水位接近水位管的上部时，关闭阀门，切断水泵电源。

（3）将电加热锅炉上面的蒸汽出口阀关闭，接通电加热器总电源，依次合上电加热器的开关，并将可调电加热器开关调至 200 V 左右的位置进行加热。观察锅炉上压力表和温度计的值，使温度达到所要求的值。注意：压力不得超过 0.35 MPa，否则应立即关掉电源。

（4）当温度达到所要求的值时，打开蒸汽出口阀门，同时打开冷却水阀门，并控制冷却水出口温度，应降至不烫手。打开冷凝水箱上部的流量调节阀，由于锅炉的蒸发量一定，所以调节阀不宜开启过大，流量（蒸发量）小于 8 kg/h。

（5）排出凝结水管内的空气，观察水位，使水位稳定，以保持进入空气加热器内的蒸汽量恒定。

（6）调节蒸汽过热器的电压，使空气加热器入口处的蒸汽过热度为 2~5 ℃，以保证蒸汽的质量。

（7）待系统稳定后，实验测定方可进行，测量并记录所有实验参数，直至这一工况结束，再改变工况，并检查锅炉水位，进行下一工况条件下的测定。

五、实验结果整理

首先计算各测定工况的 Q、K，然后进行数据整理，得出有关公式中的常数。

将 $K = A(v\rho)^n$ 及 $H = B(v\rho)^m$ 两边分别取对数得：

$$\lg K = \lg A + n \lg(v\rho) \tag{13.4-10}$$

$$\lg H = \lg B + m \lg(v\rho)$$

（13.4-11）

按实验顺序列出各方程,求解 A 、B 、m 、n 的值。

六、思考题

（1）影响空气加热器传热系数 K 和压降 H 的因素有哪些？ 如何优化两者？

（2）若实验数据不理想,请分析原因。

第 14 章　氢能及燃料电池技术

实验 14.1　质子交换膜燃料电池性能测试

一、实验目的

（1）了解燃料电池的工作原理。
（2）通过记录电池的放电特性，熟悉燃料电池的极化特性。
（3）研究燃料电池功率和放电电流、燃料浓度的关系。
（4）熟悉电子负载和直流电源。

二、实验内容

本实验要先将燃料电池与电子负载连接，测量开路电压。通过电风扇通入空气，使其与氢气共同参与反应，并通入氮气营造惰性环境。先测量燃料电池稳定时的开路电压，再设定发电电流，并记录电压；然后改变电风扇功率或氢气流量，测量多组数据；最后整理全部实验结果，求得燃料电池功率和放电电流、燃料浓度的关系。

三、实验要求

根据本实验的特点，主要采用集中授课形式进行。实验报告要求语句通顺、字迹工整、图表规范、结果正确、讨论认真。

四、实验准备

（1）实验设备：直流稳压电源、电风扇、氮气瓶、氢气瓶、燃料电池、电子负载、转子流量计。
（2）预习燃料电池的工作原理；预习实验，熟悉实验原理和设备，列出实验步骤及主要设备的使用方法；做出实验原始记录表格及整理数据表格。

本实验模型简图如图 14.1.1 所示。

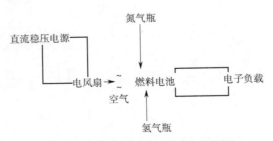

图 14.1.1　燃料电池实验系统示意图

五、实验原理

氢氧燃料电池是以氢燃料作为还原剂,氧气作为氧化剂,通过燃料的电化学反应,将化学能转变为电能的电池,与原电池的工作原理相同。

氢氧燃料电池工作时,向氢电极供应氢气,同时向氧电极供应氧气。氢气、氧气在电极上的催化剂的作用下生成水。这时氢电极上有多余的电子而带负电,氧电极上由于缺少电子而带正电。接通电路后,这一类似于燃烧的反应过程就能连续进行。图 14.1.2 所示为燃料电池的基本单元,其中阳极为氢电极,阴极为氧电极,阳极和阴极上都含有一定量的催化剂(目的是加速电极上发生的电化学反应),两极之间是电解质。

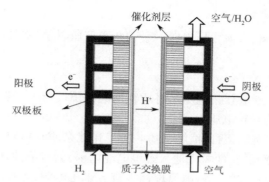

图 14.1.2　燃料电池的基本单元

工作原理:氢气通过管道或导气板到达阳极,在阳极催化剂的作用下,氢气发生氧化反应,释放出电子,氢离子穿过电解质到达阴极。在电池的另一端,氧气(或空气)通过管道或导气板到达阴极,同时电子通过外电路也到达阴极。在阴极侧,氧气与氢离子和电子在阴极催化剂的作用下反应生成水。与此同时,电子在外电路的连接下形成电流,可以向负载输出电能。

氢氧燃料电池不需要将还原剂和氧化剂全部储藏在电池内的装置,氢氧燃料电池的反应物都在电池外部,它只是一个发生反应的容器。氢气和氧气都可由电池外部提供。燃料电池同样是一种化学电池,它将物质发生化学反应时释放的能量直接转变为电能。从这一点看,它和其他化学电池(如锌锰干电池、铅蓄电池等)是类似的。但是,燃料电池工作时需要连续供给反应物质——燃料和氧化剂,这又和其他普通化学电池不大一样。由于它是把燃料通过化学反应释出的能量变为电能输出,所以才被称为燃料电池。

燃料电池的电极一般为惰性电极,要求具有很强的催化活性,如铂电极等。燃料电池可在工作时源源不断地向外部输电,所以也被称为“发电机”。一般来说,书写燃料电池的化学反应方程式需要高度注意电解质的酸碱性。在阴极和阳极上发生的电极反应不是孤立的,而是往往与电解质溶液紧密联系的,如氢氧燃料电池有酸式和碱式两种。

若电解质溶液是碱、盐溶液,则阳极反应式为

$$2H_2+4OH^- - 4e^- = 4H_2O$$

阴极反应式为

$$O_2+2H_2O+4e^-=4OH^-$$

若电解质溶液是酸溶液,则阳极反应式为

$$2H_2-4e^-=4H^+$$

阴极反应式为

$$O_2+4e^-+4H^+=2H_2O$$

总反应方程式为

$$2H_2+O_2=2H_2O$$

在碱溶液中,不可能出现 H^+;在酸溶液中,不可能出现 OH^-。

六、实验装置

本实验装置由电风扇、直流稳压电源、氢气瓶、氮气瓶以及燃料电池和电子负载组成。

七、实验步骤

（1）连接电子负载,测量开路电压。将燃料电池阴阳极与电子负载正负极连接,打开电子负载电源,测量电池的开路电压。

（2）通入氮气,排除空气,营造惰性环境。为了排除杂质气体对燃料电池内的反应的干扰,实验前先打开氮气瓶阀门,使氮气通入燃料电池内部,创造惰性气体环境。

（3）打开电风扇,送入空气。将电风扇接入直流稳压电源,叶片转动将空气送入燃料电池阴极,空气中的氧气将参与化学反应。

（4）通入氢气,参与反应。打开氢气瓶的阀门,氢气通过转子流量计后进入燃料电池阳极。通过控制阀门开度和观察流量计读数来控制氢气浓度。

（5）等待电压稳定,记录电压。初始阶段电池内部的化学反应未达到稳态,电池的开路电压持续上升。等待将近 3 min,开路电压趋于稳定,此时的电压为燃料电池的开路电压,将其记录下来。

（6）设定放电电流,记录电压。在电子负载上设定恒电流放电,待电压稳定后记录数据,并逐渐升高放电电流,记录数据。

（7）控制变量,多组实验对比。改变电风扇功率或氢气流量,测量多组数据,并进行对比,实验控制条件见表 14.1.1。

表 14.1.1　实验控制条件参数表

次序	实验一	实验二	实验三
电风扇功率/W			
氢气流量/(m³/h)			
开路电压/V			

八、实验报告

（1）通过调整电风扇功率、氢气流量进行多次实验，得出多组不同数据。

（2）以放电电流为横坐标，以电压为纵坐标，绘制燃料电池极化曲线。

九、注意事项及其他说明

启动电源前，先将电源调节至零位。

实验 14.2　太阳能–燃料电池综合实验

本实验以质子交换膜燃料电池为例，介绍该类燃料电池的原理和特性。本实验包含太阳能电池发电（光能—电能）、电解水制取氢气（电能—氢能）、燃料电池发电（氢能—电能）等环节，形成了完整的能量转换、储存、使用链条。本实验内容紧密结合科技发展热点与实际应用，实验过程环保清洁，不仅有助于培养学生的实验能力和严谨的科学精神，而且有助于培养学生的绿色环保意识。

一、实验目的

通过本实验，掌握质子交换膜燃料电池的结构、工作原理和输出特性；观察仪器的能量转换过程；测量燃料电池的输出特性，作出所测燃料电池的极化曲线和电池输出功率随输出电压的变化曲线。

二、实验内容

（1）质子交换膜电解池的特性测量。

（2）燃料电池输出特性的测量。

（3）太阳能电池的特性测量。

三、实验要求

根据本实验的特点，主要采用集中授课的形式。实验报告要求语句通顺、字迹端正、图表规范、结果正确、讨论认真。

四、实验准备

预习质子交换膜燃料电池、太阳能电池的工作原理以及水的电解的原理；预习实验，熟悉实验原理和设备，列出实验步骤，掌握主要仪器的使用方法；做出实验原始记录表格及整理数据表格。

五、实验原理

1. 质子交换膜燃料电池的工作原理

质子交换膜燃料电池包括阴、阳两极，由质子交换膜、催化层、扩散层、流场板组成。质子交换膜具有选择透过性,氢离子(质子)可以通过质子交换膜从阳极到达阴极,而电子和气体不能通过。催化层是将纳米量级的铂粒子用化学或物理的方法附着在质子交换膜表面形成的,厚度约为 0.03 mm,对阳极氢的氧化和阴极氧的还原起催化作用。质子交换膜两边的阳极和阴极由石墨化的碳纸或碳布做成,厚度为 0.2~0.5 mm,导电性能良好,其上的微孔提供气体进入催化层的通道,又称为扩散层。

燃料电池工作时,进入阳极的氢气通过流场板上的扩散层到达质子交换膜。1 个氢分子在阳极催化剂的作用下解离为 2 个氢离子,即质子,并释放出 2 个电子,阳极反应为

$$H_2 = 2H^+ + 2e^-$$

氢离子以水合质子($H^+ \cdot nH_2O$)的形式通过质子交换膜到达阴极,实现质子导电。在电池的另一端,氧气或空气经过阴极流场板通过阴极扩散层到达阴极催化层,在阴极催化层的作用下,氧与氢离子和电子反应生成水,阴极反应为

$$O_2 + 4H^+ + 4e^- = 2H_2O$$

阴极反应使阴极缺少电子而带正电,结果阴极和阳极之间产生了电压,在阴极和阳极之间接通外电路,就可以向负载输出电能。总的化学反应为

$$2H_2 + O_2 = 2H_2O$$

燃料电池在标准状况下的理想可逆开路电压为 1.229 V。但实际上燃料的能量不可能全部转换成电能,例如总有一部分能量转换成热能,少量燃料分子或电子穿过质子交换膜形成内部短路电流等。这些原因导致燃料电池的开路电压低于理想电动势。

随着电流从零增大,输出电压有一段下降较快,主要是因为电极表面的反应速度有限,有电流输出时,电极表面的带电状态改变,导致电子输出阳极或输入阴极时产生的部分电压被消耗掉,这一段被称为电化学极化区。

输出电压线性下降区的电压降,主要是由电子通过电极材料及各种连接部件以及离子通过电解质的阻力引起的,这种电压降与电流成比例,所以这一段被称为欧姆极化区。

输出电流过大时,燃料供应不足,电极表面的反应物浓度下降,输出电压迅速降低,而输出电流基本不再增加,这一段被称为浓差极化区。

综合考虑燃料的利用率(恒流供应燃料时,可表示为燃料电池电流与电解电流之比)及输出电压与理想电动势的差异,燃料电池的效率为

$$\eta_{电池} = \frac{I_{电池}}{I_{电解}} \times \frac{U_{输出}}{1.48} \times 100\% = \frac{P_{输出}}{1.48 I_{电解}} \times 100\% \qquad (14.2\text{-}1)$$

在使用燃料电池时,应根据伏安特性曲线,选择适当的负载,使效率与输出功率最大。

2. 水的电解原理

电解水产生氢气和氧气的过程与燃料电池中氢气和氧气反应生成水的过程互为逆过程。

电解水时,阳极上发生氧化反应 $2H_2O = O_2 + 4H^+ + 4e^-$。阳极产生的氢离子通过质子交换膜到达阴极后,发生还原反应 $2H^+ + 2e^- = H_2$。理论分析表明,若不考虑电解器的能量损失,在电解器上加 1.48 V 电压就可使水分解为氢气和氧气。实际上,由于各种损失,输入电压高

于 1.6 V,电解器才开始工作。

电解器的效率为

$$\eta_{电解} = \frac{1.48}{U_{输入}} \times 100\% \qquad (14.2\text{-}2)$$

根据法拉第电解定律,电解生成物的量与输入电量成正比。在标准状态(温度为 0 ℃,电解产生的氢气的压力保持为 1 atm)下,设电解电流为 I,经过时间 τ 产生的氢气体积(氧气体积为氢气体积的一半)的理论值为

$$V_{氢气} = \frac{I\tau}{2F} \times 22.4 \qquad (14.2\text{-}3)$$

式中:F 为法拉第常数,$F=eN=9.65 \times 10^4$ C/mol,其中,$e=1.602 \times 10^{-19}$ C 为电子电量,$N=6.022 \times 10^{23}$ 为阿伏伽德罗常数;$I\tau/2F$ 为产生的氢分子的物质的量;22.4 L 为标准状态下气体的摩尔体积。

若实验时温度为 t(℃),所在地区的气压为 p,根据理想气体状态方程,可将式(14.2-3)修正为

$$V_{氢气} = \frac{273.15+t}{273.15} \cdot \frac{p_0}{p} \cdot \frac{I\tau}{2F} \times 22.4 \qquad (14.2\text{-}4)$$

式中:p_0 为标准大气压。

电解器的效率按式(14.2-2)计算。

3. 太阳能电池的工作原理

太阳能电池利用半导体 P-N 结受光照射时的光伏效应发电,太阳能电池的基本结构就是一个大面积的平面 P-N 结。P 型半导体中有相当数量的空穴,几乎没有自由电子;N 型半导体中有相当数量的自由电子,几乎没有空穴。

当太阳能电池受光照射时,部分电子被激发而产生电子-空穴对,在结区激发的电子和空穴分别被势垒电场推向 N 区和 P 区,使 N 区有过量的电子而带负电,P 区有过量的空穴而带正电,P-N 结两端形成电压,这就是光伏效应,若将 P-N 结两端接入外电路,就可向负载输出电能。

六、实验设备

本实验设备主要由测试单元、负载模块、燃料电池、电解池、太阳能电池板等几部分组成,如图 14.2.1 所示。该燃料电池工作时,质子交换膜必须含有足够的水分,才能保证质子的传导。但水含量又不能过高,否则会导致电极被水淹没,水阻塞气体通道,燃料不能传导到催化层参与反应。为保持水平衡,电池正常工作时将排水口打开,在电解电流不变时,燃料供应量是恒定的。若负载选择不当,电池输出电流太小,未参加反应的气体从排水口泄漏,燃料利用率及效率都会变低。当负载适当时,燃料利用率约为 90%。

燃料电池模块参数见表 14.2.1,太阳能电池板参数见表 14.2.2。

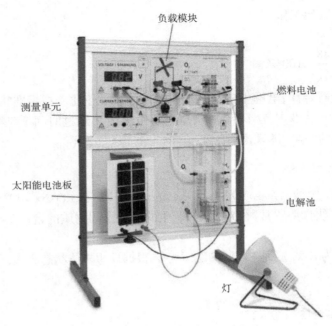

图 14.2.1　实验装置实物图

表 14.2.1　燃料电池模块参数

尺寸/(mm×mm×mm)	200×297×115
工作电压/V	0.4~0.9(并联);0.8~1.8(串联)
工作电流/A	0.3
额定功率/W	1.7

表 14.2.2　太阳能电池板参数

尺寸/(mm×mm×mm)		200×310×130
极限电压/V		2.3
短路电流/A		1.0
2 Ω 负载条件下	工作电压/V	2
	工作电流/A	1
	额定功率/W	1.7
测量模块	尺寸/mm	200×297×100
	电压/V	0~2,0~20
	电流/A	0~2,0~20
	测量模块自带电压/V	9~12 DC

续表

负载模块	尺寸/(mm × mm × mm)	$100 × 297 × 100$
	电机工作电压/V	最大:3
	电机工作电流/mA	最大:130
	灯泡工作电压/V	最大:2
	阻抗类型/Ω	1,3,5,10,50,100,200,开路,短路

七、实验步骤

（1）确认气水塔水位在水位上限与下限之间。若水位低于下限,可以向水塔中加入二次蒸馏水,以确保水位处于上限和下限之间。

（2）把燃料电池综合实验仪面板上的恒流源调到零电流输出状态,即逆时针旋到底,关闭两水塔之间连通管的止水夹,打开燃料电池测试仪预热 15 min。

（3）将测试仪的恒流源输出端串联电流表后接入电解池,将电压表并联到电解池两端。关闭气水塔输气管的止水夹,调节恒流源输出到最大(旋钮顺时针旋到底),让电解池迅速产生气体。当气水塔下层的气体低于最低刻度线时,打开气水塔输气管的止水夹,排出气水塔下层的空气。如此反复 2~3 次后,气水塔下层的空气基本排尽,剩下的就是纯净的氢气和氧气。根据表 14.2.3 中电解池输入电流(电解电流)的大小,调节恒流源的输出电流,待电解池输出气体稳定(约 1 min)后,关闭气水塔输气管的止水夹。测量输入电流、电压及产生一定体积的气体的时间(用秒表记录时间),记入表 14.2.3 中,计算氢气产生量理论值,并与氢气产生量测量值比较。若不考虑输入电压与电流大小,氢气产生量只与电量成正比,且测量值与理论值接近,即验证了法拉第定律。

表 14.2.3　电解池的特性测量

输入电流 I/A	输入电压 U/V	时间 τ/s	电量 $I\tau$/C	氢气产生量测量值/L	氢气产生量理论值/L
0.10					
0.20					
0.30					

（4）电解池输入电流(电解电流)保持在 300 mA,关闭电风扇。将电压测量端口接到燃料电池输出端,打开燃料电池与气水塔之间的氢气、氧气连接开关,等待约 10 min,使电池中的燃料浓度达到平衡值,电压稳定后记录开路电压值。将电流量程按钮切换到 200 mA,可变负载调至最大,电流测量端口与可变负载串联后接入燃料电池输出端,逐渐改变负载电阻的大小,使输出电压值如表 14.2.4 所示(输出电压值可能无法精确到表中所示数值,只需相近即可),稳定后记录电压、电流值。负载电阻突然调得很低时,电流会突然升到很高,甚至超过电解电流,这种情况是不稳定的,重新恢复稳定需较长时间。为避免出现这种情况,输出电流高于 210 mA 后,每次调节减小电阻 0.5 Ω,输出电流高于 240 mA 后,每次调节减

小电阻 0.2 Ω,每测量一点的平衡时间稍长一些(约需 5 min),稳定后记录电压、电流值。作出所测燃料电池的极化曲线和该电池输出功率随输出电压变化的曲线,并求出该燃料电池的最大输出功率和最大输出功率对应的效率。

表 14.2.4　　燃料电池输出特性的测量(电解电流为 300 mA)

输出电压 U/V								
输出电流 I/mA								
功率 P/mW								

(5)切断电解池输入电源,把太阳能电池的电压输出端连入电解池,断开可变电阻负载,打开电风扇作为负载,并打开太阳能电池上的光源,观察仪器的能量转换过程:光能→太阳能电池→电能→电解池→氢能(能量储存)→燃料电池→电能。观察完毕,关闭电风扇和燃料电池与气水塔之间的氢气、氧气连接开关,并将测试仪电压源输出端口旋钮逆时针旋到底。

(6)将电流测量端口与可变负载串联后接入太阳能电池的输出端,将电压表并联到太阳能电池两端。首先,断开回路,测量开路电压 U_{oc},调节光源亮度,使 U_{oc}=3.10 V;然后把可变负载调至负载值最大,再连接好回路,逐渐改变负载电阻的大小,测量输出电压、电流值,并计算输出功率,记入表 14.2.5 中。作出所测太阳能电池的伏安特性曲线和功率随输出电压变化的曲线,求出该太阳能电池的短路电流 I_{sc}、最大输出功率 P_m、最大工作电压 U_m、最大工作电流 I_m、填充因子 FF。

表 14.2.5　　太阳能电池输出特性的测量(U_{oc}=3.10 V,I_{sc}=395 mA)

输出电压 U/V								
输出电流 I/mA								
功率 P/mW								

注:短路电流随太阳能电池板的不同有所变化,在此只作为参考值。

(7)实验完毕,切断测试仪开关和太阳能电池的光源开关,拆除导线,整理好实验仪器。

八、实验报告

实验报告应包括燃料电池输出特性、电解池特性、太阳能电池输出特性的测量内容(表14.2.6 至表 14.2.8)。实验报告要求内容详细完善、数据测量准确。

表 14.2.6　　燃料电池输出特性的测量(t=25 ℃,p=1 atm)

I/mA								
U/V								
P/mW								

表 14.2.7 电解池的特性测量

I/mA	U/V	t/s	q/C	氢气产生量测量值/L	氢气产生量理论值/L

表 14.2.8 太阳能电池输出特性的测量

U/V											
I/mA											
P/mW											

九、数据处理与结论

（1）燃料电池的输出特性曲线如图 14.2.2 所示。

结论：

①开路电压约为 0.9 V，比理想值 1.229 V 要小得多，有很大一部分化学能转化为其他能量，此时效率为

$$\eta=\frac{0.9}{1.229}\times100\%=73.23\%$$

②曲线的变化趋势与理论相符，内阻先降低后增加。

（2）燃料电池的输出功率随电压的变化曲线如图 14.2.3 所示。

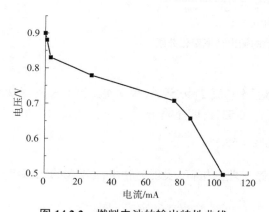

图 14.2.2 燃料电池的输出特性曲线

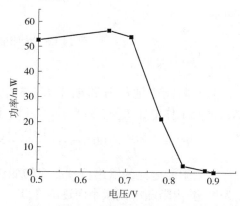

图 14.2.3 燃料电池的功率变化曲线

结论：在 $U=0.65$ V 附近，输出功率达到最大值。

（3）电解池的特性曲线如图 14.2.4 所示。

结论：当电流较大时，实际产氢量与理论值相差较大；小电流的效率最高。

（4）太阳能电池的输出特性曲线如图 14.2.5 所示。

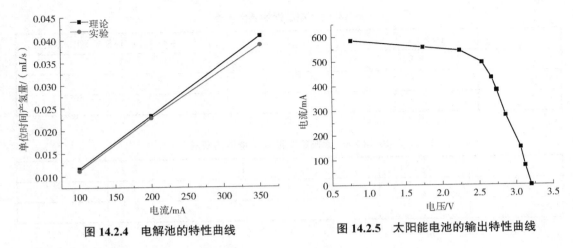

图 14.2.4 电解池的特性曲线   图 14.2.5 太阳能电池的输出特性曲线

（5）太阳能电池的输出功率随电压的变化曲线如图 14.2.6 所示。

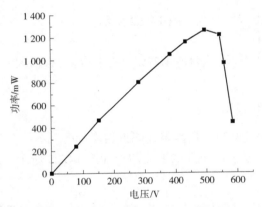

图 14.2.6 太阳能电池的输出功率变化曲线

结论：

①太阳能电池的开路电压 U_{oc}=3.29 V，短路电流 I_{sc}=0.59 A，最大输出功率 P_m=1 260 mW，最大工作电压 U_m=2.51 V，最大工作电流 I_m=0.53 A，填充因子

$$FF = \frac{U_m I_m}{U_{oc} I_{sc}} \times 100\% = \frac{2.51 \times 0.53}{3.29 \times 0.59} \times 100\% = 68.5\%$$

②太阳能电池的输出特性曲线的变化趋势与理论相符，表现为在电流较大的区域电压较为稳定，内阻随电流减小而逐渐降低。

实验 14.3　循环伏安法测定电极反应参数

一、实验目的

（1）学习循环伏安法测定电极反应参数的基本原理。

（2）熟悉伏安法测量的实验技能。

二、实验内容

对工作电极进行预处理,再配制经稀释的试液,将配制的溶液逐一转移至电解池中,再插入干净的电极系统,在不同溶液浓度和扫描速度条件下,进行循环伏安法测量,并根据电流-电压曲线进行数据分析。

三、实验要求

为了不影响实验最终数据,需要使用表面干净的指示电极。每次扫描间隙,都需要使电极表面恢复至初始条件。

四、实验准备

（1）CHI830 、CHI620 、CHI660 电化学分析仪。
（2）圆盘形工作电极、铂丝辅助电极和饱和甘汞参比电极组成电极系统。
（3）铁氰化钾溶液（ 2.0×10^{-2} mol/L ）。
（4）硝酸钾溶液（ 1.0 mol/L ）。

五、实验原理

循环伏安法是最重要的电化学分析研究方法之一,在电化学、无机化学、有机化学、生物化学等研究领域应用广泛。

伏安法是以固态电极作为工作电极电解被分析物质的稀溶液,并根据电流-电压曲线进行分析的方法。根据所施加的电压类型和扫描方式的不同,伏安法可分为循环伏安法、线性扫描伏安法、差分脉冲伏安法、溶出伏安法、方波伏安法等。本实验采用循环伏安法测定铁氰化钾电极反应参数。

$[Fe(CN)_6]^{3-}/[Fe(CN)_6]^{4-}$ 氧化还原电对的标准电极电位为

$$[Fe(CN)_6]^{3-}+e^-=[Fe(CN)_6]^{4-} \qquad E^{\ominus}=0.36 \text{ V} \tag{14.3-1}$$

电极电位与电极表面活度的能斯特（ Nernst ）方程为

$$E = E^{\ominus} + \frac{RT}{F} \ln \frac{c_{ox}}{c_{red}} \tag{14.3-2}$$

式中: E 为电极电势; $E^{\ominus}$ 为标准电极电势; R 为气体常数; T 为绝对温度; F 为法拉第常数; c_{ox} 为氧化态物质的浓度; c_{red} 为还原态物质的浓度。

对于可逆的电极反应,峰电流方程可表示为

$$i_p = 2.69 \times 10^5 \times n^{3/2} A D^{1/2} v^{1/2} c \tag{14.3-3}$$

式中: i_p 为峰电流（ A ）; n 为电子转移数; A 为电极面积（ cm² ）; D 为扩散系数（ cm²/s ）; v 为扫描速度（ V/s ）; c 为浓度（ mol/L ）。

从式（14.3-3）可以看出,在一定的实验条件下,峰电流 i_p 与扫描速度的二分之一次方（ $v^{1/2}$ ）或被测物质的浓度（ c ）存在正比关系。

循环伏安法是一种采用三电极（工作电极、参比电极和辅助电极）系统的电化学研究方法。该方法控制电极电势以不同的速率，随时间以三角波形一次或多次反复扫描（图14.3.1），电势范围要求使电极上能交替发生不同的氧化和还原反应，得到的电流-电势（i-E）曲线称为循环伏安曲线。循环伏安曲线显示一对峰，称为氧化还原峰。

如图14.3.2所示，对于$[Fe(CN)_6]^{3-}$，当电位从正向负扫描时，溶液中的$[Fe(CN)_6]^{3-}$在电极上发生还原反应，生成$[Fe(CN)_6]^{4-}$，产生还原波，其峰电流为$(i_p)_c$，峰电位为$(E_p)_c$；当反向扫描时，电极表面生成的$[Fe(CN)_6]^{4-}$被氧化成$[Fe(CN)_6]^{3-}$，产生氧化电流，其峰电流为$(i_p)_a$，峰电位为$(E_p)_a$。

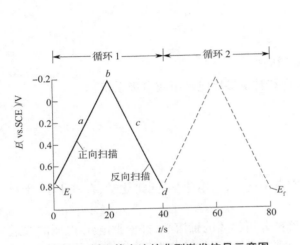

图 14.3.1　循环伏安法的典型激发信号示意图

注：三角波电位，转换电位为 0.8 V 和-0.2 V（vs.SCE）

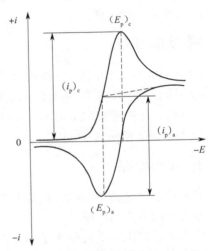

图 14.3.2　循环伏安法扫描$[Fe(CN)_6]^{3-}$结果示意图

峰电位差 $\Delta E=(E_p)_a-(E_p)_c$。若 $\Delta E=56.5/n$，且 $(i_p)_a/(i_p)_c=1$，则整个反应为可逆反应；若 $\Delta E>56.5/n$，$(i_p)_a/(i_p)_c<1$，则整个反应为不可逆反应。

六、实验步骤

（1）工作电极预处理。将 Pt 工作电极在放有氧化铝粉末的抛光布上轻轻研磨 1 min，用二次蒸馏水冲洗干净后，用超声波清洗 1 min，再用滤纸吸干表面水分，然后进行测定。

（2）配制试液。在 5 个 50 mL 的容量瓶中分别加入 2.0×10^{-2} mol/L 的铁氰化钾溶液 0、0.5 mL、1.0 mL、2.0 mL、5.0 mL，再各加入 1 mol/L 的硝酸钾溶液 5.0 mL，用二次蒸馏水稀释至刻度，摇匀。

（3）循环伏安法测量。将配制的系列铁氰化钾溶液逐一转移至电解池中，插入干净的电极系统。起始电位为+0.8 V，转向电位为-0.1 V，以 50 mV/s 的扫描速度测量，当测量浓度为 2×10^{-3} mol/L 的溶液时，逐一变化扫描速度为 20 mV/s、50 mV/s、100 mV/s、125 mV/s、150 mV/s、175 mV/s、200 mV/s 进行测量。在完成每一个扫速的测定后，要重新处理电极。

七、实验报告

（1）列表总结铁氰化钾溶液的测量结果，包括$(E_p)_a$、$(E_p)_c$、ΔE、$(i_p)_a$、$(i_p)_c$。

循环伏安法测定得到的电极反应参数见表 14.3.1 和图 14.3.3 及表 14.3.2 和图 14.3.4。

表 14.3.1　浓度 *c* 对 *c-v* 图参数的影响（扫描速度 *v* 为 50 mV/s）

浓度/(mol/L)	0.020	0.040	0.060	0.080
$(i_p)_c/(\times 10^{-6}\text{A})$				
$(i_p)_a/(\times 10^{-6}\text{A})$				
$(E_p)_c/\text{V}$				
$(E_p)_a/\text{V}$				

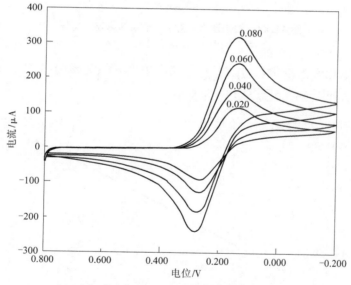

图 14.3.3　浓度 *c* 对 *c-v* 结果的影响示意图

注:扫描速度恒为 50 mV/s,浓度单位为 mol/L

表 14.3.2　扫描速度 *v* 对 *c-v* 图参数的影响（浓度 *c* 为 0.040 mol/L）

扫描速度 v/(V/s)	0.050	0.100	0.125	0.150	0.175	0.200
$\sqrt{v}$	0.224	0.316	0.354	0.387	0.418	0.447
$(i_p)_c/(\times 10^{-6}\text{A})$						
$(i_p)_a/(\times 10^{-6}\text{A})$						
$(E_p)_c/\text{V}$						
$(E_p)_a/\text{V}$						

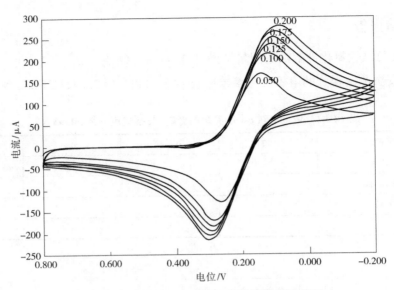

图 14.3.4　扫描速度 v 对 c-v 结果的影响示意图

注:浓度为 0.04 mol/L,扫描速度单位为 V/s

（2）绘制铁氰化钾溶液的 $(i_p)_a$、$(i_p)_c$ 与相应浓度 c 的关系曲线,以及 $(i_p)_a$、$(i_p)_c$ 与相应 $\sqrt{v}$ 的关系曲线,如图 14.3.5 至图 14.3.8 所示。

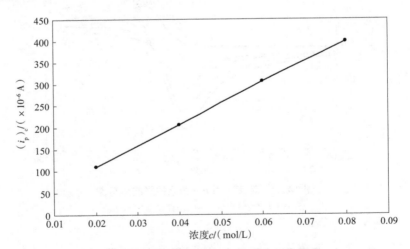

图 14.3.5　铁氰化钾的 $(i_p)_c$ 与浓度 c 的关系

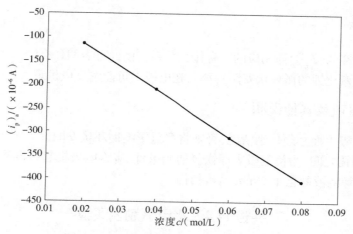

图 14.3.6　铁氰化钾的 $(i_p)_a$ 与浓度 c 的关系

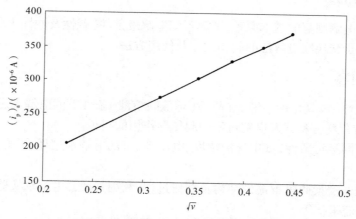

图 14.3.7　铁氰化钾的 $(i_p)_c$ 与相应的 $\sqrt{v}$ 的关系

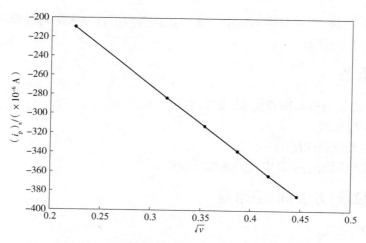

图 14.3.8　铁氰化钾的 $(i_p)_a$ 与相应的 $\sqrt{v}$ 的关系

八、思考题

（1）铁氰化钾的$(E_p)_a$与相应的v有什么关系？由此可表明什么？

（2）根据铁氰化钾的循环伏安图解释它在电极上可能的反应机理。

九、注意事项及其他说明

（1）指示电极表面必须仔细清洗，否则将严重影响循环伏安图。

（2）每次扫描之间，为使电极表面恢复初始条件，应将电极提起后再放入溶液中或用搅拌子搅拌溶液，等溶液静止 1~2 min 后再扫描。

实验 14.4　水电解制氢实验

一、实验目的

（1）熟悉水电解制氢的基本原理，了解不同电解液条件（碱性及酸性）下催化剂的选择。

（2）熟悉质子交换膜电解池的制作过程及使用方法。

二、实验内容

（1）演示碱性（氢氧化钠溶液）和酸性（稀硫酸溶液）条件下的电解水过程，掌握不同溶液条件下的反应化学方程式及电解过程中起传导作用的离子。

（2）演示不同运行条件（如电解液浓度、电压等）下的电解水过程，了解影响电池性能的主要因素。

（3）了解质子交换膜电解池的结构及制作过程，利用其展开电解水实验，并演示电池的测试方法（如交流阻抗等）。

三、实验要求

根据本实验的特点，主要采用集中授课形式。实验报告要求语句通顺、字迹端正、图表规范、结果正确、讨论认真。

四、实验准备

预习实验，熟悉实验原理和设备，主要内容如下。

（1）简述实验原理。

（2）列出主要仪器的使用方法。

（3）做出实验原始记录表格及整理数据表格。

五、实验仪器、方法和注意事项

1. 实验仪器

1）直流电源

可编程直流电源（图 14.4.1）通过顺序操作每一个单步的值及时间来产生各种输出变

化,其中的参数包括时间单位、单步电压、单步电流、单步时间以及是否下一步、循环步骤、是否保存文件等。在顺序操作编辑完成后,当接收到一个触发信号后,电源开始运行,直到顺序操作完成或再次接收到另一个触发信号。电源可在随负载变化而发生的恒定电压模式到恒定电流模式转换时保持不间断操作。

2)电解池

电解池(图 14.4.2)由池体、阳极和阴极组成,当直流电通过电解池时,在阳极与溶液界面处发生氧化反应,在阴极与溶液界面处发生还原反应,以制取所需产品。玻璃池体可直接观察电解气泡的产生情况。

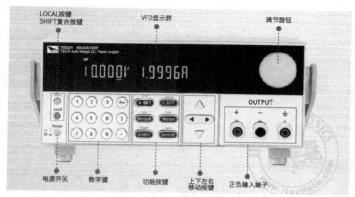

图 14.4.1　可编程直流电源　　　　　　　　　图 14.4.2　电解池

3)质子交换膜电解池实验系统

质子交换膜电解池实验系统如图 14.4.3 所示,恒温水浴提供一定温度的水,蠕动泵进行液态水的泵送,对阳极和阴极产生的气体进行收集。

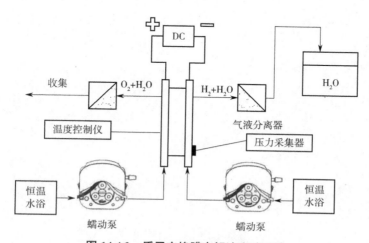

图 14.4.3　质子交换膜电解池实验系统

2. 实验方法和注意事项

(1)演示碱性(氢氧化钠溶液)和酸性(稀硫酸溶液)条件下的电解水过程,掌握不同溶液条件下的反应化学方程式及电解过程中起传导作用的离子。将电解池与可编程直流电源连接后,注入不同的溶液(碱性、酸性),电解一段时间后,分别测量溶液的 pH 值,了解电解的主体是水,氢氧根离子和氢离子只起到强化电解的作用。

(2)演示不同运行条件(如电解液浓度、电压等)下的电解水过程,了解影响电池性能的主要因素。调节电解液浓度、电压等,观察电解产生气泡的情况并记录。

(3)了解质子交换膜电解池的结构及制作过程,利用其展开电解水实验,并演示电池的测试方法(如交流阻抗等)。对质子交换膜电解池进行简单拆卸,了解其结构组成,并展开电解水实验,研究不同运行参数的影响并了解电池的测试方法(如交流阻抗等)。

六、实验报告

(1)写明实验目的、意义。

(2)阐明实验的基本原理。

(3)记录实验所用仪器和装置。

(4)记录实验的全过程,包括实验步骤、各种实验现象和数据处理等。

(5)对实验结果进行分析、研究和讨论。

第15章　流体机械能转化原理与技术

实验15.1　离心风机性能实验

一、实验目的

了解离心风机性能测定装置的结构与基本原理,掌握离心风机的操作和调节方法,测定离心风机的主要工作参数,并确定被测离心风机的最佳工作范围,得到被测离心风机的气动性能曲线(全压-流量)。

二、实验内容

(1)了解离心风机性能实验的测量过程。

(2)测量不同工况下离心风机以一定转速稳定运行状态下的进出口压力。

(3)根据实验数据,计算离心风机在一定转速下的全压,绘制全压-流量曲线,阐明离心风机的能量转化原理。

三、实验原理

1. 流量 Q

离心风机的流量是指单位时间内从风机出口排出的气体的体积,并以风机入口处的气体的状态计,用 Q 表示,单位为 m^3/h 。

$$Q = 1.414 \varepsilon_n \varphi_n A_n \sqrt{\frac{|p_n|}{\rho}} \qquad (15.1\text{-}1)$$

式中:ε_n 为集流器膨胀系数,取1;φ_n 为集流器流量系数,取0.99;A_n 为集流器喉部面积;ρ 为测定条件下空气的密度;p_n 为集流器喉部静压。

2. 风压 p

离心风机的风压是指单位体积的气体流过风机时获得的能量,用 p 表示,单位为 N/m^2 。由于 p 的单位与压力的单位相同,所以称为风压。

在风机进气实验中,风机出口为大气压,故出口静压 $p = 0$ 。由于风机进口到静压测点存在流动损失,所以测得的静压比风机进口的实际静压高,这部分损失用 p_{w1} 表示,可由式(15.1-2)计算得到。

$$p_{w1} = p_{d1}\left(0.025\frac{l_1}{D_1}\right) \qquad (15.1\text{-}2)$$

式中:p_{d1} 为风机进口动压;l_1 为风机静压测点到风机进口的距离;D_1 为风筒直径。

风机全压为

$$p = p_{d2} - (p_n - p_{w1}) - p_{d1} \quad (15.1\text{-}3)$$

式中：p_{d2} 为风机出口动压。

四、实验仪器

离心风机性能实验装置如图 15.1.1 所示，通过增加（或减少）集流器入口节流网的层数来调节风机流量，使风机运行于不同的工况下。

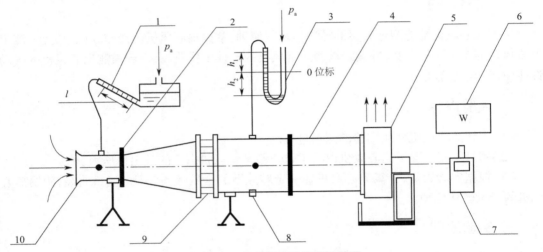

图 15.1.1　离心风机性能实验装置

1—压塑式微压计；2—节流网；3—U 形管测压计；4—进气管道；5—风机；
6—功率表；7—手持式转速表；8—静压测点；9—稳流栅；10—集流器

五、实验步骤

（1）检查各种仪表是否处于备用状态。

（2）准备工作完成后，启动风机，一般运转 3 min，待运行稳定后，将实验数据记录在相应的表格中。

（3）实验时测出 10~15 个工况下（即增加或减少 10~15 次节流网）的运行参数。

（4）每改变一次运行工况，须稳定 2~3 min。

（5）关闭风机。

六、实验过程及实验数据记录

实验前应预习实验指导书和流体机械原理课程的相关知识，掌握离心风机的工作原理和性能指标的计算方法，熟悉仪器、仪表的使用方法。实验过程中应注意以下几点：

①严格按照实验装置的操作规程操作；

②实验前后分别记录大气压力和温度；

③实验室空间有限，气流扰动可能会使测量值上下波动，应采用同一标准取平均值。

实验数据记录于表 15.1.1 中,并绘制一定转速下的全压-流量曲线。

表 15.1.1 实验数据记录表

离心风机型号:＿＿＿＿＿＿＿＿＿＿ 额定流量:＿＿＿＿＿＿＿＿＿＿ 额定风压:＿＿＿＿＿＿＿＿＿＿

次序	流量 Q	风机进口动压 p_{d1}	风机出口动压 p_{d2}	全压 p	转速 n
1					
2					
3					
4					
5					
6					
7					
8					
9					
10					

七、思考题

(1)造成测量值上下波动的原因有哪些?如何提高测量精度?

(2)调节节流网时,进出口压力表、流量表读数的变化遵循什么规律,为什么?

八、实验报告

实验报告包括实验目的、实验方法(原理和仪器)、实验步骤、测量数据以及数据分析。实验报告要求内容详细完善、数据测量准确。

实验 15.2 离心泵性能实验

一、实验目的

了解离心泵的结构与基本原理,掌握测定离心泵主要工作参数的实验方法及操作方法,进一步巩固离心泵的有关知识,测定并绘制离心泵的气动性能曲线(流量-扬程)。

二、实验内容

(1)了解离心泵性能实验的测量过程。

(2)测量离心泵在以一定转速稳定运行状态下处于不同工况下的进出口压力。

(3)根据实验数据,计算离心泵在一定转速下的扬程,绘制扬程-流量曲线,阐明离心泵的能量转化原理。

三、实验原理

1. 扬程

根据能量守恒定律（伯努利方程），在离心泵吸入口与排出口之间以扬程（压头）H 表示的能量平衡方程为

$$H = \frac{p_2 - p_1}{\rho g} + \frac{v_2^2 - v_1^2}{2g} + (z_2 - z_1) + \sum h_{损} \qquad (15.2\text{-}1)$$

式中：p_1、p_2 分别为离心泵进、出口的压力；v_1、v_2 分别为离心泵进、出口的速度；z_1、z_2 分别为离心泵进、出口的高度；ρ 为液体密度；g 为重力加速度；$\sum h_{损}$ 为各种水力摩擦损失之和。

由于离心泵吸入口和排出口距离很近，各种水力摩擦损失 $\sum h_{损}$ 很小，可以忽略不计；另外吸入与排出管的管径相同，则流速相当，因此 $\dfrac{v_2^2 - v_1^2}{2g} \approx 0$。

式（15.2-1）可简化为

$$H = \frac{p_2 - p_1}{\rho g} + z_2 - z_1 \qquad (15.2\text{-}2)$$

压力 p 通过位于离心泵进出口的压力表读出，$(z_2 - z_1)$ 为离心泵进出口压力表安装中心的高度差。

2. 流量

流量采用体积法通过电子流量计进行测量。

$$Q = \frac{V}{t} \qquad (15.2\text{-}3)$$

式中：Q 为离心泵流量，通过流量计读出；t 为计量时间；V 为 t 时间内流入计量水箱内的液体体积。

四、实验装置

离心泵性能实验装置如图 15.2.1 所示。

离心泵的基本部件是叶轮和蜗牛壳状的泵壳。其中，具有若干个叶片的叶轮紧固于泵轴上，并随泵轴在电机驱动下旋转。叶轮是直接对泵内液体做功的部件，完成能量转化。泵壳中央的吸入口与吸入管路相连接，吸入管路的底部装有单向底阀，泵壳侧旁的排出口与装有调节阀门的排出管路相连接。

当离心泵启动后，泵轴带动叶轮一起旋转，迫使预先充灌在叶片间的液体旋转，在离心力的作用下，液体自叶轮中心在叶片通道中沿叶片做径向运动。在此过程中，叶片对液体做功，使得液体静压能提高，流速增大。当液体离开叶轮进入泵壳后，在逐渐扩大的泵壳流道内减速，部分动能进一步转化为静压能，最后沿切向流入排出管路。当液体自叶轮中心流向外周时，叶轮中心会形成低压区，在贮槽液面与叶轮中心总势能差的作用下，液体被吸进叶轮中心。叶轮不断运转，液体便连续地被吸入和排出。液体在离心泵中获得的机械能最终表现为静压能的提高。

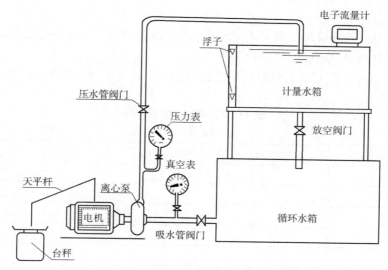

图 15.2.1　离心泵性能实验教学实验装置原理图

五、实验步骤

（1）用手盘动电机与水泵的联轴器,使其转动自如。

（2）打开吸水管阀门,半开排水管阀门。

（3）拨动出水管口,令水流向循环水箱;打开计量水箱的放空阀门,将水放空后关闭此阀。

（4）启动电机。

（5）均匀开启排水管阀门至全开,稳定后将出水管拨至计量水箱,记录压力表和真空表的读数,同时用转速表测转速;当计量水箱的水平面达到上浮子时,流量计量完成,记录读数及测量时间。

（6）将出水管口拨回到循环水箱方向,然后打开放空阀门,将水放净后关闭此阀,以便下一工况点测试。

（7）适当关小排水管阀门,重复步骤（5）,进行下一工况点测试。从最大流量到零流量测试工况不少于 6 个。阀门每次的调节量可根据压力表读数变化范围均分。

（8）关闭电机,停泵。停泵前先将出口流量调节阀关闭。

六、实验过程及实验数据记录

实验前应预习实验指导书和《流体机械原理》教材中的相关知识,掌握离心泵的工作原理和性能指标的计算方法,熟悉仪器、仪表的使用方法。相关要求如下。

（1）一定要严格按照实验装置的操作规程操作。

（2）一般每次实验前,均需对泵进行灌泵操作,以防止离心泵气缚。同时,注意定期对泵进行保养,防止叶轮被固体颗粒损坏。

（3）泵运转过程中,勿触碰泵主轴部分,因为其高速转动,可能会缠绕并伤害身体接触部位。

（4）不要在出口流量调节阀关闭状态下长时间使泵运转，一般不超过 3 min，否则泵中液体循环温度升高，易生气泡，使泵抽空。

实验数据记录见表 15.2.1，根据所得数据绘制一定转速下的扬程-流量曲线。

表 15.2.1　实验数据记录表

离心泵型号：_____　　额定流量：_____　　额定扬程：_____　　泵进出口测压点高度差：_____

次序	流量 Q	泵进口压力 p_1	泵出口压力 p_2	扬程 H	泵转速 n
1					
2					
3					
4					
5					
6					
7					
8					
9					
10					

七、思考题

（1）启动离心泵之前为什么要引水灌泵？启动时为什么要关小或者关闭出口阀门？

（2）为什么离心泵的出口阀可用来调节流量？这种方法有什么优缺点？是否还有其他方法调节泵的流量？

（3）调节排水管阀门时，进出口压力表、流量表读数的变化遵循什么规律，为什么？

八、实验报告

实验报告包括实验目的、实验方法（原理和仪器）、实验步骤、测量数据以及数据分析。实验报告要求内容详细完善、数据测量准确。

实验 15.3　机械能转化实验

一、实验目的

（1）测动、静、位压头随管径、位置、流量的变化情况，验证连续性方程和伯努利方程。

（2）定量考察流体流经收缩、扩大管段时流体流速与管径的关系。

（3）定量考察流体流经直管段时流体阻力与流量的关系。

（4）定性观察流体流经节流件、弯头的压损情况。

二、实验原理

在化工生产中,流体的输送多在密闭的管道中进行,因此研究流体在管内的流动是化学工程中的一个重要课题。任何运动的流体都遵守质量守恒定律和能量守恒定律,这是研究流体力学性质的基本出发点。

1. 连续性方程

流体在管内稳定流动时的质量守恒形式可表现为以下连续性方程:

$$\rho_1 \iint_1 v\mathrm{d}A = \rho_2 \iint_2 v\mathrm{d}A \tag{15.3-1}$$

根据平均流速的定义,有

$$\rho_1 u_1 A_1 = \rho_2 u_2 A_2 \tag{15.3-2}$$

即

$$m_1 = m_2 \tag{15.3-3}$$

对于均质、不可压缩的流体, $\rho_1 = \rho_2 = C$ (C 为常数),则式(15.3-2)变为

$$u_1 A_1 = u_2 A_2 \tag{15.3-4}$$

可见,对于均质、不可压缩的流体,平均流速与流通截面积存在反比关系,即面积越大,流速越小;反之,面积越小,流速越大。

对于圆管, $A = \pi d^2/4$,其中 d 为直径,于是式(15.3-4)可转化为

$$u_1 d_1{}^2 = u_2 d_2{}^2 \tag{15.3-5}$$

2. 机械能衡算方程

运动的流体除遵循质量守恒定律外,还应满足能量守恒定律,因此在工程上可进一步得到十分重要的机械能衡算方程。

均质、不可压缩的流体在管路内稳定流动时,其机械能衡算方程(以单位质量流体为基准)为

$$z_1 + \frac{u_1{}^2}{2g} + \frac{p_1}{\rho g} + h_e = z_2 + \frac{u_2{}^2}{2g} + \frac{p_2}{\rho g} + h_f \tag{15.3-6}$$

显然,式(15.3-6)中的各项的量纲均与高度一致, z 称为位头, $u^2/2g$ 称为动压头(速度头), $p/\rho g$ 称为静压头(压力头), h_e 称为外加压头, h_f 称为压头损失。

关于上述机械能衡算方程的讨论如下。

(1)理想流体的伯努利方程。无黏性的即没有黏性摩擦损失的流体称为理想流体,也就是说,理想流体的 $h_f = 0$,若此时无外加功加入,则机械能衡算方程变为

$$z_1 + \frac{u_1{}^2}{2g} + \frac{p_1}{\rho g} = z_2 + \frac{u_2{}^2}{2g} + \frac{p_2}{\rho g} \tag{15.3-7}$$

式(15.3-7)为理想流体的伯努利方程,该式表明理想流体在流动过程中总机械能保持不变。

(2)若流体静止,则 $u = 0$, $h_e = 0$, $h_f = 0$,于是机械能衡算方程变为

$$z_1 + \frac{p_1}{\rho g} = z_2 + \frac{p_2}{\rho g} \tag{15.3-8}$$

式（15.3-8）为流体静力学方程,可见流体静止状态是流体流动的一种特殊形式。

3. 管内流动分析

按照流体流动时的流速以及其他与流动有关的物理量（如压力、密度）是否随时间变化,可将流体的流动分成稳态流动和非稳态流动两类。连续生产过程中的流体流动,多可视为稳态流动,在开工或停工阶段,则属于非稳态流动。

流体流动有两种不同形态,即层流和湍流,这一现象由雷诺（Reynolds）于 1883 年提出。层流流动时,流体质点做平行于管轴的直线运动,且在径向无脉动;湍流流动时,流体质点除沿管轴方向做向前运动外,还在径向做脉动,从而在宏观上显示出紊乱地向各个方向做不规则的运动。

流体的流动形态可用雷诺数（Re）来判断,其值不会因采用不同的单位制而不同。但应当注意,数群中各物理量必须采用同一单位制。若流体在圆管内流动,则雷诺数可表示为

$$Re = \frac{du\rho}{\mu} \tag{15.3-9}$$

式中: Re 为雷诺数; d 为管子内径（m）; u 为流体在管内的平均流速（m/s）; ρ 为流体的密度（kg/m^3）; μ 为流体的黏度（Pa·s）。

式（15.3-9）表明,对于一定温度的流体,当其在特定的圆管内流动时,雷诺数仅与流体流速有关。层流转变为湍流时的雷诺数称为临界雷诺数,用 Re_c 表示。工程上一般认为,流体在直圆管内流动时, $Re \leqslant 2\,000$ 为层流; $Re > 4\,000$,圆管内已形成湍流;当 Re 在 $2\,000 \sim 4\,000$ 范围内,流动处于一种过渡状态,可能是层流,也可能是湍流,或者两者交替出现,这要视外界干扰而定,一般称这一范围为过渡区。

三、实验装置

本实验装置如图 15.3.1 所示。

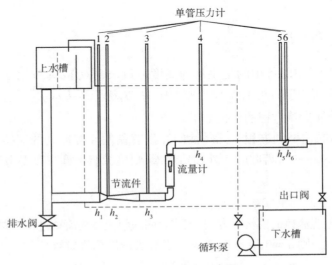

图 15.3.1　实验装置示意图

该装置为有机玻璃材料制作的管路系统,通过泵使流体循环流动。管路内径为 30 mm,节流件变截面处管内径为 15 mm。单管压力计 1 和 2 可用于验证变截面连续性方程,单管压力计 1 和 3 可用于分析流体经过节流件后的压头损失,单管压力计 3 和 4 可用于比较流体经弯头和流量计后的压头损失及位能变化情况,单管压力计 4 和 5 可用于验证直管段雷诺数与流体阻力系数的关系,单管压力计 5 与 6 配合使用可测定单管压力计 5 处的中心点速度。

本实验装置设置了两种进料方式:高位槽进料和直接泵送进料。设置这两种方式是为了进行对比。直接泵送进料液体是不稳定的,会引入很多空气,导致实验数据有波动,所以一般建议在采集数据时采用高位槽进料。

四、实验步骤

(1)在下水槽中加满清水,保持管路排水阀、出口阀处于关闭状态,通过循环泵将水打入上水槽中,使整个管路中充满流体,并使上水槽液位保持一定高度,可观察流体静止状态时各管段的高度。

(2)通过出口阀调节管内流量,注意保持上水槽液位高度稳定(即保证整个系统处于稳态流动状态),并尽可能使转子流量计读数在刻度线上,观察记录各单管压力计读数和流量值。

(3)改变流量,观察各单管压力计读数随流量的变化情况。注意每改变一个流量,给予系统一定的稳流时间,方可读取数据。

(4)结束实验,关闭循环泵,全开出口阀,排尽系统内的流体后,打开排水阀排空管内沉积段中的流体。

注意:①若非长期使用该装置,对下水槽内的液体也应进行排空处理,防止沉积尘土,以致堵塞测速管;②每次实验开始前,须先清洗整个管路系统,即先使管内流体流动数分钟,检查阀门、管段有无堵塞或漏水情况。

五、数据分析

1.h_1 和 h_2 的分析

由转子流量计测得的流量及管截面积,可求得流体在 1 处的平均流速 u_1(该平均流速适用于系统内其他等管径处)。若忽略 h_1 和 h_2 间的沿程阻力,1 处与 2 处之间适用伯努利方程,且由于 1、2 处等高,则有

$$\frac{p_1}{\rho g} + \frac{u_1^2}{2g} = \frac{p_2}{\rho g} + \frac{u_2^2}{2g}$$

(15.3-10)

其中,两者的静压头差即为单管压力计 1 和 2 的读数差,由此可求得流体在 2 处的平均流速 u_2。将 u_2 代入式(15.3-5),验证连续性方程。

2.h_1 和 h_3 的分析

流体从 1 处经节流件到达 3 处,虽然恢复到了等管径,但是单管压力计 1 和 3 的读数差表明压头损失(即经过节流件的阻力损失),且流量越大,读数差越明显。

3.h_3 和 h_4 的分析

流体经 3 处流到 4 处,受弯头和转子流量计及位能的影响,单管压力计 3 和 4 的读数差明显,且随流量的增大,读数差变大,可定性观察流体局部阻力导致的压头损失。

4.h_4 和 h_5 的分析

单管压力计 4 和 5 的读数差表明直管阻力的存在(小流量时,该读数差不明显,具体考察直管阻力系数时可使用流体阻力装置),根据

$$h_f = \lambda \frac{L}{d} \frac{u^2}{2g} \tag{15.3-11}$$

可推算得到阻力系数,根据雷诺数作出两者的关系曲线。

5.h_5 和 h_6 的分析

单管压力计 5 和 6 之差指示的是 5 处管路的中心点速度,即最大速度 u_c,有

$$\Delta h = \frac{u_c^2}{2g} \tag{15.3-12}$$

可考察不同雷诺数条件下,u_c 与管路平均速度 u 的关系。

第16章 多能互补能源系统技术

实验16.1 太阳能-风能联用制冷实验

一、实验目的

了解太阳能和风能联用制冷的工作原理和工作过程;研究太阳能吸收面积的变化对制冷量的影响和风速的变化对制冷功率的影响;研究阳光照射强度对太阳能平板的输出电压和功率的影响,以及平板的光冷转换效率和风向变化对制冷性能的影响。

二、实验内容

(1)测定空气来流速度与制冷功率之间的关系。

(2)测定太阳能光照强度与制冷功率之间的关系。

(3)测量太阳能-风能联用制冷的输出功率。

三、实验原理

1. 太阳能制冷

太阳能是公认的未来最合适、最安全、最绿色、最理想的替代能源之一,具有取用方便、能量巨大、无污染、安全性好等优点。利用太阳能驱动空调系统,一方面可以大大减少不可再生能源及电力资源的消耗,另一方面可以缓解常规燃料发电(如燃煤)带来的环境污染。

利用太阳能实现制冷的可能技术途径主要包括两大类型:①将太阳能转换为热能,再利用热能制冷;②将太阳能转换为电能,再利用电能驱动相关设备制冷。根据需求,太阳能制冷过程可以实现不同要求。根据不同的能量转换方式,太阳能驱动制冷主要有两种方式:一是先实现光—电转换,再以电力制冷;二是先进行光—热转换,再以热能制冷。

1)电转换

电转换是利用光伏转换装置将太阳能转化成电能后,再用于驱动半导体制冷系统或常规压缩式制冷系统实现制冷的方法,即光电半导体制冷和光电压缩式制冷。这种制冷方式的前提是将太阳能转换为电能,其关键是光电转换技术,必须采用光电转换接收器,即光电池,它的工作原理是光伏效应。

(1)光电半导体制冷是将太阳能电池产生的电能供给半导体制冷装置,实现热能传递的特殊制冷方式。半导体制冷的理论基础是固体的热电效应,即当直流电通过两种不同导电材料构成的回路时,节点上将产生吸热或放热现象。为了改进性能,寻找更为理想的材料成为光电半导体制冷的重要问题。光电半导体制冷在国防、科研、医疗卫生等领域广泛地用于电子器件、仪表的冷却器,或用在低温检测仪中,或用于制作小型恒温器等。目前,光电半导体制冷装置的效率还比较低,性能系数(COP)一般为0.2~0.3,远低于压缩式制冷。

（2）光电压缩式制冷过程首先利用光伏转换装置将太阳能转化成电能，制冷的过程是常规压缩式制冷。光电压缩式制冷的优点是采用技术成熟且效率高的压缩式制冷技术，可以方便地获取冷量。光电压缩式制冷系统在日照好且缺少电力设施的一些国家和地区已得到应用，如非洲国家用于生活和药品冷藏。但其成本比常规制冷循环高 3~4 倍。

随着光伏转换装置效率的提高和成本的降低，光电式太阳能制冷产品将有广阔的发展前景。

2）热转换

太阳能光热转换制冷，首先将太阳能转换成热能，再利用热能作为外界补偿来实现制冷目的。光热转换主要从以下几个方向实现制冷，即太阳能吸收式制冷、太阳能吸附式制冷、太阳能除湿制冷、太阳能蒸汽压缩式制冷和太阳能蒸汽喷射式制冷。其中，太阳能吸收式制冷已经进入应用阶段，而太阳能吸附式制冷还处在实验研究阶段。

（1）太阳能吸收式制冷的研究最接近于实用化，其最常规的配置是采用集热器来收集太阳能，用来驱动单效、双效或双级吸收式制冷机，工质对主要采用溴化锂-水，当太阳能不足时可采用燃油或燃煤锅炉辅助加热。该系统的主要构成与普通的吸收式制冷系统基本相同，唯一的区别是在发生器处的热源是太阳能而不是通常的锅炉加热产生的高温蒸汽、热水或高温废气等热源。

（2）太阳能吸附式制冷系统的制冷原理是利用吸附床中的固体吸附剂对制冷剂的周期性吸附、解吸附过程实现制冷循环。太阳能吸附式制冷系统主要由太阳能吸附集热器、冷凝器、储液器、蒸发器、阀门等组成。常用的吸附剂-制冷剂工质对有活性炭-甲醇、活性炭-氨、氯化钙-氨、硅胶-水、金属氢化物-氢等。太阳能吸附式制冷具有系统结构简单、无运动部件、噪声小、无须考虑腐蚀等优点，而且它的造价和运行费用都比较低。

2. 风能制冷

1）风力压缩制冷

风力压缩制冷系统由风机、齿轮箱、压缩机、冷凝器、蒸发器、节流装置构成。当风速达到额定风速时，风机带动水平轴转动。此时的低速转动轴经由齿轮箱传递能量至高速转动轴，并带动压缩机工作。压缩机吸入蒸发器内产生的低温低压制冷剂蒸气，并将其压缩，使其温度、压力升高。高温高压制冷剂进入冷凝器，在压力基本保持不变的情况下被冷却介质冷却，放出热量，温度降低，并进一步冷却成液体，从冷凝器流出。高压制冷剂液体经过节流装置进入蒸发器，蒸发器中的低温低压制冷剂液体在压力不变的情况下吸收被冷却介质的热量而汽化，形成的低温低压蒸汽进入压缩机，实现制冷循环。

2）风力制热吸收制冷

风力制热吸收制冷系统由风机、齿轮箱、发生器（制热器）、冷凝器、蒸发器、吸收器、节流装置、辅助泵组成。其工作原理是以风机带动制热机制热，产生的热量用来提供制冷循环中所需要的动力。在发生器的外围安装一组摩擦片，当达到额定风速时，风机带动水平轴转动，此时风机输出轴驱动摩擦片，利用摩擦生热来加热液体。这种制冷的热源来自发生器固体摩擦产生的热量，因此发生器也是这种制冷方式的制热器。

风力制热吸收制冷系统包括两个循环回路：制冷剂循环与吸收剂循环。制冷剂循环属逆循环，由蒸发器、冷凝器、节流装置组成。高压气态制冷剂在冷凝器中向冷却水放热被凝结成液态后,经节流装置减压降温进入蒸发器。在蒸发器中,该液体被汽化成低压制冷剂蒸气,同时吸取被冷却介质的热量产生制冷效应。吸收剂循环属正循环,由吸收器、发生器、辅助泵组成。在吸收器中用液态吸收剂吸收蒸发器产生的低压气态制冷剂,以达到维持蒸发器内低压的目的。吸收剂吸收制冷剂蒸气而形成的制冷剂-吸收剂溶液经辅助泵升压后进入发生器,在发生器中该溶液被风机产生的热加热而沸腾。其中,沸点低的制冷剂形成高压气态制冷剂,又与吸收剂分离,前者去冷凝器液化,后者返回吸收器。

四、实验仪器

本实验装置如图 16.1.1 所示。

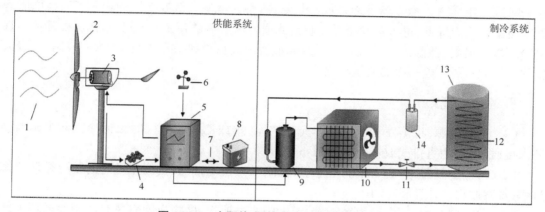

图 16.1.1　太阳能-风能联用制冷实验示意图

1—自然风;2—叶轮;3—发电机;4—传感器;5—控制器;6—太阳能电池板;7—逆变器;
8—蓄电池;9—变速压缩机;10—冷凝器;11—膨胀阀;12—蒸发器;13—蓄冰槽;14—储液罐

（1）实验操作台为铁质双层亚光密纹喷塑结构,桌面为防火、防水、耐磨高密度板,结构坚固。台面上方有实验屏及电源箱,可用来放置实验模块,并提供实验所需的各种电源;台面下有抽屉和柜门,可用来放置工具、模块等。

（2）太阳能电池组是太阳能发电系统的核心部分,也是太阳能发电系统中价值最高的部分。其作用是将太阳辐射能转换为电能,或送往蓄电池中存储起来,或推动负载工作。

（3）太阳能控制器的作用是控制整个系统的工作,并对蓄电池起到过充电保护、过放电保护的作用。

（4）太阳能的直接输出一般是 12 V DC、24 V DC、48 V DC。为能向 220 V AC 的电器提供电能,需要将太阳能发电系统所发出的直流电转换成交流电,因此需要使用 DC—AC 逆变器。其一般为正弦波逆变器,具体功能参数如下。

①尺寸为 200 mm × 420 mm × 400 mm。

②纯正弦波输出(失真率<4%)。

③输入输出完全隔离设计。

④能快速并行启动电容、电感负载。

⑤三色指示灯显示输入电压、输出电压、负载水准和故障情形。

⑥负载控制风扇冷却。

⑦可进行过压、欠压、短路、过载、超温保护。

（5）在光伏并网系统中，并网逆变器是核心部分。该并网逆变器具有 DC—DC 和 DC—AC 两级能量变换结构。DC—DC 变换环节调整光伏阵列的工作点，使其跟踪最大功率点；DC—AC 逆变环节主要使输出电流与电网电压同相位，同时获得单位功率因数，可以将逆变后的交流 220 V 直接接入所在位置的电网中，电功率表计量进入电网的电功率值，并演示孤岛效应，根据记录的功率值计算系统逆变器的效率。

（6）制冷系统由变速压缩机、冷凝器、膨胀阀、蒸发器、蓄冰槽和储液罐组成，压缩机达到启动功率后开始工作，吸入低温低压的气态工质，耗电做功进行绝热压缩，使工质温度和压力升高。工质进入冷凝器后向外放出热量，冷凝为液态。低温高压的液态工质经膨胀阀调节流量后压力降低，进入蒸发器后吸收蓄冰槽内水的热量并变为气态，水体温度降低实现制冷蓄能。最终，低温低压的气态工质经储液罐分离后再次被压缩机吸收，完成制冷循环，实现太阳能—风—电—冷的能量转化。

五、实验步骤

（1）连接电源，将蒸发器溶液箱体充满液体（水或乙二醇），同时保证冷凝器水箱与循环水接通（可采用直排式或辅助冷却循环方式）。

（2）调整控制器，开启太阳能电池板，关闭风力系统，模拟白天无风时的制冷循环工作过程，观察过程并计算制冷功率。

（3）调整控制器，开启风力系统，关闭太阳能电池板，模拟夜晚有风时的制冷循环工作过程，观察过程并计算制冷功率。

（4）同时开启太阳能电池板和风力系统，模拟白天有风时的制冷循环工作过程，观察过程并计算制冷功率。

（5）实验完毕，切断测试仪开关和太阳能电池板的光源开关，拆除导线，整理实验仪器。

六、实验过程及实验数据记录

1. 基本操作

本实验装置具有手动和自动两种基本操作方式。手动操作通过实验台上的控制面板完成实验设备的开关控制和手动调节，一般在实验调试阶段或实验初期使用。自动操作通过微机系统完成实验系统的信号测量（包括温度、压力等的测量）、设备的开关控制及参数的连续调节。

2. 安全操作规程

（1）监测系统吸排气压力，排气压力过高将损害压缩机。

（2）控制蒸发器最低压力，确保蒸发器不结冻。

（3）确保系统电力供应稳定。

（4）确保冷凝水箱有循环水。

3. 实验数据记录

实验数据记录见表 16.1.1。

表 16.1.1　太阳能-风能联用制冷输出特性记录表

输出电压 U/V								
输出电流 I/mA								
制冷功率 P/mW								

七、思考题

（1）影响太阳能-风能联用制冷输出功率的因素有哪些？

（2）为什么采用太阳能-风能联用制冷？

八、实验报告

实验报告包括实验目的、实验方法（原理和仪器）、实验步骤、测量数据以及数据分析。实验报告要求内容详细完善、数据测量准确。

实验 16.2　太阳能-风能组合发电实验

一、实验目的

了解太阳能和风能组合发电装置的工作原理和工作过程；研究太阳能吸收面积的变化对太阳能发电机输出功率的影响，以及风速变化对风力发电机输出电压和功率的影响；研究阳光照射强度对太阳能平板的输出电压和功率的影响和风向变化对发电机性能的影响。

二、实验内容

（1）测定空气来流速度、发电机转速与风力发电输出功率之间的关系。

（2）测定太阳能电池的输出特性。

（3）测量太阳能-风能组合发电的输出功率。

三、实验原理

1. 太阳能发电的基本原理

太阳能发电有两种方式：一种是光—热—动—电转换方式；另一种是光—电直接转换方式。

（1）光—热—动—电转换方式利用太阳辐射能产生的热能发电，由太阳能集热器将所吸收的热能使工质转换成蒸气，再驱动汽轮机发电。前一个过程是光—热转换过程；后一个过程是热—动再转换成电的最终转换过程，与普通的火力发电一样。这种太阳能发电的缺点是效率很低且成本很高，估计其投资至少比普通火电站高 5 倍。

（2）光—电直接转换方式是利用光电效应，将太阳辐射能直接转换成电能的过程，光—电转换的基本装置是太阳能电池。太阳能电池是一种根据光生伏特效应将太阳光能直接转化为电能的器件，它是一个半导体光电二极管，当太阳光照到光电二极管上时，光电二极管就会把太阳的光能变成电能,进而产生电流。将许多个太阳能电池串联或并联起来就成为有比较大的输出功率的太阳能电池方阵。太阳能电池是一种大有前途的新型电源,具有永久性、清洁性和灵活性三大优点,且与火力发电相比,太阳能电池不会引起环境污染。

2. 风力发电的基本原理

风力发电利用风力带动风车叶片旋转,再通过增速机将风车叶片旋转的速度提升,从而促使发电机发电。

四、实验装置

本实验装置如图 16.2.1 所示。

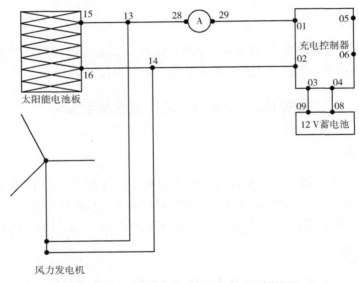

图 16.2.1　太阳能-风能组合发电实验接线图

(1)实验操作台为铁质双层亚光密纹喷塑结构,桌面为防火、防水、耐磨高密度板,结构坚固。台面上方有实验屏及电源箱,可用来放置实验模块,并提供实验所需的各种电源;台面下有抽屉和柜门,可用来放置工具、模块等。

(2)太阳能电池组是太阳能发电系统的核心部分,也是太阳能发电系统中价值最高的部分。其作用是将太阳辐射能转换为电能,或送往蓄电池中存储起来,或推动负载工作。其具体参数如下。

①峰值功率:15 W。

②最大功率电压:17.5 V。

③最大功率电流:1.95 A。

④开路电压:22 V。

⑤短路电流:2.2 A。

⑥安装尺寸:322 mm × 322 mm × 18 mm。

(3)太阳能控制器的作用是控制整个系统的工作,并对蓄电池起到过充电保护、过放电保护的作用。其具体功能如下。

①使用单片机和专用软件,实现智能控制,自动识别 24 V 系统。

②采用串联式 PWM 充电控制方式,使充电回路的电压损失较原二极管充电方式降低一半,充电效率较非 PWM 提高 3%~6%;过放恢复的提升充电、正常的直充、浮充自动控制方式有利于提高蓄电池寿命。

③具有多种保护功能,包括蓄电池反接、蓄电池过欠压保护、太阳能电池组件短路保护以及自动的输出过流保护功能、输出短路保护功能。

④具有丰富的工作模式,如光控、光控+延时、通用控制等模式。具有直流输出或 0.5 Hz 频闪输出两种输出选择,频闪输出特别适用于 LED 交通警示灯等。采用频闪输出模式时,负载可以使用感性负载。

⑤具有浮充电温度补偿功能。

⑥使用数字 LED 显示及设置,一键式操作即可完成所有设置,方便直观。

(4)蓄电池一般为铅酸电池,其作用是在有光照时将太阳能电池板所发的电能储存起来,等到需要的时候再释放出来。其具有如下特点。

①自放电率低。

②使用寿命长。

③深放电能力强。

④充电效率高。

⑤工作温度范围宽。

(5)太阳能的直接输出一般是 12 V DC、24 V DC、48 V DC。为能向 220 V AC 的电器提供电能,需要将太阳能发电系统所发出的直流电转换成交流电,因此需要使用 DC—AC 逆变器。其为正弦波逆变器,具体功能参数如下。

①尺寸为 200 mm × 420 mm × 400 mm。

②纯正弦波输出(失真率<4%)。

③输入输出完全隔离设计。

④能快速并行启动电容、电感负载。

⑤三色指示灯显示输入电压、输出电压、负载水准和故障情形。

⑥负载控制风扇冷却。

⑦可进行过压、欠压、短路、过载、超温保护。

(6)负载包括直流负载和交流负载。直流负载包括 LED 灯、风机等;交流负载包括节能灯和交流电机等。

(7)在光伏并网系统中,并网逆变器是核心部分。该并网逆变器具有 DC—DC 和 DC—AC 两级能量变换结构。DC—DC 变换环节调整光伏阵列的工作点,使其跟踪最大功率点;DC—AC 逆变环节主要使输出电流与电网电压同相位,同时获得单位功率因数,可以将逆变后的交流 220 V 直接接入所在位置的电网中,电功率表计量进入电网的电功率值,并演示孤岛效应,根据记录的功率值计算系统逆变器的效率。

(8)监测仪表及参数如下。

①数字直流电流表:5 A;3 位半。

②数字直流电压表:200 V/400 V;3 位半。

注:直流电流表、电压表在同一模块中。

③数字交流电流表:5 A;3 位半。

④数字交流电压表:200 V/400 V;3 位半。

注:交流电流表、电压表在同一模块中。

（9）人工光源模拟太阳发出 500 W 的直射光,光谱范围为 300~3 000 nm,光强度连续可调（0~500 W）,照射角度为二维方向（左右为 0~360°,上下为 0~90°）,连续可调电压为 220 V,功率为 500 W。

（10）模拟风力发电机。由于实验室风力较弱,普通风力发电机无法正常工作,故采用一种实验室专用风力发电机,在弱风下风力发电机工作,即可使 12 V 电池充满电,并模拟风力发电机的运行状态。发电电压:直流为 0~18 V,功率为 0~20 W。

（11）风机在室内模拟自然风发出 0~20 m/s（0~6 级）强风,风速连续可调（0~20 m/s）,方向为水平,电压为 220 V,功率为 350 W。

五、实验步骤

（1）用连接线按如下所示进行连接。

```
B13————————B15
B15————————B28
B29————————B01
B16————————B02
B14————————B02
B03————————B09
```

（2）用遮挡布将太阳能电池板遮住,关掉模拟阳光,关闭风机,使风力发电机叶片停止旋转,查看是否有电流指示。

（3）用遮挡布将太阳能电池板遮住,关掉模拟阳光,打开风机,使风力发电机叶片旋转,查看是否有电流指示。稳定后记录电压、电流值,求出最大输出功率。

（4）关闭风机,使风力发电机叶片停止旋转,去掉太阳能电池板上的遮挡布,打开卤灯、模拟阳光照射太阳能电池板,查看是否有电流指示。稳定后记录电压、电流值,求出最大输出功率。

（5）实验完毕,切断测试仪开关和太阳能电池的光源开关,拆除导线,整理实验仪器。

六、实验过程及实验数据记录

1. 工作状态指示

（1）电池板指示:当太阳能电池板输出电压达到一定值时,太阳能电池指示灯长亮;开始给蓄电池充电时,太阳能电池板指示灯慢闪;系统超压时,太阳能电池板指示灯快闪。

（2）蓄电池指示:当蓄电池欠压时,蓄电池指示灯慢闪;当蓄电池过放时,蓄电池指示灯快闪,同时关闭负载;当蓄电池状态正常时,蓄电池指示灯长亮。

（3）负载指示:当负载正常工作时,负载指示灯长亮;当负载过流时,负载指示灯慢闪;

当电流超过额定电流 1.25 倍持续 30 s,或电流超过额定电流 1.5 倍持续 5 s,控制器将关闭负载;当负载短路时,控制器立刻关闭负载,同时负载指示灯快闪。

以上工作状态指示总结见表 16.2.1。

表 16.2.1　工作状态指示

设备	指示信号			
	长灭	长亮	慢闪	快闪
太阳能电池板指示灯	晚上	白天	正在充电	系统超压
蓄电池指示灯	—	正常工作	欠压	过放
负载指示灯	负载关闭	负载打开	过流	短路

2. 设置方法

按键按下持续 3 s 以上,数码管开始闪烁,系统进入调节模式,松开按键,每按一次按键,数码管显示的数字就更换一个,直到数码管显示的数字与用户从表中所选模式对应的数字一致为止,数码管停止闪烁或再次按下按键 3 s 以上即完成设置。

3. 模式介绍

(1) 纯光控(0):当没有阳光时,光强降至启动点,控制器延时 10 min 确认启动信号后,根据设置参数开通负载,负载开始工作;当有阳光时,光强升到启动点,控制器延时 10 min 确认关闭信号后关闭输出,负载停止工作。

(2) 光控+时控(1~4):启动过程与纯光控相同,当负载工作到设定时间就自动关闭,设置时间为 1~14 h。

(3) 手动模式(5):不管在白天或是晚上,用户可以通过按键控制负载的打开与关闭。此模式用于一些特殊负载的场合或在调试时使用。

(4) 调试模式(6):用于系统调试时使用,有光信号时即关闭负载,无光信号时即开通负载,方便安装调试时检查系统安装的正确性。

(5) 常开模式(7):上电负载一直保持输出状态,此模式适合需要 24 h 供电的负载。

4. 常见问题及处理方法

常见问题及处理方法见表 16.2.2。

表 16.2.2　常见问题及处理方法

现象	问题及处理方法
有阳光时,电池板指示灯不亮	检查光电连线是否正确,接触是否可靠
电池板充电指示灯快闪	系统超压,检查蓄电池是否连接可靠或蓄电池电压是否过高
蓄电池指示灯不亮	蓄电池供电故障,检测蓄电池连接是否正确
蓄电池指示灯快闪,无输出	蓄电池过放,充足后自动恢复
负载指示灯慢闪,无输出	负载功率超过额定功率,减少用电设备后,长按键一次恢复
负载指示灯快闪,无输出	负载短路,故障排除后,长按键一次恢复或第二天自动恢复

续表

现象	问题及处理方法
负载指示灯长亮,无输出	检查用电设备是否连接正确、可靠
其他现象	检测接线是否可靠,12 V/24 V 自动识别是否正确(对有自动识别的型号)

5. 实验数据记录

实验数据记录见表 16.2.3。

表 16.2.3　太阳能-风能组合发电输出特性记录表

输出电压 U/V								
输出电流 I/mA								
功率 P/mW								

七、思考题

(1)在夜间蓄电池是否会反向给太阳能电池充电,为什么?

(2)如何防止太阳能发电系统过充电、过放电?

八、实验报告

实验报告包括实验目的、实验方法(原理和仪器)、实验步骤、测量数据以及数据分析。实验报告要求内容详细完善、数据测量准确。

第 17 章　能源低碳技术

实验 17.1　厨余垃圾超临界 CO_2 相分离实验

一、实验目的

（1）了解萃取釜、分离釜、CO_2 高压泵、制冷系统和触摸屏式 PLC 控制采集系统等的使用方法。

（2）掌握厨余垃圾超临界 CO_2 相分离方法。

二、实验内容及原理

厨余垃圾超临界 CO_2 相分离技术是现代化工分离中的新技术。超临界流体是指热力学状态处于临界点（p_c、T_c）之上的流体，临界点是气、液界面刚刚消失的状态点。超临界流体具有十分独特的物理化学性质，它的密度接近于液体，黏度接近于气体，具有扩散系数大、黏度小、介电常数大等特点，因此具有较好的分离效果。超临界 CO_2 相分离即在高压和合适的温度下，让萃取缸中的溶剂与被萃取物接触，这样 CO_2 溶质会扩散到溶剂中，再在分离器中改变操作条件，使溶解物质析出以达到分离的目的。超临界装置由于选择了 CO_2 介质作为超临界萃取剂，具有以下特点。

（1）操作范围广，便于调节。

（2）选择性好，可通过控制压力和温度，有针对性地萃取所需成分。

（3）操作温度低，在接近室温条件下即可进行萃取，这对于热敏性成分尤其适宜，萃取过程中排除了遇氧氧化和见光反应的可能性。

（4）从萃取到分离一步完成，萃取后的 CO_2 不会残留在萃取物中。

（5）CO_2 无毒、无味、不燃、价廉、易得且可循环使用。

（6）萃取速度快。

近年来，超临界萃取技术在国内外迅猛发展，在香料、中草药、油脂、石油化工、食品保健等领域实现工业化，但在厨余垃圾回收方面的应用还处于起步阶段。

三、实验仪器

本实验装置如图 17.1.1 所示。相关设备和仪器说明如下。

（1）萃取釜：配有水夹套循环加热系统，温度可调，配有固、液用料筒。其材质为 0Cr18Ni9，容积为 2 L，最高工作压力为 50 MPa，工作温度范围为室温至 75 ℃。

（2）分离釜：配有水夹套循环加热系统，温度可调。其材质为 0Cr18Ni9，1 L 容积和 0.6 L 容积各一台，最高工作压力为 30 MPa，工作温度范围为室温至 75 ℃。

（3）CO_2 高压泵：流量（三柱塞，陶瓷柱塞）为 0~50 L/h，配有变频器，可调节输出流量，最高工作压力为 50 MPa。

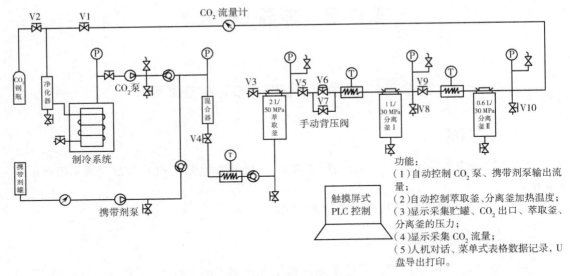

图 17.1.1　实验系统示意图

（4）夹带剂泵：流量（双柱塞）为 0.25~4 L/h，配有变频器，可调节输出流量，最高工作压力为 50 MPa。

（5）制冷系统：制冷量为 2.1×10^5 kJ/h，为风冷机组，温度控制范围为 4~7 ℃。

（6）恒温水浴换热系统：此系统共有 3 套，最高工作压力为 50 MPa。

（7）CO_2 净化系统：材质为 0Cr18Ni9，最高工作压力为 50 MPa。

（8）CO_2 贮罐：材质为 0Cr18Ni9，容积为 4 L，最高工作压力为 16 MPa。

（9）流量计：规格为金属管浮子流量计，范围为 6.3~63 L/h，数显远传，分别显示瞬时和累积流量，为 R485 接口。

（10）温度控制系统：控制范围为室温至 75 ℃可调（水浴），动态控温精度为 ±1 ℃，数显双屏，为 R485 接口。

（11）压力控制测量系统：压力传感器及显示表控制 CO_2 泵出口压力，超压停泵保护，为 R485 接口。萃取釜、分离釜、CO_2 贮罐、压力测量显示配压力传感器及显示表，为 R485 接口。

（12）触摸屏式 PLC 控制采集系统：①自动控制 CO_2 泵及携带剂泵输出流量；②自动控制萃取釜、分离釜加热温度；③显示采集贮罐、CO_2 泵出口、萃取釜、分离釜的压力；④显示采集 CO_2 流量；⑤人机对话，菜单式表格数据采集记录，U 盘导出打印。

（13）安全保护装置：萃取釜、分离釜根据最高工作压力分别配安全阀，超压自动泄压。

（14）管路：阀门、管件规格为 DW6/50 MPa，接触流体的容器、阀门、管件、管线均采用 0Cr18Ni9 不锈钢制作。

（15）手动背压阀：用于调整萃取釜出口压力（稳压），工作压力为 69 MPa。

（16）支架：材质为 304 不锈钢，方钢板，阀门面板上印有流程图，便于操作。

（17）其他：电源为三相四线制，规格为 380 V/50 Hz、10 kW；CO_2 为食品级（≥99.5%），

单瓶净重≥22 kg,用户自备;安装尺寸为 2 800 mm×2 500 mm×2 000 mm,外加操作空间。

四、实验准备和步骤

1. 实验准备

（1）检查水箱水位和加热箱上的电机中轴杆是否灵活,测试高压泵出口压力表安全性。

（2）设备开机准备工作:将设备总电源打开,三相电源指示灯正常,打开萃取分离的加热开关,打开设定好温度的制冷设备的总电源。

（3）待加热温度和制冷温度达到指标后（加热温度与设计温度一致,制冷温度为 4~8 ℃）进行实验操作。

（4）首次操作将面板上所有阀门关闭（V6 不动）。打开气瓶总阀,气瓶压力应在 4 MPa 以上。如冬天气瓶压力较低,气瓶可用加热圈（注意安全）。然后打开高压泵进气阀,慢开 V4（待萃取压力和贮罐压力相等时,完全打开 V4）,慢开 V5（直至完全打开）,开 V9、V1。

2. 实验步骤

（1）开气瓶,开高压泵进气阀 V2,慢开 V4,慢开 V5,开 V9,开 V1,启动高压泵。（2）使用 V6 调节萃取釜压力,使用 V9 调节分离釜 I 压力。（3）待萃取釜、分离釜 I 压力平稳后开始萃取计时,每隔 30 min 分别收集分离釜 I 的产物和分离釜 II 的产物,直到最后一次无产物出现,说明该批萃取结束。（4）萃取结束后,关高压泵电源,开 V9,慢开 V7,待系统压力平衡后,关闭 V4、V5,慢开 V3。（5）待萃取压力达零刻度,打开萃取釜,进行下料和装料。（6）装好物料后,关闭 V3,慢开 V4,开 V5,关 V7。（7）启动高压泵电源,使用 V6 调节萃取釜压力,使用 V9 调节分离釜 I 压力,萃取釜、分离釜 I 压力稳定后开始萃取计时。

当气瓶压力低于 4 MPa 时（如冬天气瓶需要加热）或加热后压力小于 4 MPa 时,关闭 V2 和气瓶阀,拧下螺母进行更换。

五、实验数据记录

实验数据记录见表 17.1.1。

表 17.1.1　实验数据记录

次序	萃取温度	萃取釜压力	分离釜 I 压力	分离釜 II 压力	分离效率
1					
2					
3					
4					
5					

六、实验报告

（1）写明实验目的、意义。

（2）阐明实验的基本原理。

（3）记录实验所用仪器和装置。

（4）记录实验的全过程,包括实验步骤、各种实验现象和数据处理等。

（5）对实验结果进行分析、研究和讨论。

实验 17.2　碳封存过程微流控可视化实验

一、实验目的

通过观测微观孔隙尺度下 CO_2 地质封存过程的微流体流动情况,获得微通道内 CO_2 与水的界面流动特征。

二、实验内容

测试在不同注入速度下多孔介质内微流体流动的指进现象。

三、实验仪器

本实验装置如图 17.2.1 所示。微流体可视化系统主要由一个微型空气压缩机（最大压力为 4 bar）、一个微流体恒流泵（Fluigent）、两个液槽（Fluigent）、两个微流体压力传感器（4AM01, LabSmith）、两个微流体流量传感器（FRP-L 和 FRP-S）、Swagelok 阀门、peek 管道和配件组成。微型空气压缩机接入微流体恒流泵,通过调压阀来获得特定的空气压力。微流体恒流泵连接计算机以控制气体,以一套软件（All-in-one, Fluigent）的流量或压力驱动溶液从液槽进入玻璃蚀刻芯片的入口。为了实现恒定的喷射速度和实时监控流量,在液槽和芯片之间连接了微流体流量传感器;信号通过微流体流量控制板反馈给计算机,以此调节微流体恒流泵的驱动压力。

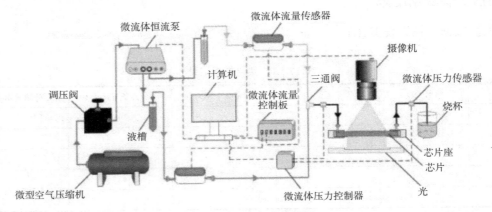

图 17.2.1　实验装置图

实验采用均质玻璃蚀刻芯片进行两相驱替实验,消除了非均质效应。该芯片采用酸蚀法在硼硅酸盐玻璃基板上蚀刻,直接反映了各种位移模式下的驱替效果。渗透率 K 为

2.5 D[①]、孔隙度为 52% 时,孔隙半径 r 为 45 μm,喉道直径 d 为 50 μm,相邻固体颗粒距离 a 为 200 μm,多孔介质特征长度 l(通常作为固体颗粒的半径)为 55 μm。为了缓冲和储存驱替液,降低芯片的入口效应,设计了两个矩形储罐使流体在芯片的入口和出口处均匀流动。

在成像系统中,将一个专用相机(DMK33GX183,成像来源)和微距镜头(CF50ZA1S,Fujifilm)安装在芯片上,芯片下方安装的平行背光(YHPA2-60-T,上海盈成影像科技有限公司)可捕获通过芯片传输的光强场。该摄像头可以通过 IC Capture 视频监控软件以 6 f/s 的帧率记录芯片整个域的图像。

四、实验步骤

首先对芯片进行清洗,通过微流体恒流泵注入 10 PV(孔径体积)的乙醇对芯片的润湿性进行更新;然后用气体干燥芯片通道,准备开始实验。

具体操作步骤如下。

(1)将调压阀调至 0 位置(沿"−"号逆时针转到头)。

(2)打开仪器后面板的电源开关(前面板红灯亮起)。

(3)按下仪器"▶"开关(前面板初始压力显示为 0)。

(4)打开软件 MAESFLO 3.3.1,将仪器自动预热 10 min。

(5)预热完成后,按下真空泵电源开关(间歇工作),开启红色阀门(阀门指向与管路方向一致为开启)。

(6)顺时针调节压力旋钮,使仪器前面板压力显示值为 2.3~2.4。

(7)操作 MAESFLO 3.3.1 软件,根据自己的实际需要设定恒压或恒流操作。

(8)进行 CO_2 地质封存微观可视化实验。首先将清洁后的芯片用水进行饱和处理,以驱逐芯片中所有的空气;然后通过改变实验参数将阀门转向气体管道,使恒定流量的气体注入芯片内;打开 CCD 摄像机,选取合适的可视区域,连续捕捉 CO_2 地质封存过程的图像,直到图像不再显示任何变化;观测 CO_2 地质封存过程的微流体流动情况,获得微通道内 CO_2 与水的界面流动特征。

(9)实验完毕,先关闭空压机并关闭红色阀门(阀门指向与管路方向垂直为关闭),再将调压阀压力调至 0,按仪器前面板"▐▐"按钮断开气体,最后关闭软件。

五、实验过程及实验数据记录

对高速摄像机捕捉到的一系列时序图进行图像处理,可以清晰地确定位移过程中各图像的阈值,从而区分两相。通过成像从时序图中减去水相图像,得到驱替过程中气相的位移。利用 Otsu 图像处理算法将原始图像转换为二值图像,并通过设置中值滤波去除图像中的误差,计算水相所占的像元面积,得到不同时刻的气相饱和度及相界面特性。

实验数据记录见表 17.2.1。

---

① 根据《煤矿科技术语 第 8 部分:煤矿安全》(GB/T 15663.8—2008),1 D=0.986 9 × 10⁻¹² m²。

表 17.2.1 实验数据记录表

时刻	水相饱和度	气相饱和度	相界面形态	气相突破时间

六、实验报告

实验报告的内容包括实验目的、实验方法（原理和仪器）、实验步骤、测量数据以及数据分析。实验报告要求内容详细完善、数据测量准确。

实验 17.3 二氧化碳吸收与解吸实验

一、实验目的

（1）了解填料吸收塔的结构和流体力学性能。
（2）掌握填料吸收塔传质能力和传质效率的测定方法。

二、实验内容

（1）测定填料层压降与操作气速的关系，确定填料塔在一定液体喷淋量下的液泛气速。
（2）固定液相流量和入塔混合气氨的浓度，在液泛速度以下取两个相差较大的气相流量，分别测量塔的传质能力（传质单元数和回收率）和传质效率（传质单元高度和体积吸收总系数）。
（3）采用纯水吸收二氧化碳、空气解吸水中的二氧化碳，测定填料塔的液侧传质膜系数和总传质系数。

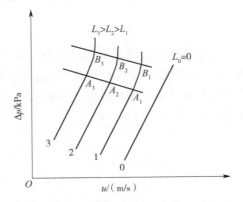

图 17.3.1 填料层的 $\Delta p\text{-}u$ 的关系曲线

三、实验原理

1. 气体通过填料层的压降

压降是塔设计中的重要参数，气体通过填料层的压降决定了塔的动力消耗。压降与气、液流量有关，不同液体喷淋量 L 下填料层的压降 Δp 与气速 u 的关系如图 17.3.1 所示。

当无液体喷淋即喷淋量 $L_0 = 0$ 时，干填料的 $\Delta p\text{-}u$ 的关系曲线是直线，如图 17.3.1 中的直线 0。当有一定的喷淋量时，$\Delta p\text{-}u$ 的关系曲线变成折线，并存在两个转折点(A、B),下转折点 A 点称为"载点",上转折点 B 点称为"泛点",这两个转折点将 Δp-u 关系曲线分为三个区段:恒持液量区(A 点以下)、载液区(A 点与 B 点之间)与液泛区(B 点以上)。

2. 传质性能

吸收系数是决定吸收过程速率高低的重要参数,而实验测定是获取吸收系数的根本途径。对于相同的物系及一定的设备(填料类型与尺寸固定),吸收系数将随着操作条件及气液接触状况的变化而变化。

根据双膜模型(图 17.3.2)的基本假设,气侧和液侧的吸收质 A 的传质速率方程可分别表示如下。

气膜:

$$G_A = k_G A(p_A - p_{Ai}) \tag{17.3-1}$$

液膜:

$$G_A = k_L A(c_{Ai} - c_A) \tag{17.3-2}$$

式中:G_A 为 A 组分的传质速率(kmol/s);A 为两相接触面积(m²);p_A 为气侧 A 组分的平均分压(Pa);p_{Ai} 为相界面上 A 组分的平均分压(Pa);c_A 为液侧 A 组分的平均浓度(kmol/m³);c_{Ai} 为相界面上 A 组分的浓度(kmol/m³);k_G 为以分压表达推动力的气侧传质膜系数[kmol/(m²·s·Pa)];k_L 为以物质的量浓度表达推动力的液侧传质膜系数(m/s)。

以气相分压或液相浓度表示传质过程推动力的相际传质速率方程又可分别表示为

$$G_A = K_G A(p_A - p_A^*) \tag{17.3-3}$$
$$G_A = K_L A(c_A^* - c_A) \tag{17.3-4}$$

式中:p_A^* 为液相中 A 组分的实际浓度所要求的气相平衡分压(Pa);c_A^* 为气相中 A 组分的实际分压所要求的液相平衡浓度(kmol/m³);K_G 为以气相分压表示推动力的总传质系数或简称为气相传质总系数[kmol/(m²·s·Pa)];K_L 为以液相物质的量表示推动力的总传质系数或简称为液相传质总系数(m/s)。

若气液相平衡关系遵循亨利定律 $c_A = H p_A$,则

$$\frac{1}{K_G} = \frac{1}{k_G} + \frac{1}{H k_L} \tag{17.3-5}$$

$$\frac{1}{K_L} = \frac{H}{k_G} + \frac{1}{k_L} \tag{17.3-6}$$

当气膜阻力远大于液膜阻力时,相际传质过程受气膜传质速率控制,此时 $K_G = k_G$;反之,当液膜阻力远大于气膜阻力时,相际传质过程受液膜传质速率控制,此时 $K_L = k_L$。

如图 17.3.3 所示,在逆流接触的填料层内,任意截取一个微分段,以此为衡算系统,则由吸收质 A 的物料衡算可得

$$dG_A = \frac{F_L}{\rho_L} dc_A \tag{17.3-7}$$

式中:F_L 为液相摩尔流率(kmol/s);ρ_L 为液相摩尔密度(kmol/m³)。

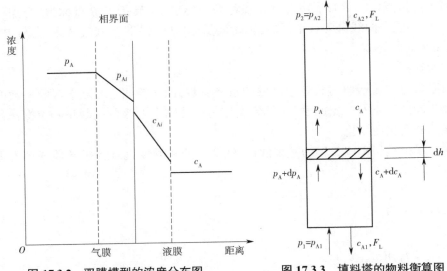

图 17.3.2　双膜模型的浓度分布图　　　　图 17.3.3　填料塔的物料衡算图

根据传质速率基本方程,可写出该微分段的传质速率微分方程为

$$dG_A = K_L(c_A^* - c_A)aS dh \qquad (17.3-8)$$

联立式(17.3-7)和式(17.3-8)可得

$$dh = \frac{F_L}{K_L aS \rho_L} \cdot \frac{dc_A}{c_A^* - c_A} \qquad (17.3-9)$$

式中:a 为单位体积填料内的气液两相的有效接触面积(m^2/m^3);S 为填料塔的横截面积(m^2)。

本实验采用水吸收纯二氧化碳,已知二氧化碳在常温常压下在水中的溶解度较小,因此液相摩尔流率 F_L 和摩尔密度 ρ_L 的比值即液相体积流率 V_L 可视为定值。设液相传质总系数 K_L 和单位体积填料内的气液两相的有效接触面积 a 在整个填料层内为定值,则按边界条件:

$$h = 0, \quad c_A = c_{A2}; \quad h = h, \quad c_A = c_{A1}$$

积分式(17.3-9),可得填料层高度:

$$h = \frac{V_L}{K_L aS} \cdot \int_{c_{A2}}^{c_{A1}} \frac{dc_A}{c_A^* - c_A} \qquad (17.3-10)$$

令 $H_L = \dfrac{V_L}{K_L aS}$,$H_L$ 被称为液相传质单元高度(HTU);令 $N_L = \displaystyle\int_{c_{A2}}^{c_{A1}} \frac{dc_A}{c_A^* - c_A}$,$N_L$ 被称为液相传质单元数(NTU)。因此,填料层高度为传质单元高度与传质单元数的乘积,即

$$h = H_L N_L \qquad (17.3-11)$$

若气液平衡关系遵循亨利定律,即平衡曲线为直线,则式(17.3-10)为可用解析法解得填料层高度的计算式,亦即可采用下列平均推动力法计算填料层的高度或液相传质单元高度:

$$h = \frac{V_L}{K_L aS} \cdot \frac{c_{A1} - c_{A2}}{\Delta c_{Am}} \qquad (17.3-12)$$

$$N_{\mathrm{L}} = \frac{h}{H_{\mathrm{L}}} = \frac{h}{V_{\mathrm{L}}\Big/K_{\mathrm{L}}\alpha S} \tag{17.3-13}$$

式中：Δc_{Am} 为液相平均推动力，即

$$\Delta c_{\mathrm{Am}} = \frac{\Delta c_{\mathrm{A1}} - \Delta c_{\mathrm{A2}}}{\ln \dfrac{\Delta c_{\mathrm{A1}}}{\Delta c_{\mathrm{A2}}}} = \frac{(c_{\mathrm{A1}}^{*} - c_{\mathrm{A1}}) - (c_{\mathrm{A2}}^{*} - c_{\mathrm{A2}})}{\ln \dfrac{c_{\mathrm{A1}}^{*} - c_{\mathrm{A1}}}{c_{\mathrm{A2}}^{*} - c_{\mathrm{A2}}}} \tag{17.3-14}$$

其中，$c_{\mathrm{A1}}^{*} = Hp_{\mathrm{A1}} = Hy_1 p_0$，$c_{\mathrm{A2}}^{*} = Hp_{\mathrm{A2}} = Hy_2 p_0$，$p_0$ 为大气压。

二氧化碳的溶解度常数为

$$H = \frac{\rho_{\mathrm{w}}}{M_{\mathrm{w}}} \cdot \frac{1}{E} \tag{17.3-15}$$

式中：H 为二氧化碳的溶解度常数[kmol/($\mathrm{m}^3 \cdot \mathrm{Pa}$)]；$\rho_{\mathrm{w}}$ 为水的密度($\mathrm{kg/m}^3$)；M_{w} 为水的摩尔质量($\mathrm{kg/kmol}$)；E 为二氧化碳在水中的亨利系数(Pa)。

本实验采用的物系不仅遵循亨利定律，而且气膜阻力可以忽略不计，在这种情况下，整个传质过程阻力都集中于液侧，即属液膜控制过程，液膜体积吸收系数等于液相总体积吸收系数，即

$$k_{\mathrm{L}}a = K_{\mathrm{L}}a = \frac{V_{\mathrm{L}}}{hS} \cdot \frac{c_{\mathrm{A1}} - c_{\mathrm{A2}}}{\Delta c_{\mathrm{Am}}} \tag{17.3-16}$$

四、实验装置

1. 主要参数

吸收塔：第一套玻璃管内径 $D=0.050$ m，内装 $\phi 10$ mm×10 mm 瓷拉西环；第二套玻璃管内径 $D=0.050$ m，内装 $\phi 10$ mm×10 mm 瓷拉西环；第三套玻璃管内径 $D=0.050$ m，内装 $\phi 10$ mm×10 mm 不锈钢 θ 环；第四套玻璃管内径 $D=0.050$ m，内装 $\phi 10$ mm×10 mm 不锈钢 θ 环。

解吸塔：玻璃管内径 $D=0.050$ m，内装 $\phi 10$ mm×10 mm 瓷拉西环。

填料层高度 $Z=0.80$ m；风机型号为 XGB-12，550 W；二氧化碳钢瓶 1 个；减压阀 1 个。

CO_2 转子流量计：型号为 LZB-6，流量范围为 0.06~0.6 m^3/h。

空气转子流量计：型号为 LZB-10，流量范围为 0.25~2.5 m^3/h。

水转子流量计：型号为 LZB-10，流量范围为 16~160 L/h。

解吸收塔水转子流量计：型号为 LZB-6，流量范围为 6~60 L/h。

浓度测量：定量化学分析仪器一套。

温度测量：Pt100 铂电阻，用于测定气相、液相温度。

2. 二氧化碳吸收与解吸实验装置

二氧化碳吸收与解吸实验装置如图 17.3.4 所示。

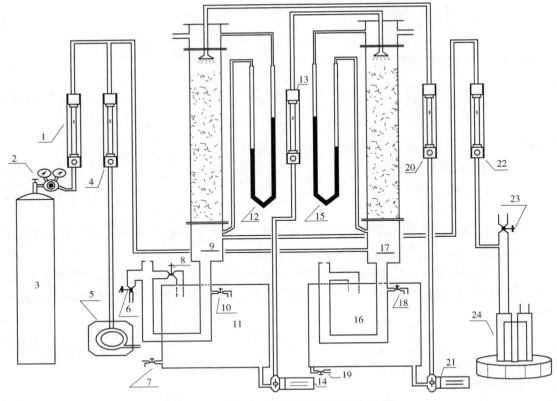

图 17.3.4　二氧化碳吸收与解吸实验装置流程

1—CO₂ 流量计;2—CO₂ 瓶减压阀;3—CO₂ 钢瓶;4—吸收用空气流量计;5—吸收用气泵;
6—放水阀,7,19—水箱放水阀;8—回水阀;9—解吸塔;10—解吸塔塔底取样阀;
11—解吸液储槽;12,15—U 形管液柱压力计;13—吸收液流量计;14—吸收液泵;
16—吸收液储槽;17—吸收塔;18—吸收塔塔底取样阀;20—解吸液流量计;
21—解吸液泵;22—空气流量计;23—空气旁通阀;24—解吸气风机

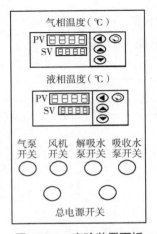

图 17.3.5　实验装置面板

3. 二氧化碳吸收与解吸实验装置面板

二氧化碳吸收与解吸实验装置面板如图 17.3.5 所示。

五、实验操作

实验前,往水槽中加入蒸馏水,检查各流量计调节阀以及二氧化碳的减压阀是否均已关严。

1. 解吸塔中的流体力学实验

(1)开启实验装置的总电源,开动泵 21,调节流量计 20,润湿填料塔 10~20 min;然后把水的流量调节到指定流量(一般为 100 L/h)。

(2)开动风机 24,从小到大调节空气流量,观察填料塔中液体的流动状况,并记录空气流量、塔压降和流动状况,液泛前记录 7 个数据点,液泛后至少记录 3 个数据点。

(3)关闭解吸液流量计和空气流量计,关闭液泵和气泵。

2.二氧化碳吸收-解吸传质系数的测定（水流量控制为 60 L/h）

（1）打开阀 23,关闭阀 10、阀 18。

（2）启动泵 14,将水经流量计 13 打入吸收塔中,将流量调到指定流量。启动泵 21,将解吸液经流量计 20 打入解吸塔中,同时启动风机 24,利用阀 23 调节空气流量（液泛流量以下）。

（3）实验中注意流量计 13 和流量计 20 的数值要一致;还要注意吸收液储槽的液位,如果过高,需开大流量计 20。两个流量计要及时调节,以保证实验时操作条件不变。

（4）打开泵 5,调节流量为 0.7 m³/h;然后打开二氧化碳钢瓶顶上的针阀 2,向吸收塔内通入二氧化碳气体（流量计 1 的阀门要全开）,流量大小由流量计读出,控制在 0.3 m³/h左右。

（5）操作达到稳定状态后（约 20 min）,测量吸收塔塔底的水温,同时取样测定吸收塔塔顶、塔底溶液中二氧化碳的含量。

3.二氧化碳含量测定

用移液管吸取 0.1 mol/L 的 Ba(OH)$_2$ 溶液 10 mL,放入三角瓶中,并从塔底附设的取样口处取塔底溶液 20 mL,用胶塞塞好三角瓶,振荡,再在溶液中加入 2~3 滴甲酚红指示剂摇匀,用 0.1 mol/L 的盐酸滴定到粉红色消失即为终点。

溶液中二氧化碳的浓度（mol/L）按式（17.3-17）计算。

$$c_{CO_2} = \frac{2c_{Ba(OH)_2}V_{Ba(OH)_2} - c_{HCl}V_{HCl}}{2V_{溶液}} \tag{17.3-17}$$

六、注意事项

（1）开启二氧化碳总阀前,要先关闭二氧化碳自动减压阀和二氧化碳流量调节阀,开启时开度不宜过大

（2）塔下部液封面的高度必须维持在空气进口管的下面,并接近进口管。

（3）滴定水中的二氧化碳时,要求滴定的同时不停振荡。

（4）分析二氧化碳浓度时操作动作要迅速,以免二氧化碳从液体中溢出导致结果不准确。

七、实验报告

（1）将相关数据填入实验数据记录表（表 17.3.1 和表 17.3.2）。

（2）画出解吸塔的流体力学性能（Δp-u 关系）图,确定载点、泛点,用其中一组数据写出计算过程。

（3）计算液相总体积吸收系数 $K_L a$。

表 17.3.1　流体力学性能实验记录表

序号	塔压降/mmH₂O	空气流量计示数/(m³/h)	空气温度/℃	操作现象
1				
2				
3				
4				
5				
6				
7				
8				
9				
10				

表 17.3.2　吸收-解吸传质能力测定实验记录表

物理量		数值
吸收塔底液相温度/℃		
吸收剂流量/(L/h)		
吸收空气流量计示数/(m³/h)		
吸收 CO₂ 流量计示数/(m³/h)		
塔顶采样	样本体积/mL	
	Ba(OH)₂ 体积/mL	
	滴定用 HCl 体积/mL	
塔底采样	样本体积/mL	
	Ba(OH)₂ 体积/mL	
	滴定用 HCl 体积/mL	

第18章 流体输配管网

实验18.1 管道内风压、风速和风量的测定

在通风空调管道内测定风速和风量的方法有很多,可直接测定(如热电风速仪等可直接读出测点的风速值),也可间接测定(如测压管和压力计等先测得测点的压力再换算求得风速值)。间接测定风速、风量的常用仪器有毕托管、笛形流量计、双纽线集流器、孔板流量计、喷嘴流量计等。

一、实验目的

掌握用毕托管与微压计测量风道中风压、风速和风量的基本方法,了解有关测量仪器、仪表的工作原理、基本构造和使用方法。

二、实验内容

(1)测定气体管道的压力、流速和流量。
(2)掌握毕托管的原理和使用方法。
(3)掌握气体管道压力、流速和流量之间的相互关系。

三、实验要求

本实验在户式中央空调实验台上进行测试。根据本实验的特点,采用集中授课形式。

四、实验准备

实验前认真学习流体力学、建筑环境测试技术、通风空调系统中有关输配管网气体管道中压力、流速、流量测量的方法和手段,有关测量仪器的工作原理,以及气体管道中压力、流速、流量之间的相互关系。

五、实验原理

根据流体力学恒定气流能量方程,在通风管道中,某断面气体压强满足:

$$p_q = p + \rho v^2/2 \tag{18.1-1}$$

式中:p 为流体断面的相对压强,专业上称为静压;$\rho v^2/2$ 习惯上被称为动压,反映流体断面流速无能量损失地降低至零转化成的压强值;p_q 被称为全压。

毕托管是广泛用于测量水和气体的速度或流量的一种仪器,其构造如图18.1.1所示。其原理详见流体力学等资料。根据测得的平均动压 p_d,可求得该断面的平均流速为

$$v = (2p_d/\rho)^{0.5} \tag{18.1-2}$$

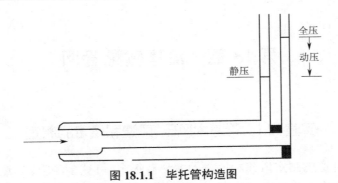

图 18.1.1 毕托管构造图

式（18.1-1）中空气密度 ρ 为

$$\rho=p_a/[R(273+t_a)] \qquad (18.1\text{-}3)$$

式中：p_a 为大气压（Pa）；t_a 为被测空气温度（℃）；R 为空气常数，287 J/（kg·K）。

根据流体力学连续性方程，空气流量为

$$Q=vF$$

式中：Q 为管道内的空气流量（m³/s）；F 为空气流通的截面积（m²）。

六、实验条件

1. 实验台

该实验台为户式中央空调实验台，风管的侧面如图 18.1.2 所示。

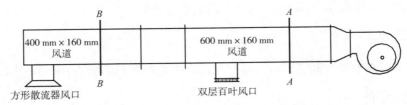

图 18.1.2 户式中央空调实验台风道示意图

2. 实验仪器

实验仪器主要包括温度计、毕托管、微压计。

七、实验步骤

1. 测定断面的选择

测定断面应选择在气流平直、扰动少的直管段上，这样可以减少扰动对测量结果的影响，若在现场进行测定，通常应将测定断面选在弯头、三通等管件前面大于 3 倍管径（矩形管道大边）或后面大于 6 倍管径处，调节阀前后应避免布置测定断面。

2. 测定断面测点位置的确定

对于矩形风道，可将断面划分为若干面积相等的小截面，并尽可能接近于正方形，面积一般不应大于 0.04 m²，小截面的边长为 200 mm 左右。至于测孔开在风道的大边还是小边，应以操作方便为原则。

本实验台的管道截面中,截面 A—A 的尺寸为 600 mm × 160 mm,截面 B—B 的尺寸为 400 mm × 160 mm,截面 A—A 处设置 3 个测孔,截面 B—B 处设置 2 个测孔,如图 18.1.3 所示。

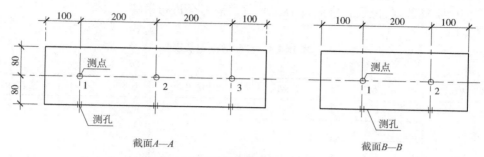

图 18.1.3　管道截面示意图(单位:mm)

3.测定内容

风道内的风压(全压、静压与动压)可以用毕托管与微压计配合测得,毕托管是测量风压的一次仪表,它的作用是把风道内的压力传递出来,微压计则是用来显示风压大小的二次仪表。

测定前,将毕托管与微压计正确地连接,然后根据各测点的位置,依次进行测量,并记录下各点的压力值。

测压管的管头应迎向气流,其轴线应与气流平行,按照上述方法测得断面上各点的压力值后,求出断面的平均动压:

$$p_d=(p_{d1}+p_{d2}+\cdots+p_{dn})/n \qquad (18.1\text{-}4)$$

式中:n 为测点数。

4.测定步骤

(1)熟悉测量仪器和仪表的使用方法和注意事项;检查测定断面位置是否正确;测量风道的截面尺寸。

(2)根据测定断面上已开好的测孔,将毕托管与微压计正确地连接,计算出各测点到管外壁的距离并标记在毕托管上。

(3)启动风机,分别在测定断面上测出各测点的动压值并记录在表格上。

(4)每次测定前,都要用温度计读出气流的温度,同时测出大气压,以便求空气的密度,还要将微压计清零。

(5)关闭风机,整理好仪器,计算测定结果。

八、思考题

(1)根据测得的动压计算各断面的平均风速,分别计算风量。

(2)计算散流器和双层百叶风口的出风量。

(3)根据实验结果分析计算截面 A—A 和截面 B—B 之间的阻力损失(两截面的静压相等)。

九、实验报告

实验报告包括实验目的、实验内容、实验原理、实验方法和手段、实验条件、实验步骤等。按要求记录实验数据,记录表格见表 18.1.1,并对思考题进行解答。

表 18.1.1　实验数据记录表

测定日期:＿＿＿＿＿＿　空气温度:＿＿＿＿＿℃　大气压:＿＿＿＿＿Pa　空气密度:＿＿＿＿＿kg/m³

测定截面	测点编号	动压/Pa	平均动压/Pa	平均风速/(m/s)	风量/(kg/s)
A—A	1				
	2				
	3				
B—B	1				
	2				

十、注意事项及其他说明

(1)严格遵守实验室的规定,服从实验教师的指导。

(2)注意人身安全和实验设备的安全。

(3)爱护实验设备。

实验 18.2　风系统性能参数综合实验

一、实验目的

对管道内的风速及风量进行综合性测定,综合比较与评价不同方法的适用性及精确性。

二、实验内容

(1)掌握毕托管、笛形流量计、双纽线集流器、孔板流量计、喷嘴流量计等的使用方法。

(2)采用以上几种方法进行管道内风速及风量的综合性测定。

三、实验要求

(1)能够根据流体力学、建筑环境测试技术、流体输配管网等课程中的相关知识进行综合性实验。

(2)掌握用测压法测定管道内风速、风量的原理与方法,学会正确使用测压用的毕托管、倾斜式微压计、多管压力计等各种仪器。

(3)对影响以上几种风速、风量测定仪器的适用性与精确性的因素进行初步分析,掌握对实验数据的处理方法。

(4)具备对综合性实验的操作掌控能力。

本实验可由 8 名同学协作完成。指导老师介绍实验装置与操作方法,讲解 10~15 min,每个测试方法 15~20 min,总学时为 2 学时。

四、实验准备

实验前认真学习流体力学、建筑环境测试技术、通风空调系统中有关输配管网气体管道中压力、流速、流量测量的方法和手段,有关测量仪器的工作原理,以及气体管道中压力、流速、流量之间的相互关系。

五、实验原理

1. 毕托管

1)测定断面的选择

无论用什么方法测定管道内的风速和风量,除能正确使用仪器外,合理选择测定断面也是非常重要的。为了使测得的数据较为准确,测定断面应远离扰乱气流或改变气流方向的管件(如各种阀门、弯头、三通、变径管以及送排风口等),力求选在气流比较平稳的直管段上。当测定断面选在管件之前(对气流流动方向而言)时,测定断面与管件的距离应大于管道直径的 3 倍。当测定断面选在管件之后时,测定断面与管件的距离应大于管道直径的 6 倍。当测定条件难以满足上述要求时,测定断面与管件的距离至少应为管道直径的 1.5 倍,此时可酌情增加测定断面上测点的密度,以便最大限度地消除气流不稳定、速度分布不均匀而产生的误差。

测定断面的确定还应考虑操作的方便和安全等条件。

若测得动压为零或负值,说明该断面处气流不稳定,存在涡流,不宜选为测定断面。若断面上气流方向与风管中心线的夹角大于 15°,也不宜选为测定断面。毕托管端部正对气流方向时的动压值最大,由此可以测量出气流方向与风管中心线的夹角。

2)测点的布置

由流体力学可知,即使在气流平稳的管道内,由于有摩擦阻力的存在,测定断面上各点的气流速度也是不相等的,气流速度在风管中心处最大,而靠近管壁处较小。因此,必须在测定断面上进行多点测量,然后求出其平均值作为最终测定值。显然,测点越多,计算值就越准确。

测定断面上测点的位置和数量主要根据风管的形状和尺寸来确定。

(1)矩形管道:将测定断面划分为若干个等面积的小矩形,测点位于每个小矩形的中心,小矩形的各边长约为 200 mm,如图 18.2.1 所示。

(2)圆形管道:将测定断面划分为若干个等面积的同心圆环,圆环数可按表 18.2.1 选择,通常在每个圆环上布置 4 个测点,它们分别位于互相垂直的两个直径上,如图 18.2.2 所示。

表 18.2.1　圆形风管划分环数

风管直径 D/mm	≤300	300~500	500~800	850~1 100	>1 150
划分环数 n	2	3	4	5	6

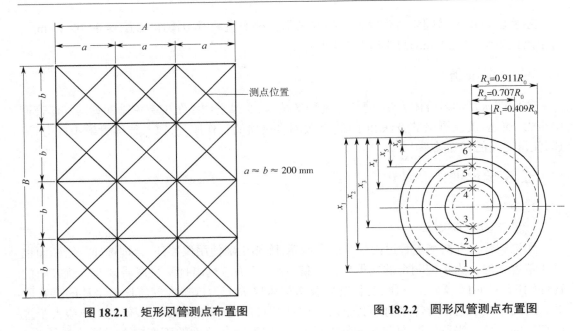

图 18.2.1　矩形风管测点布置图　　　　　图 18.2.2　圆形风管测点布置图

各圆环测点的半径 R_i 为

$$R_i = R_0 \sqrt{\frac{2i-1}{2n}} \qquad\qquad (18.2\text{-}1)$$

式中：R_i 为风管中心到第 i 点的距离（mm）；R_0 为风管的半径（mm）；i 为自风管中心算起的圆环序号；n 为测定断面上的圆环数。

为了便于计算，表 18.2.2 给出了各测点至管道内壁距离的系数。

表 18.2.2　圆形风管测点与管壁距离系数（以管径为基数）

测点序号	同心环数				
	2	3	4	5	6
1	0.933	0.956	0.968	0.975	0.980
2	0.750	0.853	0.895	0.920	0.930
3	0.250	0.704	0.806	0.850	0.880
4	0.067	0.296	0.680	0.770	0.820
5		0.147	0.320	0.660	0.750
6		0.044	0.194	0.340	0.650
7			0.105	0.226	0.360
8			0.032	0.147	0.250
9				0.081	0.177
10				0.025	0.118
11					0.067
12					0.021

为减少测定工作量,在满足测定精度的前提下,应尽量减少测点的数量。

测孔开在测定断面处测点的连线上,大小以伸进毕托管方便为原则。静压除可用毕托管测定外,还可直接在管壁上开孔测定,测孔直径一般不宜超过 2 mm,且必须与管壁垂直,孔的四周不得有毛刺存在。

计算出各测点距管内壁的距离后,在毕托管上做上标记。

3)管道内压力的测定

管道中有空气流动时,就会有三种压力:静压 p_j、动压 p_d、全压 p_q。

静压 p_j 表示气流的势能。由于其数值的大小在各个方向上都是相等的,所以为了避免动压干扰产生的误差,一般由垂直于气流方向上的测孔测得。当静压为正值时,说明测点的气体压力大于周围环境的大气压。当静压为负值时,说明测点的气体压力小于周围环境的大气压。

动压 p_d 表示气流的动能。动压的方向与气流方向一致,且动压为正值。动压与气流流速的关系为

$$p_d = \frac{\rho v^2}{2} \tag{18.2-2}$$

式中:p_d 为测点的动压(Pa);ρ 为空气密度(kg/m³);v 为空气流速(m/s)。

因此,测得动压后即可计算出空气的流速。该方法称为动压测定风速法。然而,直接测定动压是困难的,通常采取测得静压、全压后,取两者差值确定动压的方法。

全压 p_q 是静压和动压的代数和。在正对气流的方向上作用着动压和静压,因此由正对气流方向上的测孔可以测得全压。当全压为正值时,说明测点在风机的压出段,其绝对值大于静压的绝对值。当全压为负值时,说明测点在风机的吸入段,其绝对值小于静压的绝对值。综上所述,测压管与微压计的连接方法如图 18.2.3 所示。

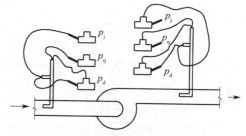

图 18.2.3　测压管与微压计的连接

应根据管道内气体压力的大小选用不同测量范围和精度的微压计。当气流速度大于 5 m/s 时,一般多用倾斜式微压计。当气流速度小于 5 m/s 时,宜使用精度更高一些的补偿式微压计。当测点靠近通风机时,宜采用 U 形压力计,它的测量范围较大。

在测定断面上测得各点的压力值后,计算其平均值。如果各测点的压力值相差不大,其平均值可取为各测点压力值的算术平均值,即

$$\left.\begin{array}{l} p_{jp} = \dfrac{p_{j1} + p_{j2} + \cdots + p_{jn}}{n} \\[2mm] p_{dp} = \dfrac{p_{d1} + p_{d2} + \cdots + p_{dn}}{n} \\[2mm] p_{qp} = \dfrac{p_{q1} + p_{q2} + \cdots + p_{qn}}{n} \end{array}\right\} \tag{18.2-3}$$

如果各测点的压力值相差较大,其平均值可取为各测点压力值的均方根,即

$$\left.\begin{array}{l} p_{jp}=\left(\dfrac{\sqrt{p_{j1}}+\sqrt{p_{j2}}+\cdots+\sqrt{p_{jn}}}{n}\right)^2 \\[3mm] p_{dp}=\left(\dfrac{\sqrt{p_{d1}}+\sqrt{p_{d2}}+\cdots+\sqrt{p_{dn}}}{n}\right)^2 \\[3mm] p_{qp}=\left(\dfrac{\sqrt{p_{q1}}+\sqrt{p_{q2}}+\cdots+\sqrt{p_{qn}}}{n}\right)^2 \end{array}\right\} \qquad (18.2\text{-}4)$$

式中:p_{jp}、p_{dp}、p_{qp} 分别为平均静压、平均动压、平均全压(Pa);p_{j1},p_{j2},$\cdots$,p_{jn} 为各测点的静压值(Pa);p_{d1},p_{d2},$\cdots$,p_{dn} 为各测点的动压值(Pa);p_{q1},p_{q2},$\cdots$,p_{qn} 为各测点的全压值(Pa);n 为测点数。

在实际测量中,由于条件所限,测定断面可能位于气流不稳定区,动压值读数可能有零值、负值出现,如果经检查判定测定方法没有问题,应照实记录读数,在计算平均动压值时将负值作为零值来处理,但测点数 n 保持不变。

4)管道内速度的计算

测得管道内某断面上的平均动压后,该断面的平均流速为

$$v_p=\sqrt{\frac{2p_{dp}}{\rho}} \qquad (18.2\text{-}5)$$

$$\rho=\frac{p_0}{287\times(273.15+t_n)} \qquad (18.2\text{-}6)$$

式中:v_p 为平均流速(m/s);p_{dp} 为断面上的平均动压值(Pa);ρ 为空气密度(kg/m³);p_0 为当地大气压(Pa);t_n 为管道内空气的温度(℃)。

5)管道内流量的计算

平均流速确定后,管道内的流量为

$$Q=vF \qquad (18.2\text{-}7)$$

式中:Q 为管道内的流量(m³/s);F 为管道断面面积(m²)。

从式(18.2-5)至式(18.2-7)可以看出,气体在管道内的流速及流量与当地大气压、管道内空气的温度有关。因此,在给出流速、流量的测定结果时,应注明大气压和温度这些测定条件。

毕托管法是最常用的测压方法,广泛应用于实验室和现场测定中。但因其操作环节较多,产生随机误差的可能较大,所以操作者的经验和熟练程度显得十分重要。

2. 笛形流量计

用毕托管测定管道内的动压时,需逐点反复测量,这就使得测定时间长、工作量大。为了简化测定,在已定断面的通风管道中可装设笛形流量计,测得断面上的平均动压,进而计算出流速、流量,其结构形式如图18.2.4所示。

笛形流量计分为全压测管和静压测管。全压测管由两根互相垂直、在正对气流一侧的管壁上开有小孔的管子构成,将两根管子连通,可测得平均全压。小孔的开孔位置由毕托管

法测定该管道时计算得出的各测点的位置确定。由于其外形酷似演奏用的笛子,故而称为笛形流量计。静压测管将开在通风管道侧壁上的静压测孔相连,可测得平均静压。将平均全压测管和平均静压测管接在微压计上,其差值即为该断面处的平均动压。笛形流量计与毕托管的测定原理相同,但前者测定简便、快捷,只要管道内有空气流动,就可以马上测出平均动压。由于省去了毕托管法中繁多的操作环节,减少了出现误差的机会,但由于制作和安装的原因,其测定值与管道内压力的真值相比也会存在误差。

笛形流量计多用于实验室需要监测流量的实验台上。

3. 双纽线集流器

双纽线集流器是置于管道进口处的一种差压式流量测定装置,又称进口流量管,其结构形式如图 18.2.5 所示。根据理论研究与实验得知,双纽线集流器的曲线形状比较符合管道吸入口的气流流线形状,这样就可以认为集流器入口处没有涡流。当集流器制作精密且壁面非常光滑可以忽略该部分的摩擦阻力时,在断面①和断面②之间不存在阻力损失,由此可列出两断面的伯努利方程:

$$\frac{\rho v_1^2}{2} + p_{j1} = \frac{\rho v_2^2}{2} + p_{j2} \tag{18.2-8}$$

由于断面①取在室内空间,故 $v_1 \approx 0$, $p_{j1} = 0$(大气压),所以有

$$\frac{\rho v_2^2}{2} + p_{j2} = 0 \tag{18.2-9}$$

即

$$\frac{\rho v_2^2}{2} = -p_{j2} \tag{18.2-10}$$

式(18.2-10)说明,在忽略阻力损失的情况下,在集流器断面②处测得的静压绝对值在数值上等于动压值。因此,测得该处的静压值即可将其作为动压值,用于计算管道内的风速和风量。

双纽线集流器多用于实验室测定中。

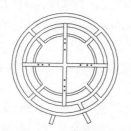
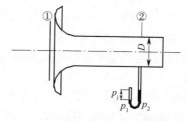

图 18.2.4 笛形流量计　　　　图 18.2.5 双纽线集流器

4. 孔板流量计

孔板流量计是差压式流量计的一种,其利用流体节流原理产生压力差来测定流体流量,其结构形式如图 18.2.6 所示。

对于孔板流量计来说,不可压缩流体的体积流量为

$$Q = aF_0 \sqrt{\frac{2(p_1 - p_2)}{\rho}} \tag{18.2-11}$$

式中:Q 为管道内的流量(m^3/s);a 为流量系数;F_0 为孔板孔口面积(m^2);p_1 为孔板前的静压值(Pa);p_2 为孔板后的静压值(Pa); ρ 为流体密度(kg/m^3)。

5. 喷嘴流量计

喷嘴流量计也是差压式流量计的一种,其测量原理与孔板流量计相同,其结构形式如图 18.2.7 所示。

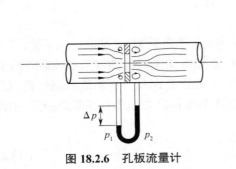

图 18.2.6　孔板流量计　　　　　　图 18.2.7　喷嘴流量计

根据国际标准化组织(ISO)的建议,通过单个喷嘴的空气流量的计算式为

$$Q_a = 1.41 C F_n \sqrt{\frac{p_d}{\rho_n}} = 1.41 C F_n \sqrt{\frac{\Delta p}{\rho_n}} \tag{18.2-12}$$

$$\rho_n = \frac{p_0 + p_j}{287 \times (273.15 + t_n)} \tag{18.2-13}$$

若有 n 个相同的喷嘴同时工作,其总流量为

$$Q_z = n Q_a \tag{18.2-14}$$

式中:Q_a 为经过喷嘴的空气流量(m^3/s); Q_z 为空气的总流量(m^3/s); C 为喷嘴流量系数; F_n 为喷嘴喉口部面积(m^2); p_d 为喷嘴喉部处的动压(Pa); Δp 为喷嘴前后的静压差(Pa); ρ_n 为喷嘴入口处的空气密度(kg/m^3); p_0 为当地大气压(Pa); p_j 为喷嘴入口处的静压(Pa); t_n 为喷嘴入口处空气的温度(℃); n 为喷嘴个数。

喷嘴流量计是在实验室内测量单相流动空气流量的准确而方便的装置。

6. 综合性测定

将几种流量计接入同一通风系统中,当管道连接严密时,系统各断面上的流量应该是相同的,各流量计的流量测定值也应当相等。但是,由于这些流量计的原理各不相同,并且设计、制作、安装等原因导致产生误差,实际测定值往往不完全相等。

本实验以毕托管为基准,测出通风系统的风速、风量,将其他几种流量计与之进行比较,测算出它们的流量系数或者校正系数。

六、实验条件

1. 实验装置

本实验装置如图 18.2.8 所示。

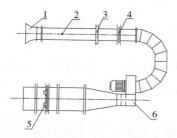

图 18.2.8　风系统性能参数综合实验装置

1—双纽线集流器；2—毕托管法管道上的测孔；3—笛形流量计；
4—孔板流量计；5—喷嘴流量计；6—风机

2. 实验仪器

实验仪器主要包括毕托管、倾斜式微压计、多管压力计、玻璃水银温度计、空盒气压表等。毕托管法用到毕托管和倾斜式微压式计；其他流量测定方法均用到多管压力计。

七、实验步骤

为使实验通风系统的风量可调，采用可控硅调速装置改变直流电机的输入电压，在120～180 V 范围内任取三个不同的电压，从而得到三个不同的风量。每改变一个风量，均用毕托管法测出断面上的动压，同时记录双纽线集流器、笛形流量计、孔板流量计、喷嘴流量计的压差值，然后按有关计算公式算出相应的系数。

1. 毕托管

按已介绍的毕托管法进行测定，注意倾斜式微压计（也称斜管压力计）的初始读数和仪器常数 K。根据加入的酒精量，初读数可以调整到零位，也可以不调整到零位，此时测定值为

$$L_{di} = (l_2 - l_1)K \tag{18.2-15}$$

式中：L_{di} 为测点的动压值（mmH$_2$O）；l_2 为微压计的终读数（mmH$_2$O）；l_1 为微压计的初读数（mmH$_2$O）；K 为仪器常数。

各测点动压值测定完成后，按式（18.2-5）至式（18.2-7）计算出风速、风量。

2. 笛形流量计

由于构造及制作上的原因，笛形流量计的测量值与毕托管的测量值存在差别，其校正系数为

$$\xi_d = \frac{p_{dp}}{p'_{dp}} \tag{18.2-16}$$

式中：ξ_d 为笛形流量计的校正系数；p_{dp} 为毕托管法测出的断面平均动压（Pa）；p'_{dp} 为笛形流量计测出的断面平均动压（Pa）。

取得笛形流量计的校正系数 ξ_d 后，只要在笛形流量计系统中测得一个 p'_{dp} 即可计算出 p'_{dp}，进而计算出实验工况下的风速、风量。

3. 双纽线集流器

由于制作出的集流器不可能完全符合双纽线，加之表面光滑度不够，阻力损失还是存在的。与毕托管法相比可得出双纽线集流器的校正系数为

$$\xi_s = \frac{p_{dp}}{|p_j|} \qquad (18.2\text{-}17)$$

式中：ξ_s 为双纽线集流器的校正系数；p_{dp} 为毕托管法测出的断面平均动压（Pa）；$|p_j|$ 为双纽线集流器测出的静压绝对值（Pa）。

4. 孔板流量计

本实验装置中所用的孔板是非标准型的，孔板直径 D=150 mm。测得压差后，按毕托管法测得的风量采用式（18.2-11）计算出孔板的流量系数 a。

5. 喷嘴流量计

本实验装置中设置了两个喷嘴，喷嘴的喉口直径 D=70 mm。测得压差后，按毕托管法测得的风量采用式（18.2-12）至式（18.2-14）计算出喷嘴的流量系数 C。

八、思考题

（1）在实验室里，测定管道内的风速及风量需要哪些必要的条件？在实际工程中又如何？

（2）用毕托管法测定风速时，使用毕托管和倾斜式微压计有哪些注意事项？它们应如何连接？

（3）对实验中几种流量计的适用性、精确性给予评价。

（4）简单介绍其他用于测定管道内的风速和风量的仪器。

九、实验报告

原始数据记录于表 18.2.3 至表 18.2.5 中，计算整理结果记入表 18.2.6 中。

表 18.2.3　基本数据记录表

$D_{风管}$		$D_{孔板}$		$D_{喷嘴}$	
$n_{喷嘴}$		K		a	
t_n		P_0			

表 18.2.4　毕托管法测定记录表　　　　　　　　单位：mmH$_2$O

工作电压	测点	测定动压					

工作电压	测点	测定动压					

表 18.2.5 其他四种方法测定记录表 单位:mmH$_2$O

参数			不同工作电压下的压力		
双纽线集流器	静压	初读数			
		终读数			
笛形流量计	全压	初读数			
		终读数			
	静压	初读数			
		终读数			
孔板流量计	孔板前静压	初读数			
		终读数			
	孔板后静压	初读数			
		终读数			
喷嘴流量计	喷嘴前静压	初读数			
		终读数			
	喷嘴后静差	初读数			
		终读数			

表 18.2.6　计算结果整理表

参数		不同工作电压下的参数		
毕托管法	测定平均动压 l_{dp}/mmH$_2$O			
	计算平均动压 p_{dp}/Pa			
	空气密度 ρ/(kg/m^3)			
	平均流速 v_p/(m/s)			
	空气流量 L/(m^3/s)			
笛形流量计	测定平均动压 h_{dp}/mmH$_2$O			
	计算平均动压 p'_{dp}/Pa			
	校正系数 ξ_d			
	平均校正系数 $\bar{\xi}_d$			
双纽线集流器	测定平均静压 h_{jp}/mmH$_2$O			
	计算平均静压 p_{jp}/Pa			
	校正系数 ξ_s			
	平均校正系数 $\bar{\xi}_s$			
孔板流量计	测定平均静压差 Δh/mmH$_2$O			
	计算平均静压差 Δp_{jp}/Pa			
	流量系数 a			
	平均流量系数 $\bar{a}$			
喷嘴流量计	测定平均静压差 Δh/mmH$_2$O			
	计算平均静压差 $\Delta p'_{jp}$/Pa			
	喷嘴前静压 p_j/Pa			
	流量系数 C			
	平均流量系数 $\bar{C}$			

十、注意事项及其他说明

（1）严格遵守实验室的规定，服从实验教师的指导。

（2）注意人身安全和实验设备的安全。

（3）爱护实验设备。

实验 18.3　风系统管网性能曲线的测定

一、实验目的

通过实验获得管网的总阻抗和管网特性曲线，结合风机性能曲线，求取风机在管网中的工作状态点;加深对工程实际管网的认识和理解;培养实验动手能力和分工合作能力。

二、实验内容

（1）了解实验台的组成。

（2）测定管网的总阻抗。

（3）调节风机的供电频率,测定风机转速。

（4）绘制管网特性曲线。

（5）绘制风机性能曲线。

三、实验系统

本实验装置如图 18.3.1 所示,所用仪器、仪表如下。

①测压管:标准毕托管或自制测压管,2 个。

②倾斜式微压计:2 个。

③水银温度计:2 支,0~50 ℃。

④转速表:1 套。

⑤空盒气压计:1 套。

⑥双转速离心风机:1 台。

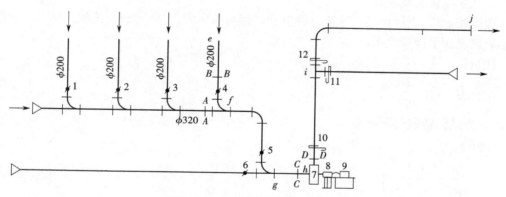

图 18.3.1　实验装置(单位:mm)

1~6,10~12—风阀;7—风机;8—电机;9—变频器

四、实验方法

1. 管网总阻抗

对于工程中的通风空调枝状管网,可以按照各个管段之间的串、并联关系,将其简化为一个环路,环路的能量平衡关系如下:

$$p_{eq} + p_G = \Delta p \tag{18.3-1}$$

$$\Delta p = SQ^2 \tag{18.3-2}$$

式中:p_{eq} 为管网的全压动力(Pa),实验系统中即为风机的输出全压;p_G 为重力对环路中流

体流动的作用力（Pa）；Δp 为流体在环路中的流动阻力（Pa）；S 为管网系统的总阻抗（管网特性系数）（kg/m^7）；Q 为管网系统的总风量（m³/s）。

管网系统中的流动介质为空气，其物理性质与周围环境空气相同时，重力对环路中流体流动的作用力为零，则有

$$p_{eq} = \Delta p = SQ^2 \qquad (18.3\text{-}3)$$

所以

$$S = \frac{\Delta p}{Q^2} = \frac{p_{eq}}{Q^2} \qquad (18.3\text{-}4)$$

因此，只要测定出管网中的总流量和总阻力（或风机的输出全压），即可计算出管网系统的总阻抗。

2. 管网特性曲线

对于枝状管网系统，将式（18.3-2）代入式（18.3-1）可得

$$p_{eq} = -p_G + SQ^2 \qquad (18.3\text{-}5)$$

根据式（18.3-5），以流量为横坐标、压强为纵坐标，在直角坐标系中描绘曲线，即为管网特性曲线。显然，

$$p_{eq} = \Delta p = SQ^2 \qquad (18.3\text{-}6)$$

3. 风机性能曲线换算

根据相似律，当风机的工作流体密度和转速与额定状态不一致时，相似工况点之间的性能参数满足如下换算关系。

流量：

$$Q = Q_0 \cdot \frac{n}{n_0} \qquad (18.3\text{-}7)$$

式中：n 为风机转速（r/min）。

全压：

$$\frac{p}{p_0} = \frac{\rho}{\rho_0} \cdot \left(\frac{n}{n_0}\right)^2 \qquad (18.3\text{-}8)$$

式中：ρ 为流体密度（kg/m³）。

功率：

$$\frac{N}{N_0} = \frac{\rho}{\rho_0} \cdot \left(\frac{n}{n_0}\right)^3 \qquad (18.3\text{-}9)$$

效率：

$$\eta = \eta_0 \qquad (18.3\text{-}10)$$

其中，带下标 0 的各变量表示风机在标准状态下的性能参数（样本参数），不带下标的各变量表示风机在工作状态下的性能参数。

4. 断面压力之间的关系

全压等于静压与动压之和，即

$$p_q = p_j + p_d \tag{18.3-11}$$

$$p_d = \frac{\rho v^2}{2} \tag{18.3-12}$$

式中：p_q 为全压（Pa）；p_j 为静压（Pa）；p_d 为动压（Pa）；v 为流速（m/s）。

5. 断面流量计算

断面流量为

$$Q = F\bar{v} \tag{18.3-13}$$

式中：F 为断面面积（m²）；$\bar{v}$ 为断面平均流速（m/s）。

五、实验步骤

（1）熟悉实验装置及仪器，了解仪器的使用方法及注意事项，检查测压管安装是否正确，校正微压计零点，选取合适的位置，悬挂水银温度计与放置大气压力表。

（2）测量管段 e—f、f—g、g—h、h—i、i—j 的管道尺寸，统计局部阻力，填入管网水力计算表（表 18.3.1）中。

（3）将管网中的阀门 1、2、3、4、5、10、12 开到最大位置，关闭阀门 6 和 11，开启风机，将风机的转速置于低转速挡。

（4）选择断面 A—A、B—B 作为流量测定断面，分别进行断面划分、测点选择。待风机运转平稳后，利用微压计和测压管测定这两个断面的流量，两者之和即为管网的总流量，记录测试数据。

（5）测定风机进口附近的断面 C—C 和出口附近的断面 D—D 的平均静压，记录测试数据，这两个断面的静压加上平均动压即为各自的全压平均值。

（6）进行步骤（4）、（5）的同时，利用转速表测定风机的转速，分别在温度计、大气压力表上读取实验环境的空气温度和大气压，记录数据。以上为工况一（阀门 1~4 全开，风机低速运转）的测定。

（7）将风机调至高转速挡，重复步骤（4）、（5）、（6），测试数据记录在相应的表格中。此步骤为工况二（阀门 1~4 全开，风机高速运转）的测定。

（8）将管网中的阀门 1、2、3、4 适当关小，其他阀门状态保持不变，风机仍处于高转速挡，重复步骤（4）、（5）、（6），测试数据记录在相应的表格中。此步骤为工况三（阀门 1~4 半开，风机高速运转）的测定。

（9）将风机调至低转速挡，重复步骤（4）、（5）、（6）的工作，测试数据记录在相应的表格中。此步骤为工况四（阀门 1~4 半开，风机低速运转）的测定。

（10）关闭风机，再次测量实验环境的空气温度、大气压力，填入相应的表格中。

（11）整理好实验仪器与设备，交实验指导老师验收。

六、思考题

（1）根据表 18.3.2 统计的管网尺寸、局部阻力构件以及实测得到的工况一和工况二的管网各个管段的流量，采用水力计算方法计算这两种工况下管网系统的总阻力和总阻抗。

表 18.3.1　管网水力计算表

工况编号	总流量/(m³/s)	水力计算总阻力/Pa	水力计算得出的阻抗/(kg/m⁷)	实验测得的阻抗/(kg/m⁷)	偏差
工况一					
工况二					

①实测工况一与工况二的阻抗应该相等,为什么? 实测值是否相等? 分析存在偏差的原因。

②工况一与工况二哪个阻抗应该更大? 为什么?

③分析水力计算的阻抗值与实测值存在偏差的原因。

(2)哪些因素会影响风机在管网中的工况点?

(3)实验中,测定系统总风量为什么要选择 A—A 断面和 B—B 断面?

(4)实验中,为什么不直接测定 C—C 断面和 D—D 断面的全压?

七、实验报告

1. 被测试通风管网的尺寸、局部阻力构件

管网的尺寸、局部阻力构件参数见表 18.3.2。

表 18.3.2　管网的尺寸、局部阻力构件参数

管段编号	断面直径(或长 × 宽)/m(或 m×m)	面积/m²	长度/m	局部阻力	局部阻力系数

2. 空气密度测定

管网内部空气与实验环境空气的密度近似一致,通过测定实验环境的空气温度和大气

压,采用理想气体状态方程计算空气密度。实验环境空气温度与大气压见表 18.3.3。

表 18.3.3　实验环境空气温度与大气压

工况编号	空气温度/℃	大气压/Pa	空气密度/(kg/m³)
工况一			
工况二			
工况三			
工况四			

3. 管网系统总流量测定

管网系统总流量等于断面 A—A 的流量与断面 B—B 的流量之和。

断面 A—A 和断面 B—B 的流量测定记录与计算见表 18.3.4。

表 18.3.4　断面 A—A(或断面 B—B)的流量测定记录与计算

工况编号			工况一	工况二	工况三	工况四
测点	1	L_1/mm				
		H_1/mmH$_2$O				
	2	L_2/mm				
		H_2/mmH$_2$O				
	3	L_3/mm				
		H_3/mmH$_2$O				
	4	L_4/mm				
		H_4/mmH$_2$O				
	5	L_5/mm				
		H_5/mmH$_2$O				
	6	L_6/mm				
		H_6/mmH$_2$O				
	7	L_7/mm				
		H_7/mmH$_2$O				
	8	L_8/mm				
		H_8/mmH$_2$O				
平均动压头 H_{dp}/mmH$_2$O						
断面平均流速 v/(m/s)						
断面流量/(m³/s)						

注:L_1、L_2、L_3、L_4、L_5、L_6、L_7、L_8 表示各测点的微压计液柱长度读数。

4. 管网系统总阻力的测定

由式(18.3-2)可知,当忽略重力作用时,管网系统总阻力等于风机输出的全压。本实验中,管网系统总阻力即等于风机出口断面 D—D 的全压平均值减去风机进口断面 C—C 的全压平均值。断面 C—C 和断面 D—D 的静压、全压测定记录与计算见表18.3.5。

表18.3.5　断面 C—C(或断面 D—D)的静压、全压测定记录与计算

工况编号			工况一	工况二	工况三	工况四
测点	1	L_1/mm				
		H_1/mmH$_2$O				
	2	L_2/mm				
		H_2/mmH$_2$O				
	3	L_3/mm				
		H_3/mmH$_2$O				
	4	L_4/mm				
		H_4/mmH$_2$O				
	5	L_5/mm				
		H_5/mmH$_2$O				
	6	L_6/mm				
		H_6/mmH$_2$O				
	7	L_7/mm				
		H_7/mmH$_2$O				
	8	L_8/mm				
		H_8/mmH$_2$O				
断面静压平均值 H_{jp}/mmH$_2$O						
断面静压平均值 p_j/Pa						
断面流量/(m³/s)						
断面面积/m²						
断面平均流速/(m/s)						
断面动压平均值/Pa						
断面全压平均值/Pa						

5. 管网系统总阻抗的计算

根据式(18.3-4)计算管网总阻抗,结果见表18.3.6。

表 18.3.6 管网系统总阻抗计算

工况编号	流量/(m³/s)			阻力/Pa			总阻抗/(kg/m⁷)
	断面 A—A	断面 B—B	总流量	断面 C—C 全压	断面 D—D 全压	总阻力	
工况一							
工况二							
工况三							
工况四							

6. 风机性能参数换算

对风机性能参数进行换算,结果见表 18.3.7。

表 18.3.7 风机性能参数换算

编号	转速/(r/min)	空气密度/(kg/m³)	1		2		3	
			流量/(m³/s)	全压/Pa	流量/(m³/s)	全压/Pa	流量/(m³/s)	全压/Pa
样本								
工况一								
工况二								
工况三								
工况四								

7. 绘制管网特性曲线并求取风机工况点

在直角坐标系中,以流量为横坐标、全压为纵坐标,利用表 18.3.7 的参数绘制风机在不同工况时的性能曲线;利用式(18.3-6)和表 18.3.6 中的管网系统总阻抗值,绘制管网特性曲线,并求出每个实验工况的风机工况点。注意各个坐标的选择适当,以使图面整洁,将坐标纸粘贴在实验报告中。

八、注意事项及其他说明

(1)严格遵守实验室的规定,服从实验教师的指导。
(2)注意人身安全和实验设备的安全。
(3)爱护实验设备。

实验 18.4 离心泵性能曲线的测定

离心泵性能曲线测定在实际运行中具有实际意义,水泵的工作流量和扬程往往在某一个区间内变化,流量和扬程均不同于设计值,这时泵内的水流运动就变得很复杂,目前符合这种运动情况的水力计算法还没有研究到足够准确的程度。因此,对于离心泵特性曲线,通常采用"性能实验"实测获得。

一、实验目的

增进对泵性能曲线的认识以及掌握性能曲线的测定和绘制方法。

二、实验内容

（1）测定离心泵在恒定转速下的性能，绘制在恒定转速下泵的扬程-流量（H-Q）曲线、轴功率-流量（N-Q）曲线和泵效率-流量（η-Q）曲线。

（2）熟悉离心泵的操作方法，了解压力、流量、转速和转矩的原理以及实验台的使用方法，进一步巩固离心泵的有关知识。

三、实验要求

通过离心泵性能测定实验，加深对离心泵性能曲线的认识，掌握离心泵性能曲线的常规测试方法，包括了解性能实验装置，掌握各性能参数的测量与计算方法，绘制性能曲线，分析实验结果。

四、实验准备

实验前认真学习流体力学、建筑环境测试技术、流体输配管网中有关流量、扬程、转速、轴功率测量的方法和手段，有关测量仪器的工作原理，以及离心泵性能曲线。

1. 实验前的检查

（1）检查电动机启动电源是否正常。

（2）检查出口调节阀门、充水阀及入口隔离阀开关是否灵活。

（3）检查真空表、压力表和流量表是否准确。

2. 实验前的准备工作

（1）将水箱灌满水。

（2）关闭水泵入口隔离阀，全开出口调节阀，打开充水阀，向水泵内充水放气。当压水管有水流出时，说明水已充满，充水放气工作结束，关闭充水阀。

（3）关闭出水调节阀。

五、实验原理

实验装置如图18.4.1所示。水泵1自水箱2中吸水，水经过吸水管路3进入水泵，由水泵得到能量后，进入压水管路4，经压水管路4又回到水箱2中。当水泵1进行实验时，水就在这一系统中循环流动。在水泵1吸入室进口的地方装一水银真空计5，用来测量水泵1进口处的真空度（如水泵进口处的压力大于大气压，则装压力表）。在水泵1出口处装一压力表6，用来测量水泵出口处的压力。压水管路4上装有调节阀门7，用来调节流量，调节阀门7前装有一个带有水银压差计8的节流孔板9，用来测量流量。调节阀门7必须装在流量测定仪表的后面，避免调节时干扰水流，以提高测量的准确度。在所有测压计的引水管上都有一个小阀K，以便实验前排除空气。水箱2上也装有一个阀门K，以接通大气水泵，用电动机10驱动。

在进行水泵性能实验时,进口节流阀门 13 全开,真空泵 12 不工作。性能曲线是在转速不变时所测得的一组曲线。转速用机械式转速表、数字式转速表或频闪测速仪进行测量。流量用节流式流量计,如孔板流量计、文丘里流量计或喷嘴流量计进行测量。

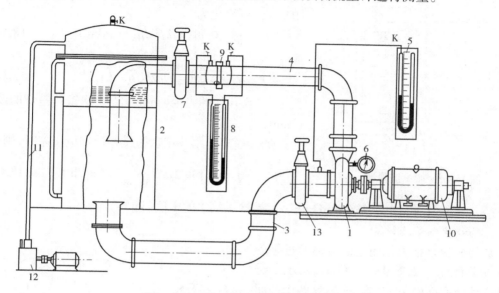

图 18.4.1　离心泵性能曲线测定实验装置

1—水泵;2—水箱;3—吸水管路;4—压水管路;5—水银真空计;6—压力表;

7,13—阀门;8—水银压差计;9—节流孔板;10—电动机;11—管路;12—真空泵

1. 流量的测量及计算

通常采用节流式流量计来测量水泵流体的流量。节流式流量计可分为三种:①孔板流量计,如图 18.4.1 中的 9 所示;②文丘里流量计,如图 18.4.2 所示;③喷嘴流量计,如图 18.4.3 所示。现以孔板流量计为例来说明其工作原理及流量的计算。

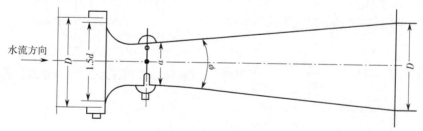

图 18.4.2　文丘里流量计

孔板流量计将孔板装在需要测量流量的管路上,当流体通过孔板时,由于节流作用,孔板处出现压力差,该压力差可以用液柱压差计来衡量,并且该差随流量变化而变化。

流量的计算公式为

$$q_V = \mu A_0 \sqrt{2\frac{\Delta p}{\rho}}$$

（18.4-1）

式中：μ 为流量系数；A_0 为孔板的内孔截面积（m^2）；ρ 为被输送流体的密度（kg/m^3）；Δp 为喉部前后的压力差（Pa）。

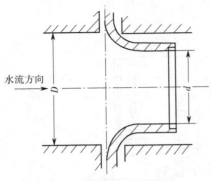

图 18.4.3　喷嘴流量计

如输送冷水并用水银压差计测量压差时，则式（18.4-1）可简化为

$$q_V = 0.001\,4\mu d^2 \sqrt{h} \quad （m^3/h） \qquad （18.4-2）$$

或

$$q_V = 0.000\,39\mu d^2 \sqrt{h} \quad （L/h） \qquad （18.4-3）$$

式中：d 为孔板的内径（mm）；h 为水银压差计的读数（mmHg）。

如输送高温水并用水银压差计测量压差时，则有

$$q_V = 0.139\,2\mu d^2 \sqrt{\frac{h}{\rho g}} \quad （m^3/h） \qquad （18.4-4）$$

式中：h 为水银压差计的读数（mmHg）；ρ 为被输送热水的密度（kg/m^3）。

2. 扬程的测量及计算

泵的扬程是指单位质量的流体通过泵后所增加的能量。如图 18.4.4 所示，在水泵进出口法兰处取截面 1—1 及 2—2，这两个截面的伯努利方程为

$$\frac{p_1}{\rho g} + \frac{v_1^2}{2g} + h_1 + H = \frac{p_2}{\rho g} + \frac{v_2^2}{2g} + h_2 \tag{18.4-5}$$

当泵的入口压力大于大气压 p_a 时，有

$$p_2 = p_a + p_{2g} \tag{18.4-6}$$

$$p_1 = p_a + p_{1g} \tag{18.4-7}$$

将式（18.4-6）和式（18.4-7）代入式（18.4-5）并移项得

$$H = H_2 - H_1 + \frac{v_2^2 - v_1^2}{2g} \tag{18.4-8}$$

其中

$$H_2 = \frac{p_{2g}}{\rho g} \pm h_2$$

$$H_1 = \frac{p_{1g}}{\rho g} \pm h_1$$

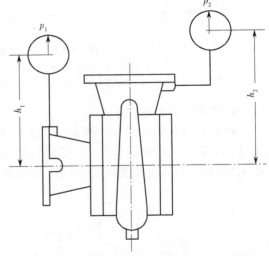

图 18.4.4　用压力表和真空表测量泵进出口压力

式中：p_{2g}、p_{1g} 分别为出口及进口压力表的读数（Pa）；h_1、h_2 分别为入口真空表和出口压力表的零点（表面中心）到基准面的垂直距离（m）。

当泵的入口压力小于大气压 p_a 时，有

$$p_2 = p_a + p_{2g} \tag{18.4-9}$$

$$p_1 = p_a - p_m \tag{18.4-10}$$

将式（18.4-9）和式（18.4-10）代入式（18.4-5）并移项得

$$H = H_2 + H_1 + \frac{v_2^2 - v_1^2}{2g} \tag{18.4-11}$$

其中

$$H_2 = \frac{p_{2g}}{\rho g} \pm h_2$$

$$H_1 = \frac{p_m}{\rho g} \pm h_1$$

式中：p_{2g} 为出口压力表的读数（Pa）；p_m 为入口真空表的读数（Pa）；h_1、h_2 分别为入口真空表和出口压力表零点到基准面的垂直距离（m）。

如果用压力表和真空表测量压力和真空，当压力表和真空表的零点（表面中心）高于基准面时，则 h_2 取正值，h_1 取负值。

如果用水银压差计测量，如图 18.4.5 所示，则有

$$H_2 = 13.1h \pm h_2$$

$$H_1 = 13.1h \pm h_1$$

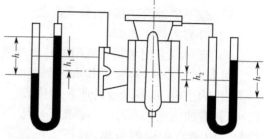

图 18.4.5 用水银压差计测量泵进出口压力

式中：h 为压差计中水银柱的读数（m）；h_1、h_2 为水银压力计零点（不通压力时的平衡位置）到基准面的垂直距离（m）。

计算 H_1 时，零点在基准面以下取正号，在基准面以上取负号。计算 H_2 时，零点在基准面以下取负号，在基准面以上取正号。

3. 功率的测量及计算

测量电动机输入功率的方法一般有以下几种。

（1）用电能表测量，功率计算式为

$$P_g' = \frac{KnA_T U_T}{t} \tag{18.4-12}$$

式中：P_g' 为电动机输入功率（kW）；A_T、U_T 分别为电流互感器变比和电压互感器变比；K 为电能表常数，即每一转所需的千瓦时数；n 为在 t 时间（以秒计）内电能表转盘转数，一般采用电能表转盘每转 10 转所用的秒数。

（2）用两瓦法功率表测量，功率计算式为

$$P_g' = \frac{CA_T U_T (W_1 + W_2)}{1\,000} \tag{18.4-13}$$

式中：P_g' 为电动机输入功率（kW）；A_T、U_T 分别为电流互感器变比及电压互感器变比；W_1、W_2 为三相电源用两瓦法测取的功率表读数（W）；C 为功率表刻度常数。

（3）用电流、电压表测量，功率计算为

$$P'_g = \frac{\sqrt{3}UI\cos\phi}{1000} \qquad (18.4\text{-}14)$$

式中：P'_g 为电动机输入功率（kW）；ϕ 为功率因数；I 为每相或每线的电流（A）；U 为相间或线间电压（V）。

测得电动机输入功率后，泵或风机的轴功率为

$$P = P'_g \eta_g \eta_{tm} \qquad (18.4\text{-}15)$$

式中：P'_g 为电动机输入功率（kW）；η_g 为电动机效率，%；η_{tm} 为传动效率，%。

4. 转速的测量

转速一般可采用机械式转速表、数字式转速表或频闪测速仪进行测量。

六、实验步骤

（1）按下电源启动按钮，启动水泵。

（2）开启入口隔离阀。

（3）通过调节出水管上阀门的开度调节流量，以取得各种工况下的数据。

对离心泵来说，为避免启动电流过大，应从出口阀门全关状态开始，记录流量 $q_V=0$ 时的压力表、功率表、真空表及转速表的读数，由此可以算得实验曲线上的第一点。然后逐渐开启阀门，增加流量，待稳定后记录该工况下的各种数据。实验最少应均匀取得 10 点以上的读数。由每点测得的数据，计算出该流量所对应的扬程 H、功率 P、效率 η 后，即可绘出 $q_V\text{-}H$、$q_V\text{-}P$、$q_V\text{-}\eta$ 性能曲线。

七、思考题

（1）绘制泵性能曲线的意义是什么？在空调工程中如何选泵并使其在稳定工作区工作？

（2）在离心泵壳顶部或泵出口可以安装灌水漏斗排气阀门，底部可以安装放水阀门，排气阀门和放水阀门在什么情况下使用？

（3）为什么可以用天平力臂及天平上的读数来求作用力在水泵上的扭转力矩？

八、实验报告

（1）实验数据记录见表 18.4.1。

表 18.4.1　实验数据记录表

实验次数	流量/（m³/s）	压力/mmH₂O			功率/W	转速/（r/min）
		水银真空表 5 读数	压力表 6 读数	泵进出口压差		
1						
2						
3						
...						

（2）根据以上数据在坐标图上描点,绘出 q_v-H、q_v-P、q_v-η 性能曲线。(该性能曲线是在转速不变时所测得的一组曲线。)

九、注意事项及其他说明

（1）严格遵守实验室的规定,服从实验教师的指导。
（2）注意人身安全和实验设备的安全。
（3）爱护实验设备。

实验 18.5　水泵并联运行性能测试

水泵的并联运行是多台水泵联合运行中常见的形式。水泵并联运行,一方面可以增大系统的流量,另一方面可以通过开启不同的台数调节系统的流量,因而被广泛采用。

一、实验目的

（1）了解水泵并联运行的实验装置。
（2）确定水泵并联运行时的 Q-H 曲线,理解该曲线与单泵运行的水泵性能曲线的关系。
（3）加深对水泵并联运行的理解和应用。

二、实验内容

（1）了解实验台的组成。
（2）通过压力表、流量计测得的数据计算水泵的扬程和流量。
（3）绘制水泵性能曲线。
（4）测量两台同型号并联水泵的扬程和流量。
（5）绘制两台同型号并联水泵的性能曲线。
（6）分析两台同型号并联水泵的性能曲线。

三、实验准备

实验前认真学习流体力学、建筑环境测试技术、流体输配管网中有关流量、扬程、转速、轴功率测量的方法和手段,有关测量仪器的工作原理,以及离心泵性能曲线。

1. 实验前的检查
（1）检查电动机启动电源是否正常。
（2）检查出口调节阀门、充水阀及入口隔离阀开关是否灵活。
（3）检查真空表、压力表和流量表是否准确。

2. 实验前的准备工作
（1）将水箱灌满水。
（2）关闭水泵入口隔离阀,全开出口调节阀,打开充水阀,向水泵内充水放气。当压水管有水流出时,说明水已充满,充水放气工作结束,关闭充水阀。
（3）关闭出水调节阀。

四、实验原理

水泵并联运行如图18.5.1所示,多台水泵在同一吸水池吸水(或吸水管连接在一起),并向同一管路供水,因而称为并联。

水泵并联运行时,各台设备的工作压头相同,总流量等于各台设备流量之和。下面以最常见的两台相同的水泵的并联运行为例,对水泵并联的运行工况进行分析。

如图18.5.2所示,已知一台泵或风机的性能曲线 I,在相同的压头下使流量加倍,便得到两台相同泵或风机并联的性能曲线 II,其与管路性能曲线 III 交于 A 点。A 点就是并联机组的工况点,Q_A 是并联后的流量,H_A 是并联后的压头。

过 A 点作水平线与单机的性能曲线交于 B 点,B 点是并联机组中一台设备的工况点。压头 $H_B=H_A$,流量 $Q_B=Q_A/2$。B 点对应的效率曲线上的 η_B,就是并联工作时设备的效率。

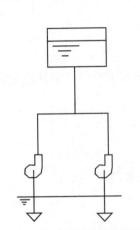

图 18.5.1　水泵并联运行示意图

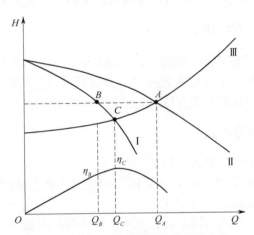

图 18.5.2　水泵并联运行的工况分析

管路性能曲线与单机性能曲线的交点 C 是只开一台设备时的流量,$Q_C>Q_B$。可见只开一台设备时的流量大于并联机组运行时一台设备的流量。这是因为并联后,管路内总流量加大,水头损失增加,所需压头加大,而多数情况下,泵与风机的性能是压头加大、流量减小,所以并联运行时单台设备的流量减小。

管路中总流量 $Q_A>Q_C$,并联后总流量比并联前增加了。增加的流量 $\Delta Q=Q_A-Q_C<Q_C$,即增加的流量小于系统中一台设备运行时的流量。也就是说,流量没有增加一倍。

并联机组增加的流量 ΔQ 与管网特性曲线的形状有关。管网特性曲线越平坦(即阻抗 S 越小),并联增加的流量越大。因此,管网特性曲线较陡时,不宜采用并联工作。

并联机组增加的流量 ΔQ 还与泵的性能曲线形状有关。泵的性能曲线越平坦,并联增加的流量越大,因而越适于并联工作。

一般来说,多台水泵并联运行,联合性能曲线可按以下方法绘制:

(1)在 Q-H 坐标系上分别绘出各台泵的 Q-H 性能曲线 $1,2,\cdots,i,\cdots n$;

(2)在纵轴上取不同压头值 H_j,作水平线,分别与各泵性能曲线相交对应得到 $Q_{1,j},Q_{2,j},\cdots,Q_{i,j},\cdots,Q_{n,j}(j=1,2,\cdots,n)$;

（3）取 $Q_j=Q_{1,j}+Q_{2,j}+\cdots+Q_{n,j}$；

（4）按（H_j,Q_j）在 $Q\text{-}H$ 坐标系上描点连线，得 n 台并联泵的联合运行曲线。

多台相同设备并联时，工况分析如图 18.5.3 所示。其中，Ⅰ 是单机的性能曲线，Ⅱ 是两台设备并联时的性能曲线，Ⅲ 是三台设备并联时的性能曲线，Ⅳ 是管网特性曲线，A、B、C 分别是单机、两台并联及三台并联时的工况点。由图 18.5.3 可见，随着并联台数增多，每并联上一台设备所增加的流量越小，因而效果越差。

图 18.5.4 所示为两台不同性能的设备并联工作时的工况分析。其中，Ⅰ、Ⅱ 分别是两台设备的性能曲线，（Ⅰ+Ⅱ）是并联机组的性能曲线，Ⅲ 是管路特性曲线。并联机组性能曲线的画法是在相同压头下，将 $Q_Ⅰ$ 与 $Q_Ⅱ$ 相加。管路特性曲线与并联机组性能曲线交于 A 点，A 点是并联工作的工况点，其流量为 Q_A，压头为 H_A。

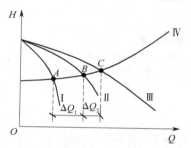

图 18.5.3　多台设备并联运行的工况分析

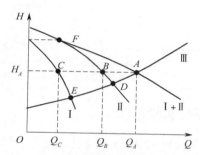

图 18.5.4　不同性能的设备并联运行的工况分析

由 A 点作水平线交两台设备的性能曲线于 B、C 两点，B、C 点就是并联工作时两台设备各自的工况点，流量为 Q_B、Q_C，压头相等，即 $H_B=H_C=H_A$。总流量为各台设备的流量之和，即 $Q_A=Q_B+Q_C$。

并联前每台设备各自的工况点是 D 和 E。由图 18.5.4 可以看出，$Q_A<Q_D+Q_E$，$H_A>H_D$，$H_A>H_E$，表明两台不同性能的设备并联工作的总流量小于并联前各设备单独工作的流量之和，其减少的程度与管路特性曲线的形状有关，管路特性曲线越陡，总流量越小。

两台性能不同的设备并联时，压头小的设备（即性能曲线位于左下方的设备）输出的流量很小。图 18.5.4 中，当并联工况点移至 F 点时，由于设备 Ⅰ 的压头不能大于 H_F，因而不能输出流量，此时应停开设备 Ⅰ。

五、实验条件

本实验装置如图 18.5.5 所示，用到的主要设备构件有：①水泵（含电机）；②转子流量计；③压力表；④水箱；⑤水管阀门。

各设备和仪表需在实验指导教师的带领下熟悉，并学会有关操作方法。

图 18.5.5 中转子流量计的读数反映了各管段的流量，水泵出入口弹性压力计读数之差可近似认为是水泵的扬程。在实际应用中，要注意根据水泵的额定扬程选择弹性压力计的量程范围，既要防止水泵运行（尤其是刚启动时）压力过高损坏压力计（量程范围不能太小），又要注意压力计读数的精确度（量程范围不能太大）；而且水泵出口压力表通常应比水

泵入口压力表量程范围大,而不能简单地在水泵出入口选用相同的压力表。

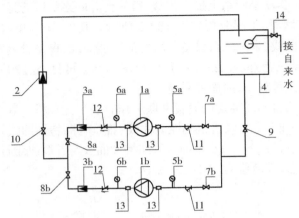

图 18.5.5　水泵并联运行实验装置

1a,1b—水泵(相同型号);2,3a,3b—转子流量计;4—水箱;5a,5b,6a,6b—压力表;
7a,7b,8a,8b,9,10—调节阀;11—过滤器;12—止回阀;13—柔性软接头;14—浮球阀

六、实验步骤

实验前,要检查水管路连接是否严密,水箱内应注满水,使水管路充满水,确保水泵电机配电线路正常工作。

1. 单台水泵性能测试

(1)关闭阀门 7b 和 8b,全开阀门 9 和 10。

(2)将阀门 7a 和 8a 置于 10%开度。

(3)启动水泵 1a,稳定后记录压力表 5a 和 6a 的读数,记录流量计 2 和 3a 的读数。

(4)分三次逐步开大调节阀 8a 至最大开度,重复步骤(3)。

(5)分三次逐步开大调节阀 7a 至最大开度,重复步骤(3)。

(6)整理以上工况的流量和扬程参数,获取单台水泵工况点和性能曲线。

2. 两台水泵并联运行性能测试

(1)将阀门 7a、7b、8a 和 8b 均置于 10%开度,全开阀门 9 和 10。

(2)同时启动水泵 1a 和 1b。

(3)同步调节阀门 8a 和 8b,使水泵 1a 的进出水压力差(表 6a 与 5a 读数之差)与步骤(1)中阀门 8a 最小开度下的进出水压力差相等,使水泵 1b 的进出水压力差与水泵 1a 相等。稳定后记录压力表 5a、5b、6a、6b 的读数,并记录流量计 2、3a、3b 的读数。

(4)分三次逐步开大调节阀 8a 和 8b 至最大开度,重复步骤(3)。

(5)分三次逐步开大调节阀 7a 和 7b 至最大开度,重复步骤(3)。

(6)整理以上工况的水量以及水泵 1a 和 1b 各自的流量和扬程参数,获取水泵并联工况点和并联运行曲线。

3. 管网性能对并联工况的影响测试

(1)紧接以上"两台水泵并联运行性能测试"中的步骤(6)进行,稳定后记录数据,并保持各阀门开度不变。

（2）将阀门 9 逐渐调至 50%开度,稳定后记录压力表 5a、5b、6a、6b 的读数和流量计 2、3a、3b 的读数。

（3）将阀门 10 逐渐调至 50%开度,稳定后记录压力表 5a、5b、6a、6b 的读数和流量计 2、3a、3b 的读数。

（4）结合(3)的结果,比较管网特性变化对水泵并联运行的影响。

七、思考题

（1）为什么两台相同的水泵并联运行后总流量不是原来单台流量的两倍?

（2）影响水泵并联运行后流量增加程度的因素有哪些? 试针对图 18.5.6 分析水泵性能、管网性能对并联运行效果的影响。判断哪些情况下适合采用并联运行?（图 18.5.6 中 G 表示水泵流量,H 表示水泵扬程。）

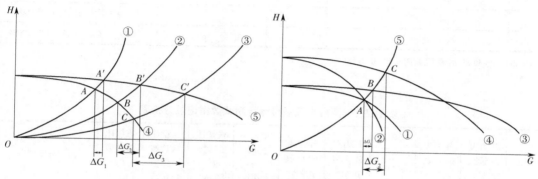

图 18.5.6　水泵并联运行分析 1

（3）结合图 18.5.7 分析,当设计工况为水泵并联运行,而实际仅单台水泵运行时,为什么会出现水泵电机烧毁的现象?

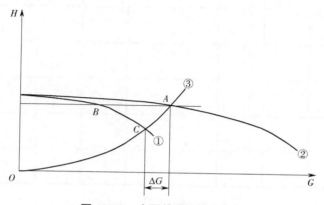

图 18.5.7　水泵并联运动分析 2

八、实验报告

（1）记录测试数据，相关数据填入表 18.5.1、表 18.5.2 和表 18.5.3。

表 18.5.1　单台水泵性能测试数据记录分析表

序号	压力表 5a 读数 p_1/kPa	压力表 6a 读数 p_2/kPa	水泵扬程 (p_1-p_2)/kPa	流量计 2 读数 L_1/（kg/s）	流量计 3a 读数 L_2/（kg/s）	水泵流量 $[(L_1+L_2)/2]$/kPa	阀门开度状态
1							7a、8a 均 10%开度
2							7a 开度 10%，8a 开度 40%
3							7a 开度 10%，8a 开度 70%
4							7a 开度 10%，8a 开度 100%
5							7a 开度 40%，8a 开度 100%
6							7a 开度 70%，8a 开度 100%
7							7a 开度 100%，8a 开度 100%

注：阀门 7b 和 8b 均关闭，阀门 9 和 10 均全开。

表 18.5.2　两台水泵联合运行测试数据记录分析表

序号	压力表 5a 读数 p_1/kPa	压力表 6a 读数 p_2/kPa	水泵 1a 扬程 (p_1-p_2)/kPa	压力表 5b 读数 p_3/kPa	压力表 6b 读数 p_4/kPa	水泵 1b 扬程 (p_3-p_4)/kPa	流量计 2 读数 L_1/（kg/s）	流量计 3a 读数 L_2/（kg/s）	流量计 3b 读数 L_3/（kg/s）	阀门开度状态
1										7a、8a 均 10%开度
2										7a 开度 10%，8a 开度 40%
3										7a 开度 10%，8a 开度 70%
4										7a 开度 10%，8a 开度 100%
5										7a 开度 40%，8a 开度 100%
6										7a 开度 70%，8a 开度 100%
7										7a 开度 100%，8a 开度 100%

注：阀门 9 和 10 均全开。

表 18.5.3　管网特性对水泵并联运行影响数据记录分析表

序号	压力表 5a 读数 p_1/kPa	压力表 6a 读数 p_2/kPa	水泵 1a 扬程 (p_1-p_2) /kPa	压力表 5b 读数 p_3/kPa	压力表 6b 读数 p_4/kPa	水泵 1b 扬程 (p_3-p_4) /kPa	流量计 2 读数 L_1/ (kg/s)	流量计 3a 读数 L_2/ (kg/s)	流量计 3b 读数 L_3/ (kg/s)	阀门开度状态
1										7a 开度 100%,8a 开度 100%,9 和 10 开度均 100%
2										7a 和 8a 开度均 100%,9 开度 50%,10 开度 100%
3										7a 和 8a 开度均 100%,9 开度 50%,10 开度 50%

（2）通过数据分析,在坐标纸上绘制水泵并联运行性能曲线和管网特性曲线。

九、注意事项及其他说明

（1）严格遵守实验室的规定,服从实验教师的指导。

（2）注意人身安全和实验设备的安全。

（3）爱护实验设备。

第 19 章　燃烧学

实验 19.1　本生(Bensun)火焰和史密斯尔斯(Smithells)火焰分离

一、实验目的

(1)观察本生火焰的壁面淬熄效应和火焰外凸效应,燃料浓度对火焰颜色的影响,以及气流速度对火焰形状的影响等各种火焰现象。

(2)了解本生火焰内外锥分离的原理和方法。

二、实验原理

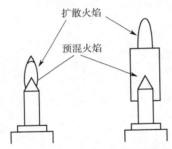

预混合燃烧即动力燃烧,其机理是燃气与燃烧所需的部分空气进行预先混合,燃烧过程在动力区进行,形成的火焰称为本生(Bensun)火焰。当燃料和空气流量调节到化学当量比时,即能出现稳定的 Bensun 火焰,其内锥为蓝绿色的预混火焰(内锥表面呈白色),外锥为淡黄色的扩散火焰,同时能观察到火焰的壁面淬熄效应和火焰外凸效应。改变可燃气的混合比,可以观察到火焰颜色的变化。当空气浓度较低时,扩散火焰占主要部分,反应不完全的炭颗粒被析出,火焰呈黄色;当空气浓度增大后,变成预混火焰,反应温度高,完全燃烧,火焰呈蓝色。富燃料的 Bensun 火焰可以用史密斯尔斯(Smithells)分离法进行内外锥分离。Bensun 火焰及 Smithells 火焰分离现象如图 19.1.1 所示。

扩散火焰
预混火焰

图 19.1.1　Bensun 火焰及 Smithells 火焰分离现象

三、实验设备与燃料

实验设备包括空气压缩机、稳压筒、Bensun 火焰实验系统、Ⅰ号长喷管、Ⅰ号玻璃管、点火器等。燃料为液化石油气。

四、实验步骤

(1)开启排风扇,保持室内通风,防止燃气泄漏对人员造成危害。

(2)开启空气压缩机,使空气压缩机上压力表的示值达到 0.4 MPa,保证储气罐有足够的空气量。

(3)检查并连接好各管路,装上Ⅰ号长喷管(内径为 7.18 mm),套上支撑环架及Ⅰ号玻璃管。

(4)打开空气(进气)总阀,按要求设定预混空气定值器的压力(定值器已预先调整好,无须学生调整）。开启液化石油气开关阀,使燃气管充满石油气,然后打开燃气(进气)总阀。

（5）缓慢打开预混空气调节阀,使空气流量指示在 150 L/h 左右;再打开燃气调节阀,使燃气流量指示在 6~7 L/h。用点火器在喷管出口处点火。

（6）调节空气流量,观察不同空燃比时火焰颜色及形状的变化。待管口形成稳定的 Bensun 火焰时(空气流量约为 275 L/h),记录燃气和空气的压力、流量。

（7）火焰内外锥分离:调节空气流量(约为 150 L/h),使火焰内锥出现黄尖,托起支撑环架,使玻璃外管升高,当外管口超过内管口时,火焰便移到外管口上;玻璃外管升到一定高度,外锥仍留在外管口处,而内锥移至内管口燃烧,从而实现了火焰分离;玻璃外管继续升高,外锥被吹脱。记录燃气和空气的压力、流量。

（8）关闭燃气和空气阀门,整理实验现场。

五、数据处理

记录形成稳定的 Bensun 火焰及 Smithells 火焰分离现象时的燃气和空气的压力、流量;记录实验台号、环境压力和温度。

六、思考题

（1）本生灯火焰的内外锥各是什么火焰? 为什么? 在什么情况下外锥比较明显?

（2）火焰分离时,为什么锥间距离过大,外锥会被吹脱?

实验 19.2　预混火焰稳定浓度界限的测定

一、实验目的

观察预混火焰的回火和吹脱等现象,测定预混火焰的稳定浓度界限。

二、实验原理

火焰稳定性是气体燃料燃烧的重要特性,对于不同的空气燃料比(或燃气空气比),火焰会出现冒烟、回火和吹脱现象。本实验装置可以定量地测定燃料浓度对火焰稳定性的影响,从而绘制得到火焰稳定性曲线(回火线),如图 19.2.1 所示。

三、实验设备与燃料

实验设备包括小型空气压缩机、稳压筒、Bensun 火焰实验系统、冷却水系统、Ⅱ 号长喷管、有机玻璃挡风罩、点火器等。燃料为液化石油气。

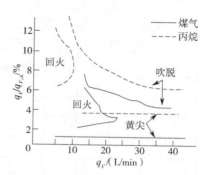

图 19.2.1　气体燃料燃烧稳定曲线

四、实验步骤

（1）开启排风扇，保持室内通风，防止燃气泄漏对人员造成危害。

（2）启动压缩空气泵，直至压气机停止工作，保证储气罐有足够的空气量。

（3）检查并连接好各管路，装上Ⅱ号长喷管及冷却器（出口直径为10 mm），接通循环冷却水；罩上有机玻璃挡风罩，稍开冷却水阀，确保冷却器中有少量水流过。

（4）打开空气（进气）总阀，按要求设定预混空气定值器的压力（定值器已预先调整好，无须学生调整）。开启液化石油气阀门，使燃气管充满石油气，然后打开燃气（进气）总阀。

（5）缓慢打开预混空气调节阀，使空气流量指示在150 L/h左右；再打开燃气调节阀，使燃气流量指示在3.8 L/h左右。用点火器在喷管出口处点火。

（6）调节（增加）空气流量，使火焰内锥出现黄尖，记录火焰发烟时的燃气和空气参数；再增加空气流量，使管口形成稳定的Bensun火焰，记录圆锥火焰的燃气和空气参数；然后缓慢调小空气流量，待形成平面火焰时，记录燃气和空气参数，其中管口形成平面火焰为回火的贫富燃料线界限；最后缓慢增加空气流量，待火焰被吹脱时，记录燃气和空气参数。上述各种现象产生时的燃气和空气压力及流量记录于表19.2.1中。

（7）在3.8~5.2 L/h，再选2~4个不同燃气流量点，重复步骤（6）。

（8）关闭燃气和空气阀门，整理实验现场。

五、数据处理

（1）根据理想气体状态方程（等温），将燃气和空气的测量流量换算成相同压力（如0.1 MPa）下的流量值。

（2）根据换算流量值计算各种情况下的空气燃料比（空燃比）。

（3）以空燃比为纵坐标，以输入燃气量为横坐标，绘制火焰稳定性曲线（回火线、吹脱线及发烟线）。

表 19.2.1　实验记录表

燃料：＿＿＿＿＿　　试验台号：＿＿＿＿＿　　气压：＿＿＿＿＿　　　　　室温：＿＿＿＿＿

序号	黄尖				圆锥火焰				回火				吹脱			
	燃气		空气		燃气		空气		燃气		空气		燃气		空气	
	压力/kPa	流量/(L/h)	压力/kPa	流量/(L/h)	压力/kPa	流量/(L/h)	压力/kPa	流量/(L/h)	压力/kPa	流量/(L/h)	压力/kPa	流量/(L/h)	压力/kPa	流量/(L/h)	压力/kPa	流量/(L/h)
1																
2																
3																
4																
5																
6																
7																
8																

六、思考题

（1）在怎样的空燃比下点火比较容易？为什么？

（2）确定回火的浓度界限时，应该怎样调节空气和燃气流量？为什么？

实验 19.3　气体燃料射流燃烧火焰长度与火焰温度的测定

一、实验目的

（1）比较射流扩散燃烧与预混燃烧的异同。

（2）观察贝克-舒曼（Burke-Schumann）火焰现象。

（3）测定层流扩散火焰长度与雷诺数 Re 的关系曲线。

（4）测定射流火焰的温度分布。

二、实验原理

气体燃料的射流燃烧是一种常见的燃烧方式。当燃料和氧化剂都是气相的扩散火焰时，与预混火焰不同的是，射流扩散火焰的燃料和氧化剂不预先混合，而是边混合边燃烧（扩散），因而燃烧速度取决于燃料和氧化剂的混合速度，它是扩散控制的燃烧现象。

射流扩散火焰可以由本生火焰实验系统关闭一次空气得到，一般来说扩散火焰颜色发黄，比预混火焰更明亮、更长，并且没有管内回火，燃料较富裕时易产生含炭烟气。

纵向受限同轴射流扩散火焰是研究和应用较多的一种火焰。将一根细管放在一根粗管（玻璃管）内部，并使两管同心，燃料和氧化剂分别从两管通过，在管口点燃，调整燃料和氧化剂的流量可以得到贝克-舒曼火焰。

当燃料低速从喷嘴口流出时，在管口点燃可以得到层流扩散火焰。层流扩散火焰长度与管口雷诺数 Re 成正比。本实验的目的之一就是论证 $h\text{-}Re$ 关系。

火焰高度可以用光学测高仪读数望远镜测量，管口雷诺数为

$$Re = \frac{ud}{\nu} \tag{19.3-1}$$

式中：d 为喷口直径；ν 为燃料的运动黏度；u 为燃料从喷口喷出的平均速度。

火焰的温度分布是火焰研究的重要内容。本实验采用自制的热电偶测定射流火焰的温度分布，并以数字电压表显示。

三、实验设备

（1）射流扩散火焰实验系统。

（2）小型空气压缩机。

（3）测高仪。

（4）坐标架、热电偶、数字电压表。

（5）玻璃外管 Ⅰ、Ⅱ 两套。

四、实验步骤

（1）按扩散燃烧实验原理图接好各管路，检查有无漏气现象。

（2）将空气换向阀转至预混燃烧方向，输入燃料和空气，并在喷口点燃，获得稳定的预混火焰，再逐渐关闭一次空气，实现从预混燃烧到扩散燃烧的转变，观察火焰现象的变化。

（3）安装同心玻璃管Ⅰ号管，将换向阀转至外管方向，分别输入燃料和空气，并在内管口点燃，实现管内燃烧，调节燃料与空气流量，观察并比较通风不足和通风过量的火焰现象。若通风过量，火焰明亮，呈锥形，长度短；若通风不足，火焰暗红，变长，冒烟，最后成碗形。

（4）改换内径小的喷嘴，测量不同燃料流量下的火焰高度，调整测高仪，测定射流扩散火焰高度随雷诺数的变化，将燃料流量与火焰高度填入表 19.3.1。

（5）接通数字电压表，预热半小时，将与热电偶连接在一起的坐标架调整好。

（6）换上内径较大的喷嘴，装上Ⅱ号玻璃外管，使热电偶球头顺利通过火焰对称面，调节微分测头，每隔 1 mm 逐点对火焰区的温度进行二维测量，将火焰高度填入表 19.3.2。

（7）关闭燃料和空气阀门。

五、数据处理

（1）根据流量换算，求出燃料的实际流量，填入表 19.3.1 中。

（2）求出燃料在喷嘴内流动的平均雷诺数，填入表 19.3.1 中，作出 $h\text{-}Re$ 曲线。

（3）根据热电偶测得的毫伏值查表求出相应的温度值，填入表 19.3.2 中，作出火焰断面温度分布曲线。

表 19.3.1 $h\text{-}Re$ 测定

燃料：_____   喷嘴直径：_____

序号	仪表指示燃料流量	实际燃料流量	喷口燃料流量	喷口平均雷诺数	火焰高度
1					
2					
3					
4					
5					
6					
7					
8					

表 19.3.2 火焰温度分布测定记录

火焰高度：_____ 喷嘴直径：_____

序号	1		2		3		4		5		平均	
	毫伏值/mV	温度/℃	毫伏值/mV	温度/℃	毫伏值/mV	温度/℃	毫伏值/mV	温度/℃	毫伏值/mV	温度/℃	毫伏值/mV	温度/℃
1												
2												
3												
4												
5												
6												

六、思考题

（1）射流扩散火焰与预混火焰有哪些主要区别？

（2）当燃料输入量较大时，火焰会大量冒烟，试分析原因。

（3）用热电偶测量火焰温度有何利弊？

实验 19.4 静压法气体燃料火焰传播速度的测定

火焰传播速度（燃烧速度）是气体燃料燃烧最重要的特性之一，它不仅对火焰的稳定性和燃气互换性有很大的影响，而且对燃烧方法的选择、燃烧器的设计和燃气的安全使用也有实际意义。

一、实验目的

熟悉和掌握火焰传播速度 u_0、火焰行进速度 u_p 和来流（供气）速度 u_s 之间的关系；熟悉静压法（管子法）测定火焰传播速度（单位时间内在单位火焰面积上所燃烧的可燃混合物的体积）的方法。

二、实验原理

在一定的气体流量、浓度、温度、压力和管壁散热情况下，当点燃一部分燃气-空气混合物时，在着火处形成一层极薄的燃烧焰面。这层高温燃烧焰面加热相邻的燃气-空气混合物，使其温度升高，当达到着火温度时，就开始着火形成新的焰面。这样，焰面就不断向未燃气体方向移动，使每层气体都相继经历加热、着火和燃烧过程，即燃烧火焰锋面与新鲜的可燃混合气及燃烧产物之间进行热量交换和质量交换。层流火焰传播速度的大小由可燃混合气的物理化学特性决定，所以它是一个物理化学常数。

过量空气系数（空气消耗系数）Φ_{at} 对火焰燃烧温度 T_f 的影响如图 19.4.1 所示，预热空

气 T_s 温度对火焰燃烧温度 T_f 的影响如图 19.4.2 所示,过量空气系数 Φ_{at} 对火焰传播速度 u_0 的影响如图 19.4.3 所示。

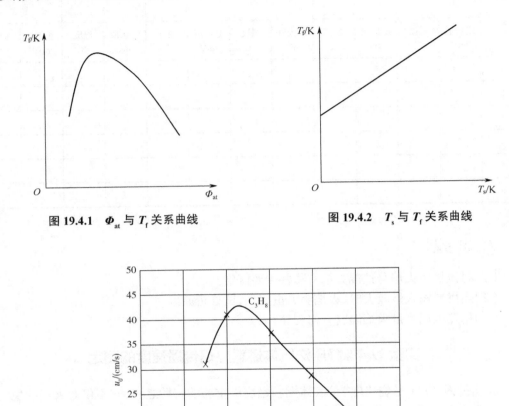

图 19.4.1 Φ_{at} 与 T_f 关系曲线

图 19.4.2 T_s 与 T_f 关系曲线

图 19.4.3 Φ_{at} 与 u_0 关系曲线

三、实验设备

实验装置如图 19.4.4 所示,主要仪器设备包括:①浮子式流量计(燃气);②浮子式流量计(空气);③空气旁通稳定阀;④空气压力表;⑤空气压缩机;⑥温度计;⑦点火枪;⑧石英玻璃管;⑨数码相机;⑩液化石油气罐。

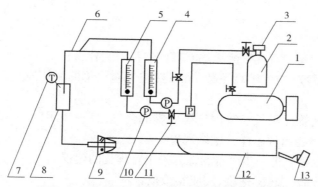

图 19.4.4　气体燃料火焰传播速度测定实验装置

1—空气压缩机；2—液化石油气（LPG）罐；3—燃气阀；4—燃气流量计；5—空气流量计；6—引射管；7—温度计；
8—稳压筒；9—可燃气进口端；10—空气压力表；11—空气旁通稳压阀；12—石英玻璃管；13—点火枪

四、实验步骤

（1）关闭控制台燃料气和空气进气阀门。

（2）开启排风扇，保持室内通风，防止燃气泄漏对人员造成危害。

（3）启动压缩空气泵，直至压气机停止工作，保证储气罐有足够的空气量。

（4）开启液化石油气阀门，使燃气管充满石油气。

（5）开启控制台空气进气阀门，同时调节空气旁通稳压阀；开启燃气阀门，使石英玻璃管内充满一定浓度的燃气-空气可燃混合气。

（6）用点火枪在石英玻璃管出口端点燃可燃混合气（注意点火枪不能直接对着管口中心，防止流动的可燃混合气将火花吹熄）；如点火不成功，则重新调整燃气和空气的流量，保证可燃混合气处在着火浓度极限范围内，直至点火成功。

（7）观察石英玻璃管口的火焰形态。

（8）交替调节空气进气阀和燃气阀，使火焰呈预混火焰的特征。

（9）微调空气进气阀和燃气阀，使可燃混合气流量微量减小，使石英玻璃管口火焰锋面朝着可燃混合气一侧缓慢移动。当火焰锋面基本置于石英玻璃管中间段位置时，微量调节空气流量阀门，使可燃混合气流量微量增大。当燃烧速度等于可燃气的来流（供气）速度时，火焰行进速度等于零，此时火焰锋面在空间驻定静止不动。如果供气速度调节量过大，会造成火焰脱火；反之，会造成回火而吹熄；此时重复步骤（6）、（7）、（8）、（9），直至燃烧火焰锋面在石英玻璃管中间段驻定而不移动。

（10）对于管内的火焰特征，在有条件的情况下用数码相机或摄像机拍摄管内的火焰形状。

（11）记录空气流量、燃气流量和大气温度。

（12）关闭液化石油气罐阀门。

（13）关闭控制台燃气阀门和空气阀门。

（14）关闭通风机电源开关。

五、思考题

（1）静压法（管子法）观察到的火焰有哪些特征？为什么？

（2）过量空气系数（空气消耗系数）和预热空气对火焰的燃烧速度、火焰传播速度有何影响？

（3）若石英玻璃管无限长且管内充满可燃混合气，且一端闭口、一端开口，在开口端点火，产生行进火焰，将会出现怎样的燃烧现象？

（4）对本实验台可以进一步完善的地方提出合理化的建议。

（5）计算火焰传播（燃烧）速度，完成实验报告。

实验 19.5　本生灯法层流火焰传播速度的测定

一、实验目的

（1）巩固火焰传播速度的概念，掌握本生灯法测量火焰传播速度的原理和方法。

（2）测定液化石油气的层流火焰传播速度。

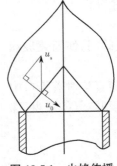

（3）掌握不同的气燃比对火焰传播速度的影响，测定出不同燃料百分数下火焰传播速度的变化曲线。

二、实验原理

层流火焰传播速度是燃料燃烧的基本参数。测量火焰传播速度的方法有很多，本实验装置采用动力法即本生灯法对其进行测定。

正常法向火焰传播速度定义为在垂直于层流火焰前沿面方向上火焰前沿面相对于未燃混合气的运动速度。在稳定的 Bensun 火焰中，内锥面是层流预混火焰前沿面。在此面上某一点处，混合气流的法向分速度与未燃混合气流的运动速度即法向火焰传播速度相平衡，这样才

图 19.5.1　火焰传播速度测试原理

能保持燃烧前沿面在法线方向上的燃烧速度（图 19.5.1），即

$$u_0 = u_s \sin \alpha \qquad (19.5\text{-}1)$$

式中：u_s 为混合气的流速（cm/s）；α 为火焰锥角的一半（°）。

$$u_0 = \frac{318 q_V}{\sqrt{r^2 + h^2}} \qquad (19.5\text{-}2)$$

式中：q_V 为混合气的体积流量（L/s）；h 为火焰内锥高度（cm）；r 为喷口半径（cm）。

三、实验设备

实验台由本生灯、旋涡气泵、湿式气体流量计、U 形管压差计、测高尺等组成。旋涡气泵产生的空气通过泄流阀、稳压罐、湿式气体流量计、调压阀后进入本生灯，燃气经减压器、湿式气体流量计、防回火器、调压阀后进入本生灯与空气预混合，点燃后通过测量内焰锥高度计算火焰的传播速度。

四、实验步骤

（1）启动旋涡气泵,调节风量,使本生灯出口流速约为 0.6 m/s,由湿式流量计读出空气流量。

（2）由以上空气流量粗略地估算出一次空气系数约为 0.8、0.9、1.0、1.1、1.2 时的燃气流量。

（3）开启燃气阀,调整燃气流量分别为上述 5 个计算值的近似值（流量值由流量计读出）。

（4）缓慢调节空气和燃气流量,当火焰稳定后,分别由湿式流量计测出燃气与空气的体积流量;由测高尺测出火焰内锥高度（从火焰底部即喷口出口断面处到火焰顶部的距离）,为减少误差,每种情况测试三次并取平均值。

（5）记录室温,计算出 u_0。

五、数据处理

（1）根据理想气体状态方程（等温）,将燃气和空气测量流量换算成（当地大气压下）喷管内的流量值,然后计算出混合气的总流量,求出可燃混合气在管内的流速 u_s 和燃气在混合气中的百分数。

（2）计算出火焰传播速度 u_0,将有关数据填入表 19.5.1。

表 19.5.1　实验记录表

喷管口半径:_____　室温:_____　气压:_____

序号	燃气测量值		空气测量值		折算流量		总流量	燃气体积/%	气流出口速度/(cm/s)	火焰传播速度/(cm/s)	火焰高度/cm	
	压力	流量	压力	流量	空气	流量						
1											1	
											2	
											3	
											平均	
2											1	
											2	
											3	
											平均	
3											1	
											2	
											3	
											平均	

续表

序号	燃气测量值		空气测量值		折算流量		总流量	燃气体积/%	气流出口速度/(cm/s)	火焰传播速度/(cm/s)	火焰高度/cm	
	压力	流量	压力	流量	空气	流量						
4											1	
											2	
											3	
											平均	
5											1	
											2	
											3	
											平均	
6											1	
											2	
											3	
											平均	

六、思考题

（1）液化石油气的最大火焰传播速度是多少？对应的燃气百分数是多少？误差如何？

（2）应选定 Bensun 火焰的哪个面为火焰前沿面？为什么？

实验 19.6   水煤浆滴燃烧实验

一、水煤浆应用背景

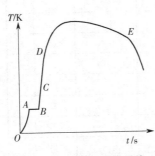

图 19.6.1   水煤浆滴燃烧
特性曲线

石油资源的紧缺使我国相当一部分依赖石油作为燃料的燃油炉的稳定运行变得困难。由于水煤浆与液体燃料在许多方面有相似之处，以水煤浆代替液体燃料的研究得到广泛的重视，也取得了很大的进展。这种在煤粉中加入一定比例的水和少量表面活性剂制成的水煤浆有许多特点。它可以像石油一样用管道输送，只需改动燃油炉的某些部件，如设置水煤浆喷嘴就可在燃油炉中燃烧。由于含有水分，燃油炉中火焰的温度较低，保护了热部件，同时降低了污染。多年来，有关水煤浆燃烧的工业性实验和基础研究取得了一批重要成果。

水煤浆是一种两相非牛顿流体，与纯液体燃料有所区别。目前的研究成果表明，水煤浆滴的燃烧过程大致可分为以下四个阶段（图 19.6.1）。

（1）煤浆滴的加热（OA）。这一阶段煤浆滴温度上升，水分也同时蒸发。

（2）水分蒸发（AB）。煤浆滴温度上升到 A 点对应的温度后，水分继续蒸发，但温度保持不变,这时的煤浆滴的温度为水的饱和温度,即液体蒸发时的湿球温度。

(3)煤粒挥发分析出并燃烧(BD)。水分蒸发后,煤浆滴呈多孔状干球,温度继续上升;先是挥发分析出,达到一定温度(C 点)后开始着火,温度继续上升,直到挥发分燃尽(D 点)。

(4)固定碳着火和燃烧(DE)。挥发分燃尽时,温度已经相当高,足以使固定碳着火,温度急剧上升,然后有较长的稳定燃烧过程,直至固定碳燃尽(E 点)。E 点以后出现熄火现象,浆滴温度迅速下降。

从 O 点到 E 点所需的时间即为水煤浆滴的燃尽时间。

二、实验原理

实验采用人工黑体作为热环境,将水煤浆滴挂在热电偶上,记录浆滴初始直径,并描绘出燃烧过程中浆滴温度随时间的变化曲线,由此计算浆滴的燃尽时间。

三、实验设备与燃料

水煤浆滴燃烧实验装置如图 19.6.2 所示,使用镍铬-镍硅热电偶和数字温度表,所用燃料为水煤浆。

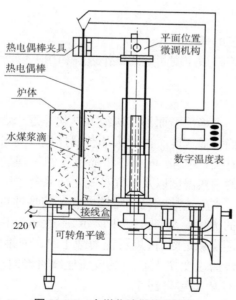

图 19.6.2　水煤浆滴燃烧实验台

四、实验步骤

(1)配置水煤浆,贫煤掺水量为 30%~35%,褐煤掺水量为 40%~45%。

(2)接通电路,检查各仪器工作是否正常。

(3)将镍铬-镍硅热电偶放入电加热炉内,使热电偶丝节点基本位于炉子中心,开始加热,观察数字温度表上显示的温度,待温度达到 650 ℃时停止加热。

（4）将用于测炉温的热电偶取下，换上挂好水煤浆滴的热电偶，估计水煤浆滴的直径并记录，小心地将水煤浆滴放入炉子中心处燃烧。每隔3 s记录一次温度，直至燃烧完毕。温度记录在达到燃烧最高温度后下降100 ℃时结束。

注：水煤浆滴一进入炉膛就应开始记录温度，否则将错过水分加热及蒸发阶段。

（5）炉子下面的镜子可以观察到水煤浆滴在炉内的燃烧情况，记录浆滴出现红点和整体通红时的温度，分别为挥发分燃烧和固定碳燃烧的温度。

（6）燃烧完毕后，将热电偶移出炉子，用小镊子轻轻地将灰渣夹出。必须特别仔细，以免损坏热电偶。

（7）换一个浆滴直径，重复步骤（3）~（6）。

（8）清理现场。

五、实验数据处理

绘出水煤浆滴的燃烧特性曲线，即温度-时间曲线，分析燃烧过程的各个阶段。

实验19.7 燃气法向火焰传播速度实验

一、实验目的

（1）理解火焰传播速度的概念。
（2）掌握燃气法向火焰传播速度测定的操作过程和相关仪器设备的使用方法。

二、实验原理

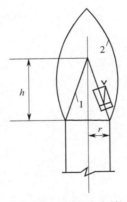

图 19.7.1 本生火焰
1—内焰；2—外焰

火焰前沿面沿其法线方向朝邻近未燃气体移动的速度称为法向火焰传播速度。法向火焰传播速度仅与可燃混合气体的物理化学性质有关，决定法向火焰传播速度的物理量有：燃气成分、可燃混合气体的预热温度以及燃气与氧化剂混合比例。

本生火焰法是测定法向火焰传播速度的一种应用广泛且较为完善的方法。如图 19.7.1 所示，本生火焰由内焰和外焰两部分组成。当燃烧稳定时，内焰可视为静止的几何锥体，焰面上任意点的法向火焰传播速度 S_n 与该点的气流速度对焰面的法向分量 V_n 相等。因此，测出 V_n 即可得到 S_n。

实际上内焰并非一个几何正锥体，焰面各点上的 S_n 也并不相等。但为了得到比较简单的计算公式，可假定焰面各点 S_n 值相等，内焰为几何正锥体，则有：

$$S_n = V_n = V \cos \phi \tag{19.7-1}$$

$$\cos \phi = \frac{r}{\sqrt{h^2 + r^2}} \tag{19.7-2}$$

$$V = \frac{L}{\pi r^2} = \frac{L_g + L_a}{\pi r^2} \tag{19.7-3}$$

$$S_n = \frac{L_g + L_a}{\pi r^2 \sqrt{h^2 + r^2}} = \frac{L_g(1 + \alpha V_0)}{\pi r^2 \sqrt{h^2 + r^2}} \tag{19.7-4}$$

式中：L 为混合气体流量；h 为火焰高度；r 为管口内径；L_g 为燃气流量；L_a 为空气流量；α 为一次空气系数；V_0 为理论空气需要量。

三、实验仪器

（1）燃烧管：用来混合燃气和空气，并使燃气在管口处燃烧。

（2）湿式气体流量计：2 台，分别测定燃气和空气流量。

（3）空气泵：供给燃烧所需的空气。

（4）卡尺：用于测定燃烧管的管口内径。

（5）测定仪：放大倍数可达 12 倍，有效工作距离为 1~4 m，最小读数值为 0.02 mm。

四、实验装置

实验装置见图 19.7.2。燃气与空气分别经过湿式气体流量计进入燃烧管，根据燃气与空气的流量以及燃气的理论空气量可以算出一次空气系数 α。通过调节空气阀或燃气阀可得到不同的 α 值。

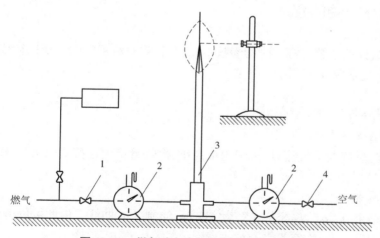

图 19.7.2　燃气法向火焰传播速度实验装置

1—燃气阀；2—湿式气体流量计；3—燃烧管；4—空气阀

五、实验步骤

1. 准备工作

（1）测定燃烧管的管口内径。

（2）测试成分或热值。

（3）测试用气体密度计测量燃气密度。

（4）校正空气和燃气流量计。

（5）按实验装置图连接仪器设备。

（6）用卡尺测量燃烧管的管口内径 r，单位以 cm 计。

（7）进行气密性实验，打开气源阀门，关闭燃烧管上的燃气阀门，压力计无压降。

2. 测量方法

（1）打开电源，启动气泵，关闭空气阀。

（2）打开燃气阀，点燃火焰，这时呈扩散式燃烧

（3）慢慢开启空气阀，送入空气。当出现火焰内锥时，即可测量燃气及空气的流量，同时记录燃气和空气的压力和温度。

（4）用测高仪测量火焰内锥高度 h，单位以 cm 计。

（5）用所测量的燃气成分或低位发热量计算理论空气需要量。

（6）多次适当增加或减少空气量，即改变一次空气系数，测出相应的火焰内锥高度。

六、实验结果计算与处理

1. 理论空气需要量

理论空气需要量为

$$V_0 = \frac{1}{21}\left[\frac{1}{2}\varphi(\mathrm{H_2}) + \frac{1}{2}\varphi(\mathrm{CO}) + \frac{3}{2}\varphi(\mathrm{H_2S}) + \sum\left(n + \frac{m}{4}\right)\varphi(\mathrm{C_nH_m}) - \varphi(\mathrm{O})_2\right] \times L_g \quad (19.7\text{-}5)$$

式中：φ 为各成分的体积分数。

2. 一次空气系数

当测定时流体的参数与标定时的参数不相同时，需对流量计的流量进行校正，流量计修正系数（一次空气系数）α 的计算如下：

$$\alpha = \frac{L_a}{L_g \times V_0} \quad (19.7\text{-}6)$$

3. 法向火焰传播速度 S_n

根据测得的燃气及空气流量、火焰内锥高度、燃烧管口内径按式（19.7-4）计算法向火焰传播速度 S_n。

4. 绘制 S_n-α 曲线

根据测试结果，以 α 为横坐标，S_n 为纵坐标，绘制 S_n-α 曲线。由此可以得到最大火焰传播速度 $S_{n,\max}$ 和相应的一次空气系数。

实验 19.8　可燃液体闪点的测定

一、实验目的

（1）通过实验直观认识可燃液体的闪点。

（2）明确闪点的实用意义（重点是闪点对可燃液体火灾的重要意义）。

（3）掌握实验测量的原理和开口杯、闭口杯测量闪点的方法。

（4）熟练使用开（闭）口闪点全自动测量仪测量液体的开（闭）口闪点，掌握混合液体的闪点的变化规律。

二、实验原理

1. 闪燃和闪点

研究可燃液体火灾危险性时，闪燃是必须掌握的一种燃烧类型。闪燃是指可燃液体遇火源后，在其表面产生的一闪即灭（少于 5 s）的燃烧现象。闪燃的发生是可燃液体着火的前奏，是火险的警告。在规定的实验条件下，可燃液体表面能产生闪燃的最低温度，即为闪点。闪点是衡量可燃液体火灾危险性的重要依据。闪点越低，液体火灾危险性越高。闪点是可燃液体火灾危险性的分类、分级标准。

（1）甲类危险可燃液体：闪点<28 ℃。

（2）乙类危险可燃液体：28 ℃≤闪点<60 ℃。

（3）丙类危险可燃液体：闪点≥60 ℃。

油品根据闪点划分，闪点在 45 ℃以下的为易燃品，在 45 ℃以上的为可燃品。在储存使用中，禁止将油品加热到它的闪点，加热的最高温度一般应低于闪点 20~30 ℃。根据可燃液体的闪点，确定其火灾危险性后，可以相继确定安全生产措施和灭火剂供给强度。

2. 开口闪点和闭口闪点

用规定的开口杯闪点测定器测得的闪点称为开口闪点，用规定的闭口杯闪点测定器测得的闪点称为闭口闪点。对于同一种物质，开口闪点总比闭口闪点高，因为开口闪点测定器所产生的蒸气能自由地扩散到空气中，相对不易达到闪燃的温度。通常开口闪点比闭口闪点高 20~30 ℃。

3. 混合液体的闪点

纯组分可燃液体的闪点可以通过查阅文献资料来获得。但是，随着化学工业的不断发展及化工产品的多样化，许多行业在实际生产中常常大量使用混合可燃液体，如在油漆、涂料、冶金、精细化工、制药等领域。这些行业的危险等级取决于混合液体的闪点，而混合液体的闪点随组成、配比的不同而变化，很难从文献上查得，需要实际测量混合闪点，为研究其变化规律提供依据。在重质油使用过程中，混入少量轻组分油品，闪点便会降低。

不同可燃液体混合后的闪点，一般低于各组分闪点的算术平均值，并接近于含量大的组分的闪点。可燃液体与不可燃液体混合后的闪点随不可燃液体含量的增加而升高，当不可燃液体的含量超过一定值后，混合液体不再发生闪燃。

三、实验装置和实验器材

本实验主要的装置包括 VKK3000 型开口闪点全自动测定仪和 VBK3001 型闭口闪点全自动测定仪，其工作原理如下所述。

（1）VKK3000 型开口闪点全自动测定仪按照规定的升温曲线，由 CPU 控制加热器对样品进行加热，蓝色 LED 显示器显示状态、温度、设定值等，在样品温度接近设定的闪点值时（低于设定值 10 ℃），CPU 控制电点火系统自动点火，自动划扫。在出现闪点时，仪器自动锁定闪点值，同时自动对加热器进行风冷。

（2）VBK3001型闭口闪点全自动测定仪按照规定的升温曲线加热，气点火在温度接近闪点值时微机控制气路系统自动打开气阀、自动点火。当出现闪点时，仪器自动锁定显示，打印结果，同时自动对加热器进行冷却。电点火时无须使用气源和气路系统。

本实验还用到机械油、煤油等可燃液体以及烧杯、量筒、搅拌棒、清洗布等用品。

四、实验步骤

（1）开机前检查所有连接是否正确无误，然后打开电源开关。

（2）接通电源后，仪器测试头自动抬起，按显示器提示进行设定。

（3）进入"方法选择"，根据实验具体要求进行测试依据的标准和预测试的选择。

（4）进行"预置温度"设定，按"△"或"▽"键设定温度，完毕后按"确认"键返回主菜单。

（5）日期设定、大气压设定、打印设置等都通过按"△"或"▽"键实现，设置好后，按"确认"键返回主菜单。

（6）配制混合液。选取两种样品，配制三种以上不同比例的混合液，分别测定其闪点。

（7）将样品杯用石油醚或汽油清洗干净，把样品倒入杯中至刻度线，将其放入仪器加热桶内。在主菜单中选择"测试闪点"并按"确认"键，测试头自动落下，测试开始。

（8）当出现闪点时，测试头自动抬起锁定显示、报警，并打印结果。如果在测试中需要终止实验，可按两次"确认"键结束实验。

（9）当样品温度预置过低或样品温度过高时会自动结束实验，并在"状态"栏中显示"预置过低"或"样温过高"。当样品实验温度超过预置温度50 ℃未出现闪点时，仪器会自动终止实验。

（10）测试完毕，待仪器冷却后，更换样品，按"确认"键进行第二次测试。如需更改仪器设置，可按"△"或"▽"键返回主菜单进行更改。

五、实验数据记录与结果处理

（1）记录两种纯样品以及配置的混合液的开口闪点和闭口闪点，数据填入表19.8.1。

（2）比较纯样品和混合样品的闪点，作出曲线图，得出变化规律。

表 19.8.1　实验记录表

序号	预置温度/℃	煤油体积分数/%	机油体积分数/%	开口闪点/℃	闭口闪点/℃
1	170	0	100		
2	80	20	80		
3	70	50	50		
4	60	80	20		
5	50	100	0		

六、注意事项

（1）因有点火装置,仪器必须在通风橱内操作(不要开风机),防止外部气流造成测试误差。

（2）温度传感器由玻璃制成,使用时不要与其他物体相碰。

（3）每次换样品都要将样品杯清洗干净,加热桶内不要放入其他物体,否则将无法进行实验。

（4）测试头部分为机械自动传动,切勿用手强制动作,否则将造成机械损伤。

（5）当仪器不能正常工作时,要及时与指导教师联系。

七、思考题

（1）理解闪燃、闪点的概念和测量闪点的意义。

（2）理解开口闪点和闭口闪点的区别和联系。

（3）找出混合液体开(闭)口闪点的变化规律。

实验 19.9　材料燃烧特性实验

一、实验目的

掌握固体燃烧的特性及影响固体燃烧快慢的因素,会用燃烧性能 45° 测试仪测试地毯试样表面在火焰作用下的燃烧性能。

二、实验内容

（1）每组实验应制备三个试件。

（2）观察记录试样的持续燃烧时间和阴燃时间,精确至 0.1 s。

（3）重复实验三个试件,测量损毁长度,精确至 1 mm。

三、仪器设备和材料

1. 仪器设备

本实验主要用到燃烧性能 45° 测试仪,其结构如图 19.9.1 所示。

2. 所需材料

（1）400 mm × 220 mm 硬纸板,纵向和横向各三块。

（2）丙烷气。

四、实验原理

相同的材料在相同的外界条件下,当表面位置不同时,其燃烧快慢也不同。竖直表面的稳定燃烧速度比水平表面快;竖直向上的固体表面火焰传播速度最快,相反竖直向下的固体表面火焰传播速度最慢。这主要是因为固体表面位置不同,火焰和热产物对未燃固体部分的预先加热作用的程度不同。

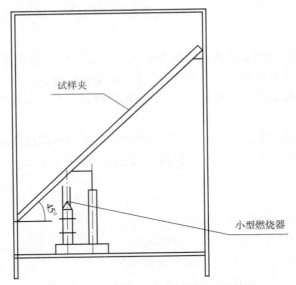

图 19.9.1　燃烧性能 45° 测试仪结构简图

五、实验步骤

（1）接通电源和可燃气源。

（2）放好试样夹及试样，将燃烧器水平放置，根据试样厚度调节燃烧器喷嘴前端与试样表面的距离为 1 mm。

（3）打开仪器电源开关和燃气开关，同时按"点火"按钮点着燃烧器（在垂直状态），打开仪器箱门，调节火焰高度为 24 mm。

（4）将燃烧器水平放置，对试样表面施加火焰 30 s。

（5）施加火焰完毕，将燃烧器恢复到原位，观察记录试样的持续燃烧时间和阴燃时间，精确至 0.1 s。

（6）打开箱门取出试样，测量损毁长度，精确至 1 mm。

（7）清除箱内残留物质，更换试样重复上述操作步骤。

六、实验数据记录及结果

实验数据记录及结果见表 19.9.1。

表 19.9.1　实验数据记录及结果

测试项目	纵向			横向		
实验次数	1	2	3	1	2	3
损毁长度/mm						
持续燃烧时间/s						
阴燃时间/s						

第 20 章　热工测量及仪表

实验 20.1　热电偶制作及测温性能实验

一、实验目的

（1）掌握热电偶的测温原理和温度测量系统的组成，学习热电偶测温技术。
（2）了解热电偶的制作原理，学习热电偶的焊接方法。
（3）掌握电位差计的工作原理及使用方法。
（4）了解模拟式显示仪表及数字式显示仪表的校验方法，较全面地了解与使用显示仪表。
（5）掌握工业热电偶比较式校验的实验方法。
（6）掌握热电偶的静态特性测试方法及数据处理技术。

二、实验原理

使用中的热电偶由于长期受高温作用和介质侵蚀的影响，热电特性会发生变化，为了保证测温结果的准确性和可靠性，热电偶应定期进行检定，若检定结果表明其热电势分度表的偏差超过允许的数值，则使用该热电偶时应引入修正值。如热电偶已腐蚀变质或已烧断，则应进行修理或更换后再行检定。

工业热电偶的检定方法有双极比较法、同名极法等多种，本实验采用双极比较法进行检定。该方法将高一级的标准热电偶与被检偶的工作端处在同一温度下，比较它们的热电偶值而求出被检偶对分度表的偏差，然后根据表 20.1.1 判断被检偶是否合格。该方法设备简单、操作方便，一次可检定多支热电偶。采用此法检定时，将被检偶与标准偶捆绑在一块，工作端插入管状电炉中间，将测得的热电势值与分度表上对应点的数据进行比较，求出被检偶的偏差值，对于镍铬-镍硅热电偶，通常对 400 ℃、600 ℃、800 ℃、1 000 ℃ 这四个值进行检定。

表 20.1.1　各种常用热电偶对应分度表的允许偏差

热电偶名称	分度号		等级	使用温度范围/℃	允许偏差
	新	旧			
铂铑 10-铂	S	LB₃	I	0~1 100	± 1 ℃
				1 100~1 600	$\pm [1+(t-1\ 100) \times 0.003\ 7]$
			II	0~900	± 1.5 ℃
				600~1 600	$\pm 0.25\%t$

续表

热电偶名称	分度号		等级	使用温度范围/℃	允许偏差
	新	旧			
镍铬-镍硅	K	EU$_2$	Ⅰ	−40~1 100	±1.5 ℃或 ±0.4%t
			Ⅱ	−40~1 300	±2.5 ℃或 ±0.75%t
			Ⅲ	−200~40	±2.5 ℃或 ±1.5%t

注:表中 t 为工作端温度,允许以℃或以实际温度的百分数表示时,两者中采用数值较大的那个值,本实验按等级Ⅱ计算。

　　本实验使用的标准热电偶为铠装镍铬-镍硅热电偶,被检偶采用自制的镍铬-镍硅热电偶,检定同时获得这种热电偶的静态特性(即热电偶与温度的对应关系)。

三、实验装置及设备

　　实验装置如图 20.1.1 所示。所用设备如下。

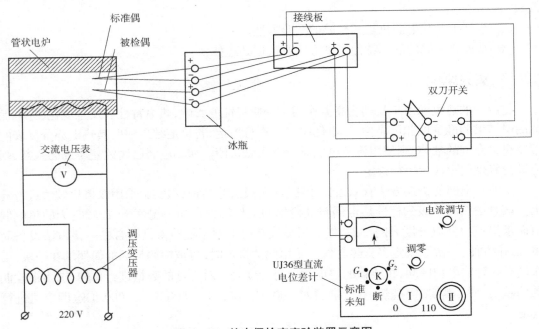

图 20.1.1　热电偶检定实验装置示意图

　　(1)标准镍铬-镍硅热电偶(分度号为 K),1 支,附标准偶检定证书一份。

　　(2)被检镍铬-镍硅热电偶(分度号为 K),1 支。

　　(3)0.1 级 UJ36 型直流电位差计(实际使用时应用 0.05 级),1 台。

　　(4)自动平衡记录仪(ER101/10-1 200G),1 台。

　　(5)精密数字测温仪(MCT-100),1 台。

　　(6)管状电炉(220 V,1 kW,1 000 ℃),1 台。

　　(7)冰瓶(瓶中已经放入冰和水),1 台。

（8）交流电压表（0~250 V），1 台。

（9）水银温度计（0~100 ℃），1 支。

（10）调压变压器（自耦式，2~5 kV·A），1 台。

（11）镍铬-镍硅热电偶丝，若干。

四、实验步骤

（1）制作热电偶。

（2）用经验方法识别热电偶电极材料的颜色、硬度、磁性等物理特征，识别热电偶的种类和正负极。

（3）对选用的模拟和数字显示仪表进行调校。

（4）将被检偶与标准偶捆绑在一起（工作端尽量靠近）后，插入管状电炉中心均温带，然后将热电偶的冷端（即参考端）插入一支小玻璃管内，再放入冰瓶中（注：实验装置接线操作应预先完成）。

（5）为了能较好地在各规定的检定点温度下进行检定，采用标准热电偶来监视炉温，方法是预先找出标准偶在实验条件（冷端处于冰瓶）下，其工作端在检定点温度时产生的热电势值，然后在 UJ36 型直流电位差计上给出该电势值大小相等的已知电势，此时标准偶通过双刀开关切换与 UJ36 型直流电位差计接通后可看到检流计指针偏转到"–"侧，当电炉电源接通升温后，一旦发现 UJ36 型直流电位差计指针重新回到零点，则说明炉温正好达到检定点温度，这时若立即将切换开关切向被检偶一边，再迅速调整电位差计指针回零，则可测出被检偶在该检定点温度时的热电势大小，那么被检偶在该检定点的偏差就可求出，按下述步骤操作。

①先求出标准偶在第一个检定点温度（冷端温度为冰瓶内温度）时的电势值。填入表20.1.2"第一次读数"栏中，作为监视炉温到达第一个检定点温度时标准偶的电势值。同时，将 UJ36 型直流电位差计的开关 K 扳向"未知"（注意 UJ36 型直流电位差计必须预先调好工作电流和检流计零点，将双刀开关接通"标准偶"，将电势引入电位差计。

表 20.1.2　实验数据记录表

检定温度/℃							
对应名义值/mV							
实验用标准偶证书给出值 （冷端为 0 ℃）		热电势/mV					
		修正值/mV					
检定记录数据	标准偶	冷端	温度/℃				
			电势/mV				
		第一次读数/mV					
		第二次读数/mV					
	被检偶	读数/mV					
		冷端	温度/℃				
			电势/mV				

续表

整理后的数据	标准偶	第一次读数修正为 0 ℃时的值/mV			
		第二次读数修正为 0 ℃时的值/mV			
		两次读数的平均值/mV			
		平均值经修正后的值/mV			
		炉内实际温度/℃			
		被检偶冷端修正为 0 ℃时的值/mV			
		被检偶的偏差/mV			
	被检偶的允许偏差/mV				
	检定结果				

②接通电炉的供电电源,将变压器输出电压调整至 200 V 左右,使电炉开始升温,接着观察检流计指针偏转方向(电炉升温过程中指针应向右即"+"方偏转),不断调整电位差计的测量盘,使检流计保持在"0"位,以便随时监视电炉升温速度和炉温。

③检定规程要求在检定点温度时炉温变化速度不宜太快(不大于 0.2 ℃/min),为此待炉温到达检定点还差 0.5~0.8 mV 时迅速将电炉的输入电压降至 100~150 V(视检定点温度的高低而定,检定点温度高时电压降小些,反之则大些)。同时,将电位差计刻度盘调准到"第一次读数"值上,这时检流计指针在左边"-"方向,随着炉温继续升高,检流计指针将向"0"方向移动,检流计指针回至"0"位即表示炉温已达检定点,此时立即将双刀开关扳至"被检偶"一边,读取被检偶的电势值并记入表 20.1.2,然后再迅速将双刀开关扳回"标准偶"以便测出其电势,也将结果记入表 20.1.2,至此该检定点温度下的测试工作已经完成。

④重新升高电炉供电电压至 200 V 左右,使电炉温度分别达到 600 ℃、800 ℃、1 000 ℃等检定点,按前述方法测出被校偶在这几个检定点温度下的电势值和标准偶"第二次读数",并将结果记入表 20.1.2。

(6)热电偶测温线路设计如下。

①用单点测温线路测量电炉中的温度和室内空气的温度。

②用温差测温线路测量电炉炉膛与室内空气间的温差。

③用串联测温线路测量电炉炉膛的温度。注意:测出的电势除以热电偶个数后,再查温度。

④用多点测温线路测量电炉炉膛的温度和室内空气的温度。

⑤用并联测温线路测量沸水与空气的平均温度(选做)。

(7)实验过程中,按照要求进行实验,遵守仪器设备的操作规程;实验结束后,将实验数据或结果送交指导老师审阅、签字,然后将仪器恢复原状,并保护好实验现场的环境卫生,经许可后方可离开实验室。

五、实验报告

(1)简述实验原理及所用的仪器设备。

（2）根据实验检定结果数据,在坐标纸上绘出被检定热电偶的静态特性曲线。

（3）画出所设计的各种测温线路。

（4）简述各种测温线路的特点和用途。

实验 20.2　铜电阻测温性能实验

一、实验目的

了解铜电阻的特性与应用。

二、基本原理

铜电阻测温原理与铂电阻一样,即导体电阻随温度变化而变化。常用的铜电阻为 Cu50,在-50~150 ℃范围内电阻 R_t 与温度 t 的关系为

$$R_t = R_0(1+\alpha t)$$

（20.2-1）

式中: R_0 为温度为 0 ℃时的电阻值(Cu50 在 0 ℃时的电阻值 $R_0=50\ \Omega$); α 为电阻温度系数, $(4.25\sim4.28)\times10^{-3}\ ℃^{-1}$。

铜电阻是将直径为 0.1 mm 的绝缘铜丝绕在绝缘骨架上,再用树脂保护制作而成的。铜电阻的优点是线性度好、价格低、α 值大,但其易氧化,氧化后线性度变差。所以,铜电阻常用于检测较低的温度。铜电阻与铂电阻测温接线的方法相同,一般也是三线制。

三、实验装置与仪器

实验用到的装置与仪器包括主机箱(智能温度调节器单元、电压表、±15 V 直流稳压电源、步进可调直流稳压电源)、温度源、Pt100 热电阻(温度控制传感器)、Cu50 热电阻(实验传感器)、温度传感器实验模板和万用表。

图 20.2.1 中的温度传感器实验模板由三运放组成的差动放大电路、调零电路、传感器信号转换电路(电桥)、放大器工作电源引入插孔等构成。其中, R_{W2} 为放大器的增益电位器, R_{W3} 为放大器电平移动(调零)电位器,a 和 b 传感器符号接热电偶(K 热电偶或 E 热电偶), 双圈符号接 AD590 集成温度传感器, R_t 接热电阻(Pt100 铂电阻或 Cu50 铜电阻)。具体接线参照具体实验。

四、实验步骤

（1）用万用表欧姆挡测出 Cu50 三根线中短接的两根线(同种颜色的线)并设为 1、2,另一根线设为 3,测出它在室温时的大致电阻值。

（2）温度传感器实验模板放大器调零:按图 20.2.1 接线,将主机箱上的电压表量程切换开关打到 2 V 挡,检查接线无误后合上主机箱电源开关,调节温度传感器实验模板中的 R_{W2} (增益电位器),将其顺时针转到底,再调节 R_{W3} (调零电位器)使主机箱电压表的读数显示为 0(零位调好后, R_{W3} 电位器旋钮位置不要改动)。关闭主机箱电源。

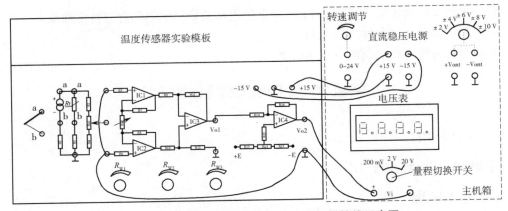

图 20.2.1　温度传感器实验模板放大器调零接线示意图

（3）调节温度传感器实验模板放大器的增益 K 为 10 倍：利用压力传感器实验模板的零位偏移电压作为温度传感器实验模板放大器的输入信号来确定温度传感器实验模板放大器的增益 K。按图 20.2.2 接线，检查接线无误后（尤其要注意实验模板的工作电源为 ±15 V），合上主机电源开关，调节温度传感器实验模板上的 R_{W3}（调零电位器），使压力传感器实验模板中的放大器输出电压为 0.020 V（用主机箱电压表测量）；再将 0.020 V 电压输入温度传感器实验模板的放大器中，并调节温度传感器实验模板中的增益电位器 R_{W2}（不要误碰调零电位器 R_{W3}），使温度传感器实验模板放大器的输出电压为 0.200 V（增益调好后，R_{W2} 电位器旋钮位置不要改动）。关闭电源。

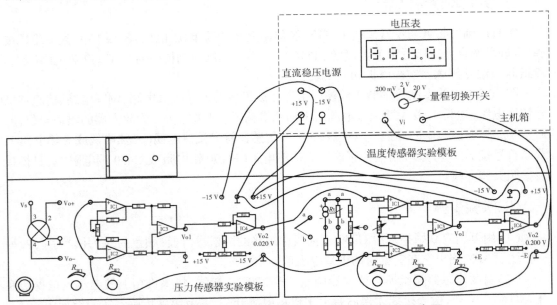

图 20.2.2　调节温度传感器实验模板放大器增益 K 接线示意图

（4）用 Cu50 热电阻测量室温时的输出：将主机箱中的步进可调直流稳压电源调节到 ±2 V 挡；电压表量程切换开关打到 2 V 挡；按照图 20.2.3 接线，检查接线无误后，合上主机箱电源开关,待电压表读数不再上升处于稳定值时,记录室温时温度传感器实验模板放大器的输出电压 V_0(电压表显示值),关闭电源。

(5)保留图 20.2.3 的接线,同时将实验传感器 Cu50 热电阻插入温度源中,温度源的温度控制接线如图 20.2.4 所示。将调节器控制对象开关拨到 Vi 位置。检查接线无误后,打开主机箱电源,再合上调节器电源开关和温度电源开关,将温度源调节控制在 40 ℃(调节器参数设置及使用和温度源的使用参见实验 20.1),待电压表显示值上升到平衡点时记录数据。

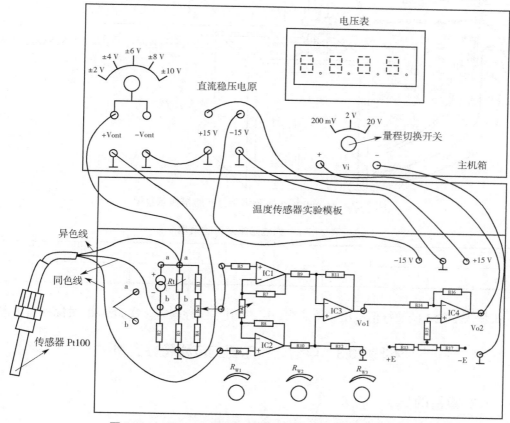

图 20.2.3　用 Cu50 铜电阻测量室温时的输出接线示意图

五、实验报告

实验报告应包括实验名称、实验目的、实验内容及原理、实验仪器、实验步骤、实验过程及实验数据记录。

温度源的温度在 40 ℃的基础上,可按 $\Delta t = 10$ ℃增加温度,并且在小于 120 ℃范围内设定温度源的温度值,待温度源温度动态平衡时,读取主机箱电压表的显示值并填入表 20.2.1。

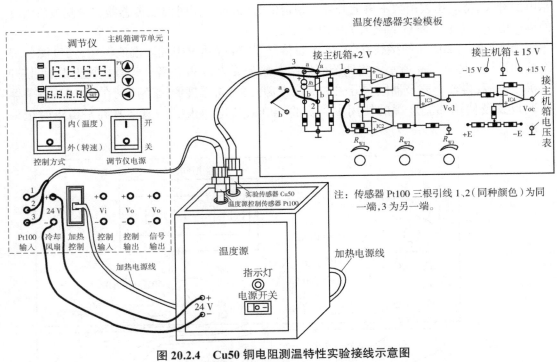

图 20.2.4　Cu50 铜电阻测温特性实验接线示意图

表 20.2.1　铜电阻温度实验数据

$t/℃$							
V/mV							

根据表 20.2.1 的数据值画出实验曲线,并计算其非线性误差。实验结束,关闭所有电源。

实验 20.3　电容式传感器的位移特性实验

一、实验目的

了解电容式传感器的结构和特点。

二、实验原理

平板电容器的电容 $C = \varepsilon S/d$,对其涉及的三个参数介电常数 ε、极板相对覆盖面积 S、极板间距(极距)d,保持两个参数不变,只改变其中一个参数,即可用于测量谷物干燥度(变 ε)、微小位移(变 d)和液位(变 S)等。在变面积型电容传感器中,平板结构对极距特别敏感,测量精度会受到影响。圆柱形结构受极板径向变化的影响很小,并且理论上具有很好的线性关系(但实际由于边缘效应的影响,会引起极板间的电场分布不均,非线性问题仍然存在,且灵敏度下降,但比变极距型传感器好得多),故其成为实际中最常用的结构,其中线位移单组式的电容量 C 在忽略边缘效应时为

$$C = \frac{2\pi\varepsilon l}{\ln\left(r_2/r_1\right)} \quad\quad (20.3\text{-}1)$$

式中：l 为外圆筒与内圆柱覆盖部分的长度；r_2、r_1 分别为外圆筒内半径和内圆柱外半径。

当两圆筒相对移动 Δl 时，电容变化量 ΔC 为

$$\Delta C = \frac{2\pi\varepsilon l}{\ln(r_2/r_1)} - \frac{2\pi\varepsilon(l-\Delta l)}{\ln(r_2/r_1)} = \frac{2\pi\varepsilon\Delta l}{\ln(r_2/r_1)} = C_0\frac{\Delta l}{l} \quad\quad (20.3\text{-}2)$$

于是，可得其静态灵敏度为

$$k_g = \frac{\Delta C}{\Delta l} = \left[\frac{2\pi\varepsilon(l+\Delta l)}{\ln(r_2/r_1)} - \frac{2\pi\varepsilon(l-\Delta l)}{\ln(r_2/r_1)}\right]/\Delta l = \frac{4\pi\varepsilon}{\ln(r_2/r_1)} \quad\quad (20.3\text{-}3)$$

可见灵敏度 k_g 与 r_2/r_1 有关，r_2 与 r_1 越接近，灵敏度越高，虽然灵敏度与内外圆筒原始覆盖长度 l 无关，但 l 不可太小，否则边缘效应将影响传感器的线性。

本实验为变面积型电容传感器，采用差动式圆柱形结构，如图 20.3.1 所示，此结构可以消除极距变化对测量精度的影响，还可以减小非线性误差以及增加传感器的灵敏度，其安装示意图如图 20.3.2 所示。

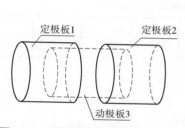

图 20.3.1　圆柱形差动式电容传感器

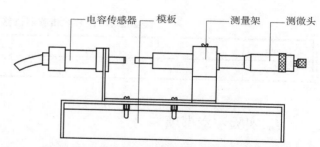

图 20.3.2　差动式圆柱形电容传感器安装示意图

电容式传感器调理模块的电路图如图 20.3.3 所示。

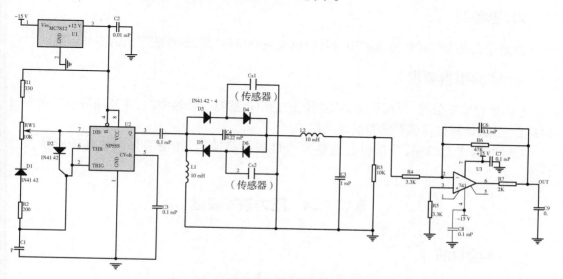

图 20.3.3　电容式传感器调理模块的电路图

三、实验设备

本实验用到的主要设备包括 THVZ-1 型传感器实验箱、电容传感器、测微头、万用表、信号调理挂箱、电容式传感器调理模块。

四、实验步骤

（1）将"电容式传感器调理模块"插放到相应的实验挂箱上，在确保上述模块插放无误后，从实验屏上接入实验挂箱所需的工作电源（电源的大小及正负极性不能接错）。

（2）将电容式传感器引线插头插入信号调理挂箱"电容式传感器调理模块"旁边的黑色九芯插孔中。

（3）调节"电容式传感器调理模块"上的电位器 R_{W1}，逆时针调节 R_{W1} 并旋到底，用万用表测量此模块上输出两端的电压 U_o。

（4）旋动测微头改变电容式传感器动极板的位置，每隔 0.2 mm 记下位移量 X 与输出电压 U_o 并填入表 20.3.1。

表 20.3.1　电容式传感器位移与输出电压值

X/mm									
U_o/mV									

五、实验注意事项

（1）传感器要轻拿轻放，绝不可掉到地上。

（2）做实验时，不要用手或其他物体接触传感器，否则将会使线性变差。

六、思考题

简述什么是电容式传感器的边缘效应以及它会给传感器的性能带来的不利影响。

七、实验报告要求

（1）整理实验数据，根据所得的实验数据画出传感器的特性曲线，并利用最小二乘法画出拟合直线，计算该传感器的非线性误差 δ。

（2）根据实验结果，分析引起这些非线性误差的原因，并说明如何提高传感器的线性度。

实验 20.4　压力表的校验

一、实验目的

（1）熟悉活塞式压力计的基本结构、工作原理及使用方法。

（2）熟悉弹簧管压力表的基本结构、工作原理,以及用压力表校验泵对压力表进行校验、调整的方法。

二、实验内容

用标准弹簧管压力表校验并调整工业用弹簧管压力表。

三、实验设备

本实验用到:①活塞式压力计 1 台;②标准压力表 1 块;③工业用压力表(被校压力表) 1 块。实验设备如图 20.4.1 所示。

四、实验步骤和方法

1. 准备工作

（1）把标准压力表及被校压力表在活塞式压力计上安装好,检查调整活塞式压力计处于水平位置。

（2）排净管道中的气体,步骤如下。

①关闭阀门 6、7,打开储油杯阀。

②转动手柄 1 后退,油缸中小活塞吸油,再推进活塞将气体赶走,如此反复几次,直至储油杯口无气泡为止。

③将活塞退回,将油吸入油缸内,然后关闭储油杯阀。

2. 工业用压力表的调整与校验

（1）初检压力表:①打开阀门 6、7;②摇动手柄,给以零点压力与最大量程压力,对应标准压力表的读数,查看被校压力表的零点是否正确、量程是否合适。

（2）观察压力表的内部结构(弹簧管)。

（3）校验压力表,按量程分为五等份进行校验,接上行、下行读出标准压力表与被校压力表的示值,根据校验结果判断仪表的精确等级。

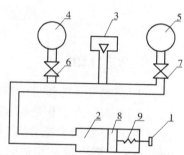

图 20.4.1 活塞式压力计示意图
1—手柄;2—油缸;3—储油杯;
4—标准压力表;5—被校压力表;
6,7—阀门;8—活塞;9—活塞杆

五、实验报告

1. 数据记录与处理

将实验数据和计算结果填入表 20.4.1。

表 20.4.1 实验记录表

标准值 (X_0)	被校值 (P)				回差	相对误差 $\left(\dfrac{X - X_0}{标尺上限值-标尺下限值}\right)$
	上行		下行			
	被测值 $(X_上)$	误差 $(X_上 - X_0)$	被测值 (X_F)	误差 $(X_F - X_0)$		

续表

标准值 (X_0)	被校值(P)				回差	相对误差 $\left(\dfrac{X-X_0}{标尺上限值-标尺下限值}\right)$
	上行		下行			
	被测值($X_上$)	误差($X_上-X_0$)	被测值(X_F)	误差(X_F-X_0)		

2. 结论

根据被校压力表的给定精度等级,得出其合格或不合格的结论。

实验 20.5　静态容积法流量标定实验

一、实验目的

(1)熟悉孔板流量计的测量原理、测量系统及使用方法。

(2)掌握静态容积法标定孔板流量计的原理、标定装置及标定方法。

(3)根据实验数据计算相关参数并绘制下列曲线:①在双对数坐标纸上分别绘出实际流量 q_s 及计算流量 q_j 与对应差压 h 的关系曲线;②根据实验装置的已知 β 值及相关实验数据计算出雷诺数 Re_D 与流量系数 α 的关系曲线。

二、实验装置

本实验装置如图 20.5.1 所示。

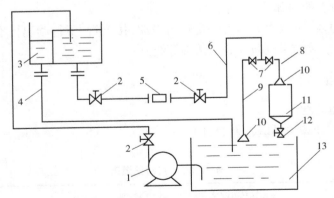

图 20.5.1　静态容积法流量标定实验装置

1—水泵;2—闸阀;3—水塔;4—溢流管;5—被检流量计;6—背压管路;

7—电磁阀;8—标定管路;9—旁路管路;10—喷嘴;11—工作量器;12—截止阀;13—水池

三、实验原理

1. 计量筒容积

计量筒的容积为

$$V = 0.119H + 14 \qquad (20.5\text{-}1)$$

式中：V 为计量筒的容积（L）；H 为计量筒标尺读数（mm）；14 为盲区容积（L）。

注：计量筒直径为 390 mm，每毫米读数液体体积为 0.194 L。

2. 孔板参数

20 ℃时的开孔直径 d_{20}=13.1 mm，20 ℃时的管道直径 D_{20}=50 mm，孔径比 β=d/D=0.262，流出系数 C=0.462。

3. 体积流量

体积流量为

$$q_V = 0.003\,999\alpha\varepsilon d^2 \sqrt{2\Delta p/\rho_1} \qquad (20.5\text{-}2)$$

其中，$\alpha = \dfrac{C}{\sqrt{1-\beta^4}}$。

代入相关参数可得

$$q_V = 0.014\,2\sqrt{\Delta p} \qquad (20.5\text{-}3)$$

或

$$q_V = 0.164\sqrt{\Delta h} \qquad (20.5\text{-}4)$$

式中：q_V 为体积流量（m³/h）；Δp 单位为 Pa；Δh 单位为 mmHg；ρ_1 单位为 kg/m³。

四、实验步骤

（1）启动标定装置，使其基本稳定运行，确定最大流量时的差压值 h_{max}，做好标定准备。

（2）将 h 大约分成 10%、30%、50%、70%、90%、100%的 q_V 对应的 h 值，即 $0.01h_{max}$、$0.09h_{max}$、$0.25h_{max}$、$0.49h_{max}$、$0.81h_{max}$、$1.0\,h_{max}$，测出相应的标准孔板两端差压 h_s 和工作量器的液位标准值，每点测 2 个数据并取平均值。

（3）具体标定操作方法如下。

①开启电源开关，启动泵，按"复零"位置，使计时器显示"零"，把"换向"选择开关切到"旁路"位置，为计量实验做准备。

②需计量时将"换向"选择开关由"旁路"切到"标定"位置，当液面达到工作量器液位计的 1/2~2/3 高度时，即刻切到"旁路"位置，同时记录下液位高度和计时器的读数。

③记录下有关数据后，打开工作量器阀门放水，按"复零"位置，使计时器显示"零"，准备下一次计量。

④重复①~③，记录另一组数据。

⑤实验完毕，先关泵，最后切断电源。

五、实验数据表

实验数据记录见表 20.5.1。

表 20.5.1   实验数据记录表

内容	次序					
	1	2	3	4	5	6
标准计量筒 H/mm						
累积时间 t/s						
累积质量流量 Q_m/kg						
瞬时质量流量 $q_{m,s}$/(kg/s)						
液柱压差计读数 h/mmHg						
计算质量流量 $q_{m,j}$/(kg/s)						
流量系数 α						
雷诺数 Re_D						

六、思考与讨论

（1）本实验装置的工作原理是什么？如何保证标定流量稳定？

（2）本实验中计算质量流量的实用公式是什么？各参数用何单位？

（3）计算 Re_D 与 α 的公式是什么？各参数用何单位？

（4）计算流量和实际流量有何差别？实际的 Re_D-α 关系与理论的 Re_D-α 关系有何不同？

实验 20.6   电容式物位计实验

一、实验目的

（1）掌握电容式物位计的"调零"和"调满"。

（2）熟悉电容式物位计的结构及测试液位的原理与方法。

二、实验设备及线路

（1）实验设备包括 UYZ-50 型电容物位计显示仪表 1 台，UYZ-521B 电容物位计传感器 1 台，液面计量实验装置 1 套，以及导线、插头、直尺。

（2）实验接线如图 20.6.1 所示。

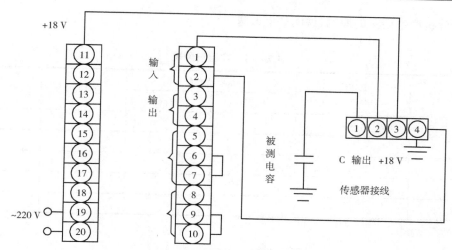

图 20.6.1　实验线路连接示意图

三、实验方法与步骤

（1）仔细观察传感器及显示仪表的内部结构。

（2）"零位"调整。

①显示仪表零位调整：断开传感器的输入信号，抽出机芯，调节"调零"电位器，使显示仪表为零。

②传感器零位调整：显示仪表零位调好后，断开电源，接入传感器输入信号，并将容器中的液位放至零位（一般指距传感器下端向上 20~30 mm 处的液位），打开传感器后盖，调整平衡电容，使显示仪表输出为零。

（3）满度调整。调满度时，必须将容器内液位加满至 100%，调节调满电位器，使显示仪表指示为 100%。

（4）零位迁移：将容器内的液位加到指定值，然后调节显示仪表内的调零电位器，使显示仪表的指示重新回到零位。若迁移量大，则需要增大测量前置线路中的量程。

（5）报警：调节上限指针至满度的 80%、下限指针至满度的 20%（先放出一部分溶液），然后加入溶液到 80%，查看上限报警灯是否有反应，再放出液体至低于 20%，查看下限指示灯是否反应。

（6）液面测量：将容器内的液位调到一任意位置，从量筒读出此位置液位的高度，然后查看显示仪表的指示值是否正确（一般选 5 个液位，h_1 为 10 cm、h_2 为 25 cm、h_3 为 35 cm、h_4 为 40 cm、h_5 为 45 cm）。

四、实验报告要求

（1）说明本实验的基本方法、步骤及所要达到的目的。

（2）标明所用仪表及型号。

（3）如实做好每次液位测量时的记录（表 20.6.1）。

（4）分析产生误差的原因，说明如何改进。

表 20.6.1　实验记录表

次数	真实值 （从量筒读得）	仪表显示值		绝对误差	相对误差
		上行程	下行程		
1					
2					
3					
4					
5					

注：液位高度需要换算。

五、思考题

（1）为什么液位的"零位"要保证距传感器下端向上 20~30 mm 处？

（2）为什么显示仪表不外接负载时，要将输出短路？

实验 20.7　电子电位差计性能实验

一、实验目的

（1）熟悉自动平衡仪表的结构及电路原理。

（2）熟悉自动平衡仪表中平衡机构、走纸机构的传动关系。

（3）通过对自动平衡仪表的静态性能实验掌握平衡仪表的校验方法。

二、实验设备

（1）UJ36 型电位差计。

（2）XWC100 型自动电位差计。

三、实验内容

（1）将仪表从表壳中抽出，观察各部分的结构、装配及动作原理，分析其在仪表中的作用。

（2）按图 20.7.1 接线。

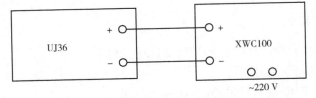

图 20.7.1　实验线路连接示意图

（3）静态特征实验。

①确定校验点：全量程的 0%（起点）、5%、25%、45%和 50%。

②查出环境温度所对应的热电势。

③求出上行程时各校验点的实际值：

a. 加入信号值，使被校指针指在各校验点以下 2~3 分格；

b. 逐渐缓慢地增加信号值，使指针指在各校验点上；

c. 记下各点所对应的 UJ36 所指示的实际指示值（即上行程实际值）。

④求出下行程时各校验点的实际值：

a. 减小信号值，使被校指针指在各校验点以上 2~3 分格；

b. 逐渐缓慢地减小信号值，使指针指在各校验点上；

c. 记下各点所对应的 UJ36 上的读数（即下行程实际值）。

（4）计算静态特性指标，确定其是否符合要求。

①基本误差（相对误差）：

$$\delta_{上} = \frac{|E_{示} - E_{实}|}{E_{终} - E_{始}} \times 100\% \qquad\qquad (20.7\text{-}1)$$

$$\delta_{下} = \frac{|E_{示} - E_{实}|}{E_{终} - E_{始}} \times 100\% \qquad\qquad (20.7\text{-}2)$$

式中：$\delta_{上}$、$\delta_{下}$ 分别为上行程和下行程的指示误差；$E_{示}$ 为被校仪表指示值所对应的电量 (mV)；$E_{实}$ 为在 UJ36 上所对应的电量 (mV)；$E_{终} - E_{始}$ 为量程。

②回差 $\Delta\delta$：

$$\Delta\delta = \frac{E'_{实} - E''_{实}}{E_{终} - E_{始}} \times 100\% \qquad\qquad (20.7\text{-}3)$$

式中：$E'_{实}$ 为输入信号增大时，被校仪表上行时实际值 (mV)；$E''_{实}$ 为输入信号减小时，被校仪表下行时实际值 (mV)。

四、实验数据记录

实验数据记录见表 20.7.1。

表 20.7.1　实验数据记录表

被校仪表刻度	标准电量值	标准仪表的读数		相对误差/%		回差区	检定条件
		正向	反向	正向	反向		

五、思考题

（1）试说明产生上、下行程误差的原因。

（2）为什么可以直接利用 UJ36 型电位差计校验自动电子电位差计？